U0816929

教育部高等学校航空航天类专业教学指导委员会推荐教材

科学出版社“十四五”普通高等教育本科规划教材

视觉导航理论与应用

曾庆化　赖际舟　熊　智　孙永荣　冷雪飞　编著

科学出版社

北　京

内 容 简 介

本书在介绍视觉导航基本概念和基本原理的基础上，对视觉导航中图像匹配、目标检测、目标跟踪等相关算法的基本特点进行阐述，同时介绍视觉导航位置、速度和姿态的获取方式并分析导航感知、多信息融合的理论和算法，特别分析视觉导航及其组合导航系统的应用发展前沿和趋势。

本书面向导航与定位领域，可以作为导航、定位、测绘、感知等相关专业的本科生和研究生专业课教材，教学时可以结合实际情况进行针对性调整，同时可供从事导航定位、感知技术的研究人员和工程技术人员参考。

图书在版编目(CIP)数据

视觉导航理论与应用 / 曾庆化等编著. -- 北京 : 科学出版社, 2025. 6. -- ISBN 978-7-03-081376-3

Ⅰ. TP242.6

中国国家版本馆 CIP 数据核字第 2025CF6370 号

责任编辑：胡文治　赵微微 / 责任校对：谭宏宇
责任印制：黄晓鸣 / 封面设计：殷　靓

科 学 出 版 社 出版
北京东黄城根北街 16 号
邮政编码：100717
http：//www.sciencep.com
南京展望文化发展有限公司排版
苏州市越洋印刷有限公司印刷
科学出版社发行　各地新华书店经销

*

2025 年 6 月第　一　版　开本：787×1092　1/16
2025 年 6 月第一次印刷　印张：13 1/4
字数：282 000

定价：70.00 元

（如有印装质量问题，我社负责调换）

前言 | Preface

视觉是人类和其他动物感知外界环境的重要感官，是大脑学习、探索认知的重要信息来源。机器视觉主要通过视觉传感器、计算机和相应图像处理算法实现生物视觉的类似功能，感知、识别和理解周围客观世界场景。随着机器视觉研究的深入以及计算机技术的迅猛发展，机器视觉信息正被越来越多地应用到载体导航过程。

视觉导航按照传感器类型可分为被动视觉导航和主动视觉导航两大类。被动视觉导航不主动辐射能量，仅依赖于摄像头等光学成像传感器被动感知环境；主动视觉导航主要利用发射器向外辐射能量并接收回波信息主动感知环境。视觉导航系统根据传感器收到的能够反映外界环境的感知信息，进行载体导航运算，协助载体实现安全引导、障碍规避和目标辨识等功能。

近年来，南京航空航天大学控制科学与工程“双一流”学科在视觉定位/导航方向进行了大量的研究工作，承担多项国家级、省部级等科研课题，对视觉组合导航方法进行了较为深入的研究。本书依托于南京航空航天大学导航研究中心的多年研究积累，对视觉导航理论与应用情况进行较全面的介绍。本书内容安排如下。

第1章，视觉导航概论：在对视觉导航进行简介的基础上，对视觉导航关键技术以及相关研究发展情况进行说明。

第2章，视觉导航基础知识：针对光学成像模型、相机内参标定及多视图几何原理、运动估计等进行介绍。

第3章，视觉图像匹配方法：结合视觉特征图像匹配方法，对同源图像匹配和异源图像匹配算法进行介绍，并介绍基于深度学习的图像匹配算法。

第4章，视觉目标检测跟踪方法：在目标检测技术和目标跟踪技术的基础上，分别对各类视觉目标检测算法和目标跟踪算法进行介绍。

第5章，视觉导航感知方法：在基于单目视觉的位姿信息的基础上，对基于双目视觉的三维感知信息，以及深度学习的运动解算方法进行阐述。

第 6 章，基于视觉的多信息融合导航方法：介绍常用惯性导航系统、卫星导航系统等，并介绍卡尔曼滤波、因子图等组合导航方法。

第 7 章，视觉导航的应用：对行人、车辆、航空航天飞行器等视觉导航应用进行介绍。

本书面向导航领域，可以为视觉导航、导航制导与控制等相关专业提供理论和算法指导。书中包括基础视觉导航原理和方法的相关算法和理论说明。本书旨在推进视觉导航在导航领域的应用广度和深度，希望读者可以从中了解视觉导航种类、原理、技术和应用。对于导航领域的研究者，本书内容在理解和应用方面也具有极强的参考性。

本书成稿得益于南京航空航天大学导航研究中心教学科研团队多年的研究积累和辛苦努力，在此向导航研究中心全体师生以及帮助本书成稿的专家学者表示诚挚感谢。

限于作者水平，本书难免存在不妥之处，敬请广大读者批评指正。

作　者

2024 年 6 月

缩略词 | Abbreviation

AD	absolute differences	绝对差
Adaboost	adaptive boosting	自适应增强
AHC	agglomerative hierarchical clustering	凝聚层次聚类
AI	artificial intelligence	人工智能
AP	average precision	平均精度
ASHKF	adaptive Sage-Husa Kalman filter	自适应 Sage - Husa 卡尔曼滤波器
ASIFT	affine-SIFT	仿射-尺度不变特征变换
ASW	adaptive support-weight	自适应权重
BDS	Beidou navigation satellite system	北斗卫星导航系统
BF&DRP	bilateral filter and dynamic range partitioning	双边滤波和动态范围划分
BN	Bayesian network	贝叶斯网络
BP	back propagation	反向传播
BRIEF	binary robust independent elementary features	二进制鲁棒独立的基本特征
CCD	charge coupled device	电荷耦合器件
CNN	convolutional neural network	卷积神经网络
Conv	convolutional layer	卷积层
DeMoN	depth and motion network	深度和运动网络
DF-VO	depth and flow for visual odometry	融合深度与光流的视觉里程计
DLT	direct linear transform	直接线性变换
DOM	digital orthophoto map	数字正射影像图
DP	dynamic programming	动态规划
DPM	deformable parts model	可变形组件模型
DTAM	dense tracking and mapping in real-time	稠密的实时跟踪和建图
EKF	extended Kalman filter	扩展卡尔曼滤波
EPnP	efficient perspective-n-point	高效 n 点透视

ES	exhaustive search	全搜索
FAST	features from accelerated segment test	快速角点特征检测
FC	fully connected layer	全连接层
FFT	fast Fourier transform	快速傅里叶变换
FPN	feature pyramid network	特征金字塔网络
GAN	generative adversarial network	生成对抗网络
GLCM	gray-level co-occurrence matrix	灰度共生矩阵
GNSS	global navigation satellite system	全球卫星导航系统
GPS	global positioning system	全球定位系统
HOG	histogram of oriented gradient	方向梯度直方图
ICP	iterative closest point	迭代最近点
IFFF	inverse fast Fourier transform	快速傅里叶逆变换
INS	inertial navigation system	惯性导航系统
IoU	intersection over union	交并比
iSAM	incremental smoothing and mapping	增量式平滑映射
KF	Kalman filter	卡尔曼滤波
LBD	line band descriptor	直线条带描述子
LBP	local binary patterns	局部二值模式
L－M	Levenberg-Marquardt	列文伯格-马夸尔特
LMedS	least median of squares	最小中值平方
LOG	Laplacian of Gaussian	拉普拉斯高斯
LSD	line segment detector	直线段检测
LSR	line support region	线支持区域
MAP	maximum a posteriori	最大后验概率
MC	motion compensation	运动补偿
MEMS	micro-electro-mechanical system	微机电系统
MEMS-INS	micro-electro-mechanical system-inertial navigation system	微机电(系统)-惯性导航系统
MGSAM	modified gradient SAM	梯度光谱角匹配
MonoSLAM	real-time single camera SLAM	实时单目视觉 SLAM
MSE	mean-square error	均方误差
MSER	maximally stable extremal regions	最大稳定极值区域
MV	motion vector	运动矢量
NCC	normalization cross correlation	归一化交叉相关

NNDR	nearest neighbor distance ratio	最近邻距离比
ORB	oriented FAST and rotated BRIEF	定向 FAST 和旋转 BRIEF
ORB-SLAM2	oriented fast and rotated brief-SLAM2	基于特征提取和匹配算法的同步定位与地图构建技术
PDF	probability distribution function	概率密度函数
PDR	pedestrian dead reckoning	航位推算
PLVO	plane-line-based RGB-D visual odometry	基于平面和直线融合的 RGB－D 视觉里程计
PnP	pespective-n-point	n 点透视法
PORB	perspective ORB	透视 ORB
PoseNet	position net	姿势估计网络
PSNR	peak signal to noise ratio	峰值信噪比
PTAM	parallel tracking and mapping	并行追踪与制图
RANSAC	random sample consensus	随机抽样一致
ReLU	rectified linear unit	整流线性单元
RF	random forest	随机森林
R-FCN	region based fully convolutional network	基于区域的全卷积网络
RGB	red-green-blue	红绿蓝
RGB-D	red-green-blue depth	红绿蓝-深度
RNN	recurrent neural network	循环神经网络
ROI	region of interest	感兴趣区域
ROS	robot operating system	机器人操作系统
RPN	region proposal network	候选区域网络
SAD	sum of absolute differences	绝对差之和
SAM	spectral angle mapping	光谱角制图
SAR	synthetic aperture radar	合成孔径雷达
SfM	structured from motion	运动中恢复结构
SGBM	semi global block matching	半全局立体匹配
SIFT	scale-invariant feature transform	尺度不变特征变换
SLAM	simultaneous localization and mapping	即时定位与地图构建
SMO	sequential minimal optimization	序列最小优化
SNN	siamese neural network	孪生神经网络
SSD	single shot multibox detector	单次多盒检测器
SSP	selective search proposal	选择性搜索法

SURF	speeded-up robust feature	加速稳健特征
SUSAN	small univalue segment assimilating nucleus	同化核小单值段
SVD	singular value decomposition	奇异值分解
SVM	support vector machine	支持向量机
SVO	semi-direct monocular visual odometry	半直接法视觉里程计
TOF	time of flight	飞行时间
UWB	ultra wide band	超宽带
VO	visual odometry	视觉里程计
WTA	winner-take-all	胜者为王策略
YOLO	you only look once	一眼看尽

目录 | Contents

第 1 章 视觉导航概论

视觉是由物体影像刺激视网膜产生的感觉，是人和动物最重要的感觉之一。人和动物通过视觉感知外界物体的大小、明暗、颜色、远近、动静等信息，其中人类获取的信息70%~85%来自视觉。利用计算机及相关设备模拟出的生物视觉针对不同的研究目的分属计算机视觉和机器视觉。视觉导航则是结合了计算机视觉和机器视觉的技术，专门用来服务载体的定位和导航功能。

视觉导航是通过处理视觉传感器图像信息获取载体导航参数的技术，具有精度高、成本低、体积小、信息丰富、抗电磁干扰能力强、自主性好等优点，国内外众多专家学者在基于视觉方法求解导航信息方面开展了大量研究，随着计算机处理速度的提高、信号处理技术的发展以及各类导航技术的完善，视觉导航技术已日趋成熟。本章主要对视觉导航的相关情况以及关键技术进行概述，并介绍视觉即时定位与地图构建（simultaneous localization and mapping, SLAM）导航相关技术发展情况。

1.1 视觉导航简介

春秋末年，墨家学派经典《墨经》中记录了世界上第一个小孔成倒像的实验，并探讨了光与影的关系，还细致地说明了运动物体影像的变化规律，以及本影和副影的关系问题。以后，各种利用光和影的方法层出不穷，包括皮影戏、日晷计时器、六分仪测角定位等。

随着摄像技术和计算机技术的逐渐成熟，20 世纪 80 年代初，麻省理工学院的 Marr 教授创立了视觉计算理论，促进了计算机视觉研究。随后，机器视觉定义逐步明晰为使用光学器件进行非接触感知，自动获取和解释一个真实场景的图像，以达到获取信息或控制机器的目的。

视觉导航是机器视觉的特殊应用之一，主要利用计算机模拟人的视觉功能，从客观事物的图像中提取有价值信息，对其进行识别和理解，进而获取载体的导航参数信息。常见的视觉导航方法包括 SLAM、深度学习方法以及基于特征的匹配算法等。视觉导航系统一般由硬件和软件两部分构成。硬件主要包括视觉传感器、高速图像采集系统、专用图像处理系统等；软件主要包括图像处理和决策软件，如图 1.1 所示。

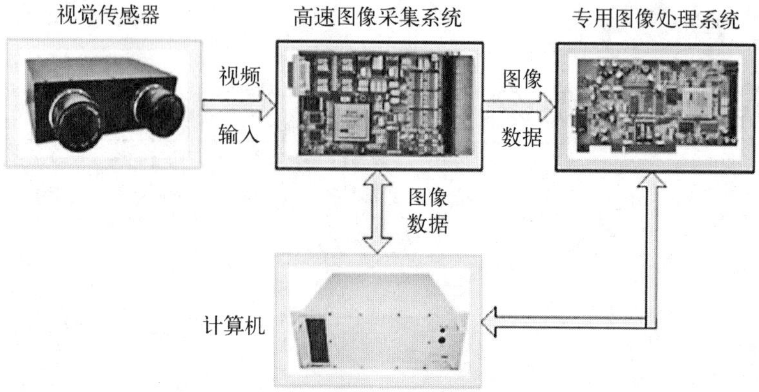

图 1.1　视觉导航系统基本组成模块

单目相机[1]、双目相机是常见的可见光相机，而深度相机又可细分为结构光相机、飞行时间(time of flight, TOF)相机两类。单目相机原理较为简单，可参考针孔相机模型，该模型中缺乏尺度信息(图 1.2)；双目相机通过匹配同一特征点在左右图像得到投影视差，结合基线长度和三角测量原理估计深度，当目标深度过大时会退化为单目模型，使用易受限制(图 1.3)；结构光相机通过结构光发射器发射结构光信号，射线会因物体表面不同的深度而产生不同相位信息，进而可被换算为深度(图 1.4)；TOF 相机则使用光脉冲与反射原理，估计点的深度信息(图 1.5)。

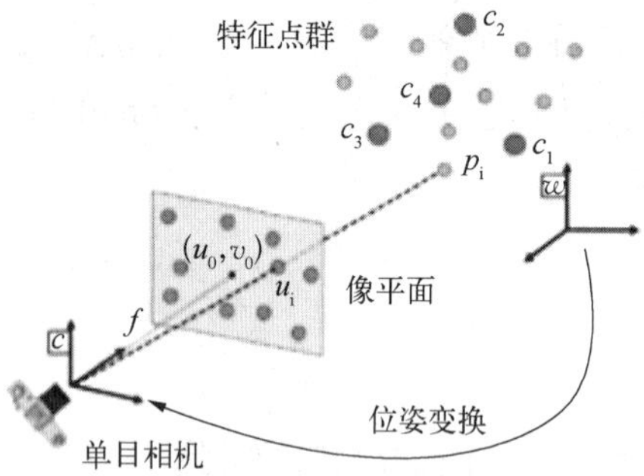

图 1.2　单目相机原理示意图

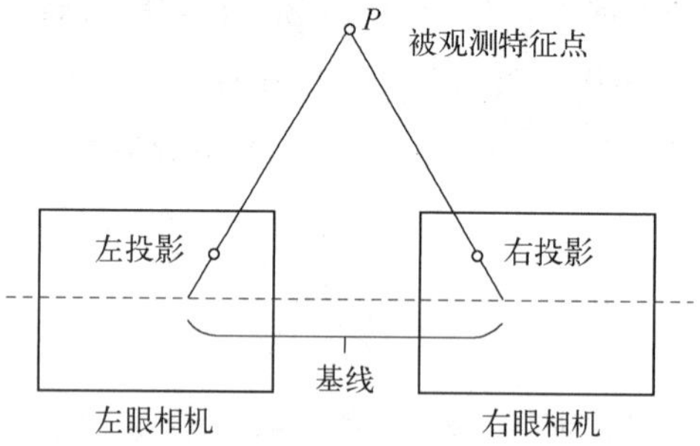

图 1.3　双目相机原理示意图

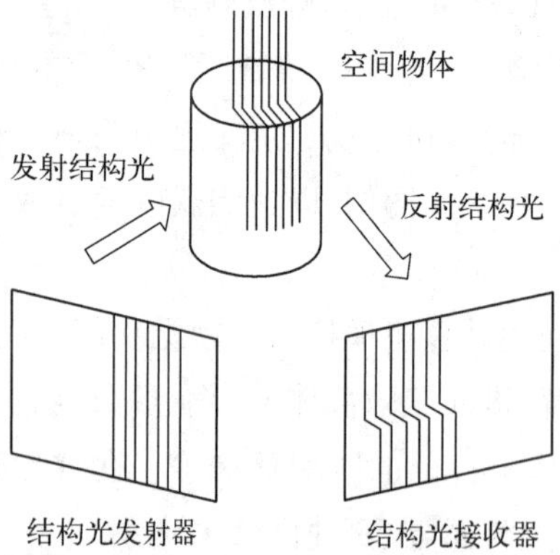

图 1.4　结构光相机原理示意图

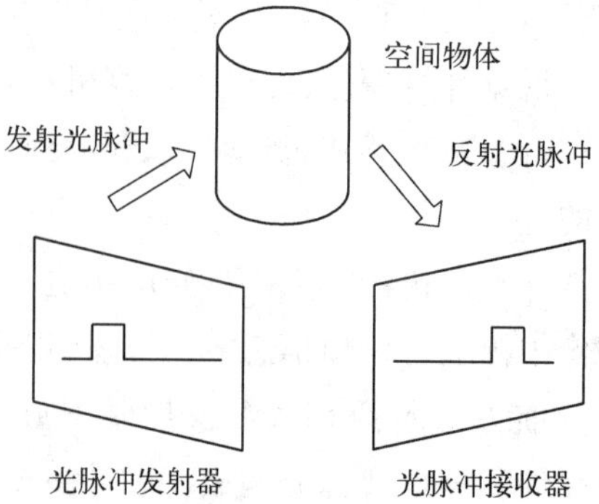

图 1.5　TOF 相机原理示意图

按照传感器类型,视觉导航可分为被动视觉导航和主动视觉导航两类。被动视觉导航是依赖于可见光和不可见光成像技术的方法,如传统的电荷耦合器件(charge coupled device, CCD)及红外感应摄像头等;主动视觉导航主要利用激光雷达[2]、结构光[3]等主动探测方式进行环境感知,并根据感知的信息进行载体导航参数运算。比较主动视觉与被动视觉两类可知,被动视觉系统具有较强的普遍性,并且成本和功耗相对较低,因此本书主要介绍被动视觉。

载体的导航参数主要包括位置、速度、姿态等[4]。随着软硬件技术的快速发展,获取特定导航参数的研究逐步深入,使基于视觉方法获取全部导航参数成为可能。采用视觉方法获取的载体位置、速度、姿态等导航参数见表 1.1。提取各导航参数的研究过程具有一定的相似性,主要集中于图像特征提取、匹配、目标检测跟踪、姿态解算等。

表 1.1　基于视觉的不同导航参数确定技术汇总表

参数	原　理	参考特征	关键技术	典型应用
位置	待匹配图像与参考图像配准定位	点线面等特征	数字图像制备、传感器技术、匹配算法	景象匹配辅助组合进行导航等
速度	序列图像特征提取载体速度	序列图像特征与光流	序列图像相似特征提取、光流计算	探测器降落过程动态参数估计、智能车辆速度测量等
姿态	通过传感器图像提取载体姿态	地平线、跑道等人工标志	地平线提取、人工标志选定与解算、相对姿态转换及特征提取	无人机自主着陆研究

1.2　视觉导航关键技术

为了获得各类导航参数,需要解决其中涉及的关键技术。这些关键技术涉及视觉传感器技术、特征提取技术、基于视觉的载体定位技术、基于视觉的载体速度获取技术和基于视觉的载体姿态确定技术等。

1.2.1　视觉传感器技术

谈及视觉传感器技术的发展,光学研究和相机发明是不可或缺的部分。从春秋时期墨子在《墨经》中的成像介绍,到伽利略等对望远镜的改进,为相机不断发展逐步奠定了基础。19 世纪初,涅普斯和达盖尔等对相机原理的研究进一步推动了相机发展,并发明了最早可固定图像的相机,而涅普斯和塔尔博特等改进了银盐感光材料的使用。

到了 20 世纪初,电视和电影产业的发展进一步推动了视觉处理技术的发展,从早期的黑白图像到彩色图像,从最初的模糊图像到高清图像,科技的发展不断提高人们的视觉体验。21 世纪初，数码相机的兴起彻底改变了传统相机拍摄方式，它使用电子传感器捕捉图像，能够将图像直接转换为数字数据。随着神经网络[5]和深度学习技术的进步，卷积神经网络（convolutional neural network，CNN）和循环神经网络（recurrent neural network，RNN）等技术均在视觉图像识别[6]、目标检测、分割等方面取得了突破性成果。

1.2.2 特征提取技术

特征提取是指从原始数据中抽取出具有代表性的有效信息特征，以便用于数据分析、模式识别、机器学习等任务。在计算机视觉和模式识别领域，特征提取是非常重要的一步，它有助于将数据转换为更易于理解和处理的形式。特征提取技术包括以下几个方面。

（1）边缘检测：边缘是图像中明显的亮度变化区域，边缘检测技术能够找到图像中的边缘部分。经典的边缘检测算法 Sobel、Prewitt、Canny[7]等是基于梯度或滤波器检测图像中的边缘。

（2）角点检测：角点是图像中突然变化的区域，常常是具有局部最大值或最小值的点。Harris 角点检测和 Shi－Tomasi 角点检测是常用图像检测中的角点方法。

（3）纹理特征：纹理描述了图像局部区域的重复或规律性。纹理特征提取算法可以捕获图像的纹理信息，如局部二值模式（local binary pattern，LBP）、灰度共生矩阵（gray-level co-occurrence matrix，GLCM）等。

（4）颜色特征：颜色是图像中重要的特征之一，颜色特征提取涉及对图像中不同颜色的统计和描述，如直方图、颜色空间转换等。

（5）局部特征描述子：局部特征描述子是指在图像中提取出的局部区域特征向量，如尺度不变特征变换（scale-invariant feature transform，SIFT）、加速稳健特征（speeded-up robust feature，SURF）和方向梯度直方图（histogram of oriented gradient，HOG）等。

（6）深度学习特征：随着深度学习的兴起，可以使用预训练的 CNN 提取图像特征，卷积层的激活输出常被视为图像的高级特征表示。

特征提取的目标是将原始数据转换为更加抽象、更有意义的表示形式，以便于后续的数据分析、分类、识别等任务，选择合适的特征提取方法对于最终任务的准确性和性能至关重要。

1.2.3 基于视觉的载体定位技术

载体位置对于载体极其重要。相机通过透视变换获取空间三维物体的二维图像，图像中的点与实际物体上的点存在对应关系。从不同方向拍摄同一空间点的两幅图像，依据图像匹配点的对应关系，结合相机可反解出载体实际空间点的立体位置。三维立体视觉有助于判断图像匹配二维视觉内参的空间尺度。

限于视觉理论及系统软硬件的发展水平，立体视觉的应用领域绝大部分局限在小范围、低动态的定位场合。在立体视觉的实现过程中，立体匹配是最重要也是最难实现的一步，其核心问题是如何对立体双图进行匹配并求取视差。

具有代表性的二维地形景象匹配辅助导航技术是利用飞行器自身所载图像传感器，在飞行过程中采集的实时地形景象图与预先制备的基准地形景象图进行实时二维图像匹配，计算获得飞行器的精确定位信息。受环境、设备、拍摄等因素的影响，传感器所成图像可能存在严重的灰度失真和几何畸变。如何实现高效、精准的匹配是图像匹配导航发展过程中需要解决的重要问题，是二维图像匹配定位的关键技术点。

1.2.4 基于视觉的载体速度获取技术

载体运行过程中，机载摄像头获取的序列图像前后帧互相关联，通过序列图像的时空对比，可获取载体的速度信息。基于视觉的载体速度获取技术目前主要有基于特征匹配的方法和基于光流场的方法。前者离散地提取特征点，依靠特征点信息实现动态参数提取，对连续图像数量需求相对较少；后者是连续、直接地对图像处理并求取光流场，用光流场求解物体运动参数，是更高层次运动分析中的匹配。光流技术根据两个连续图像帧之间的相对变化估计载体自身的运动信息[8]以解决导航和避障问题。

光流可以视为三维空间的运动在二维平面上的投影，在运动估计、图像插值等方面具有广泛的应用。生物学家和计算机视觉专家开发了多种不同类型的光流计算算法，包括基于梯度的方法[9]和基于特征的方法[10]。例如，常用的 Lucas - Kanade 算法是一种根据局部能量最优进行光流解算的差分光流算法，其根据图像强度的导数计算光流，对图像噪声具有一定的鲁棒性，但无法产生稠密光流；SIFT 特征提取算法可用于检测特征，并将检测到的特征点与表示光流的像素运动相关联，可以提高光流解算的准确性；三维光流也逐渐成为研究热点之一。

1.2.5 基于视觉的载体姿态确定技术

姿态角是飞行器中最基本、最重要的参数。基于视觉的姿态确定技术主要集中在飞行器自主着陆过程中。按飞行器起飞、飞行、降落等过程，采用地平线、人工标志、相对运动物体等有用特征，利用其与载体姿态的关系，可提取飞行器姿态角。目前主要的方法有地平线检测方法和人工标志姿态确定方法。

1. 地平线检测方法

以地平线[11]作为边界线可求出载体相关姿态。地平线领域内图像的灰度值表现出一个从高到低的渐变过程，在图像中会存在许多不同角度的直线，如何提取最能反映真实地平线的直线是数据处理的关键，如图 1.6 所示。在图像中地平线与图像水平线的夹角即为飞行器滚轴角，地平线上下图像面积比与其俯仰角近似呈比例关系。随后学者研究了搜寻最优直线的地平线判据的选取问题，采用图像方位信息提取地平线获得了较好的检测效果。度量直线纹理特征的新方法是实现对地平线检测的研究方向之一。

2. 人工标志姿态确定方法

在飞行器自主着陆过程中，许多特定人工标志或经过标定的天然纹理可作为导航特征，主要包括跑道、建筑坑洞及其他特殊标志等，如图1.7所示。

图1.6　跑道及地平线示意图

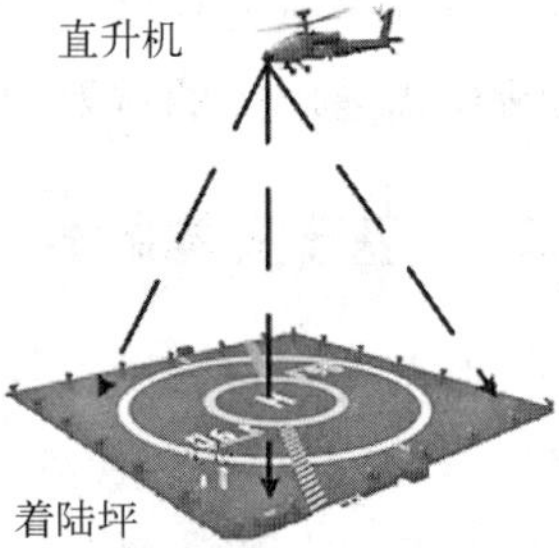

图1.7　人工标志引导着陆示意图

1）跑道检测法

跑道轮廓特征为自主着陆的视觉导航姿态估计提供了重要的信息源。跑道两条边线和地平线所构造的几何关系图可用于对载体姿态角的估计。

2）人工设定特殊标志法

特殊标志平台（人工设定圆、正方形等）的透视投影、几何关系等可用于对飞行器姿态的精准估计研究。

3）相对运动姿态确定方法

在相对运动物体姿态确定过程中，视觉导航具有高精度的特点，能实现其他导航方式所不能产生的精确效果。在空间站与飞船、空中加油机与受油机等动态载体的对接过程中，视觉姿态的精准性能是其完成任务和确保工作安全的重要保障。

1.3　视觉导航中的SLAM发展情况

作为重要导航设备的视觉系统所提供的实时信息还可以与惯性、卫星等信息进行融合，弥补各自的缺陷，提高导航的可靠性及精度。视觉导航应用场景根据维度可分为二维和三维。二维导航多数运用于地面小车、自动驾驶车辆等，可完成自主驾驶、避障等功能；三维导航多用于各种飞行器，由于其运动为6自由度运动，需要获得三维空间信息，空间坐标维度更高，运动更复杂。随着视觉传感器在不同环境、不同任务中的需求，其感知设备也由常见的可见光视觉转向多源视觉，如具备开阔视场角、可解决小视场相机无法应对大转角或快速运动问题的广角鱼眼视觉，可感受更宽广光谱范围的仿生昆虫复眼视觉，通过像素亮度变化捕获图像、低延迟、动态响应好的时间相机等。

利用视觉传感器获取周围环境信息，并从观测到的环境信息中求解相机运动的方法称为视觉里程计[12]（visual odometry, VO）。运动中恢复结构[13]（structured from motion, SfM）的目标是在恢复相机运动的过程中，同时对环境局部或物体的三维结构进行重建，对实时性要求不高，而 VO 更注重实时性，目标是快速估计相机三维运动。随着计算机运算速度和存储能力的提升，VO 与 SfM 之间的区分界线越来越模糊，当 VO 在估计相机运动时构建地图，并对全局的位姿和地图进行优化，就发展成了视觉 SLAM 技术。

视觉 SLAM 通过多帧图像估计自身的位姿变化，再通过累积位姿变化计算载体在当前环境中的位置，其与激光 SLAM 技术相比具有低成本、应用方便、信息丰富、隐蔽性强等诸多优势，发展潜力巨大。几何变换可以改变图像的大小、形状和位置等属性，从而实现对图像的多种处理和应用，基于几何变换的视觉 SLAM 可分为特征点法和直接法。

特征点法包括实时单目视觉 SLAM（real-time single camera SLAM, MonoSLAM）、基于特征提取和匹配算法的同步定位与地图构建技术（oriented FAST and rotated BRIEF - SLAM2, ORB - SLAM2）、基于平面和直线融合的红绿蓝深度（red-green-blue depth, RGB - D）的[14]视觉里程计（plane-line-based RGB - D visual odometry, PLVO）等，其关键点分别为 Shi - Tomasi、ORB[15]、直线段检测（line segment detector, LSD）算法等，优化理论包括扩展卡尔曼滤波（extended Kalman filter, EKF）等。

直接法包括稠密的实时跟踪和建图（dense tracking and mapping in real-time, DTAM）、半直接法视觉里程计（semi-direct monocular visual odometry, SVO）等，其关键点包含快速角点特征检测（feature from accelerated segment test, FAST）等。基于几何变换的部分视觉 SLAM 研究成果见表 1.2[16]。

表 1.2　基于几何变换的部分视觉 SLAM 研究成果

类型	方案	地图类型	适用模式	特点
特征点法	MonoSLAM	三维概率地图	单目	首个单目视觉 SLAM
	ORB - SLAM2	点云地图	单目、双目、RGB - D	具有完备的多线程框架
	PLVO	点云地图	RGB - D	基于平面和直线特征关联约束位姿求解
直接法	DTAM	稠密地图	单个 RGB - D	首个直接法 SLAM
	SVO	点云地图	单目、双目	半直接法视觉里程计

从上面基于几何变换的部分视觉 SLAM 方法的演化趋势可知：特征点法主要对前端关键点进行改进优化，直接法的前端则由基于像素估计趋向结合特征点法的半稠密方式，后端优化部分由滤波器过渡到非线性优化为主。地图类型由点云地图扩展为半稠密/稠密地图，适用模式由单目逐步扩充为双目和 RGB - D 模式。

随着当前人工智能（artificial intelligence, AI）技术的飞速发展，深度学习的推广应用日益增多，基于深度学习的视觉 SLAM 研究也越来越多，主要集中在如下两种方法。

1. 利用深度学习替代传统 SLAM 模块的方法

深度学习过程可以替代特征提取、特征匹配、深度估计等模块，而语义分割大多结合语义信息对图像预处理过程进行改进。2017 年英国剑桥大学的学者介绍了 CNN－SLAM 方法，将深度估计和图像匹配模块替换成基于 CNN[17] 的方法，提升系统场景的适应性。此后发展了基于 CNN 实现深度预测和特征匹配的融合深度与光流的视觉里程计（depth and flow for visual odometry, DF－VO）方法，将深度学习与对极几何和 n 点透视法（pespective-n-point, PnP）成功结合。近年，结合几何约束和语义分割去除动态环境中移动对象的 SLAM 方法，通过移动概率传播模型进行动态关键点检测，促进了视觉在虚拟现实中的应用。

2. 利用深度学习实现的端到端 SLAM 方法

端到端的深度学习训练方法可直接估计图像序列的帧间运动，在线计算速度快，具有较强的算法迁移能力，其计算速度相比替代传统 SLAM 模块的方法更占优。2015 年学者利用谷歌网络开发了一种基于单张图像信息的姿势估计网络（position net, PoseNet）。随后发展的深度和运动网络（depth and motion network, DeMoN）利用自举式网络进行连续无约束的图像计算深度及相机运动估计，还可对图像间的光流和匹配的置信度进行估计。后来各种自监督方法、无监督学习方法被逐步应用到运动图像序列的训练中以确定相机位置和姿态。基于深度学习的视觉 SLAM 部分研究成果参考表 1.3。

表 1.3　基于深度学习的视觉 SLAM 部分研究成果

类型	方案	训练类型	网络类型	地图类型	适用模式	特点
模块替代	CNN-SLAM	有监督	CNN	稠密地图	单目	融合训练预测和计算深度图
	DF-VO	无监督	CNN	轨迹地图	双目	可估计单视图深度、双视图光流
端到端训练	PoseNet	有监督	谷歌网络	稠密地图	单目	利用网络估计相机位姿
	DeMoN	有监督	自举式网络	点云地图	单目	

总体而言，基于几何变换的方式和结合深度学习的方式各具优势和特色。几何变换方法理论成熟，特征点法适用于尺度较大的运动，鲁棒性更好，但特征提取耗时；直接法速度快，适用于特征缺失场景，但灰度不变假设不易满足，不适合快速运动。基于深度学习的方法对光线复杂环境的适应性强，对动态场景识别更加有效，可结合语义信息构建地图，但同样存在训练时间长、计算资源大、可解释性差等问题。因此，无论是理论成熟、具有可解释性模型的传统方法，还是可移植性强的深度学习方法都有进一步发展空间。

值得注意的是，虽然功能强大的人工智能大语言模型（DeepSeek、GPT等）本身无法直接用于视觉导航，但可以通过其与视觉SLAM等导航技术相结合，作为高层决策和语义理解辅助工具，间接提升视觉导航系统的智能性和交互能力。

习题

(1) 视觉导航是利用机器视觉技术实现自动导航的新兴导航方法，其按照传感器类型可以分为哪几类？分别简述。

(2) 特征提取技术能从原始数据中抽取出具有代表性的有效特征信息，是视觉导航的关键技术之一，其主要包括哪些内容？

(3) 基于视觉的速度获取技术主要分为基于特征匹配的方法和基于光流场的方法，请简述光流技术的实现过程。

(4) 姿态角是飞行器中最基本、最重要的参数。请调研姿态确定技术主要有哪些，并分别简述其原理。

第2章 视觉导航基础知识

从相机拍摄获得的二维平面求解导航信息，离不开对相机成像原理的深度理解和掌握。本章对相机成像原理进行系统分析。在构建图像、相机、世界、载体等坐标系基础上，详细分析相机的成像模型，以及相机内参的求解方法。本章讨论对极几何的基础矩阵、本质矩阵的性质，阐述图像信息求解相机运动参数的可行性，并对三维拼接技术进行探讨。

2.1 相机成像模型说明

机器视觉传感器依据采集到的图像信息，可解算出被拍摄物体的空间位置、几何形状等外部信息，图像上每一像素点与物体上的对应点都有特定的几何关系，这类特定的几何关系即为相机成像模型[18]。

2.1.1 理想光学成像模型

相机理想光学成像模型[19]如图2.1所示，A为物体所在位置，O为光心所在位置，A_0为清晰成像的位置，A_{00}为实际成像位置，根据几何原理可以推导得到光学成像公式：

$$\frac{1}{D}+\frac{1}{d}=\frac{1}{f} \tag{2.1}$$

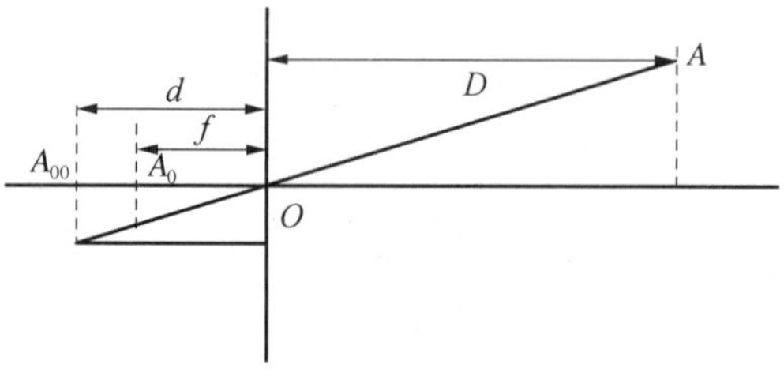

图2.1 理想光学成像模型

其中，D为物体与相机距离；d为相距；f为光心到成像平面间距，即相机的焦距。

在实际应用过程中，尤其在导航过程中，物体与载体的距离$D \gg f$，所以可认为$d \approx f$，在这样的情况下，理想光学成像模型可以直接简化成针孔成像模型，如图2.2所示。

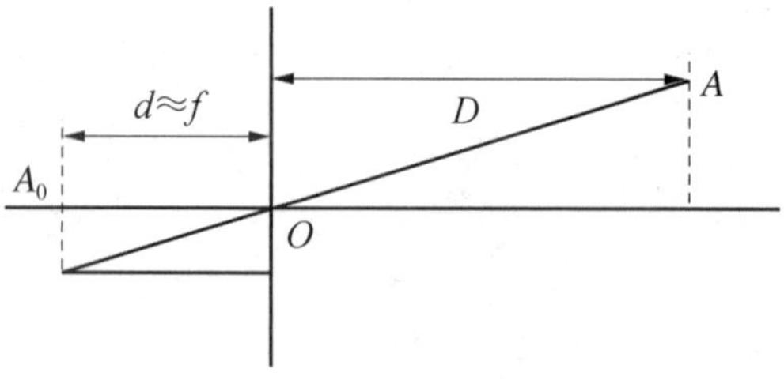

图2.2 实际近似光学成像模型

2.1.2 普通相机坐标系定义及模型

为了分析相机模型需要先了解下列坐标系。

1. 像素坐标系 O_puv

相机采集到的图像信息输入计算机后,通过模数转换处理,以数字图像的形式保存在计算机中,保存的形式相当于一个 $M_{col} \times N_{row}$ 二维数组, $M_{col} \times N_{row}$ 的大小代表了该图像的分辨率大小,即图像的列数和行数,直接体现了图像的细致程度。数组的每个元素就为一个像素。像素中保存了对应亮度值,亮度值包含了红绿蓝(red green blue, RGB)三个分量则为彩色图像。在 RGB 模型中,如果 $R=G=B$, 则彩色表示一种对应灰度颜色,因此,灰度图像每个像素只需要一个字节空间存放灰度值(又称强度值或亮度值)。像素为基本单位, (u_{column}, v_{row}) 为该像素在图像当中的位置, u_{column}、v_{row} 分别表示图像像素的列数与行数。

2. 图像坐标系 O_ixy

图像坐标系的原点 O_i 位于成像平面左上角, x 轴和 y 轴分别平行于 X_c 轴和 Y_c 轴,相机光轴垂直于成像平面。

由于 (u_{column}, v_{row}) 没有用物理度量表示像素在图像中的具体位置,因此需要再以物理单位(如毫米)建立表示图像物理坐标的 $x-y$ 坐标系,以 (x, y) 表示坐标。$x-y$ 坐标系的原点 O_i 为图像内某一点,x 轴与 y 轴分别与 u、v 轴相互平行。同时定义相机光轴与图像平面的交点为物理图像坐标系的原点 O_i, 理论上该点应位于图像的正中心,但制造工艺导致存在误差偏离。图像坐标系与像素坐标系关系如图 2.3 所示。

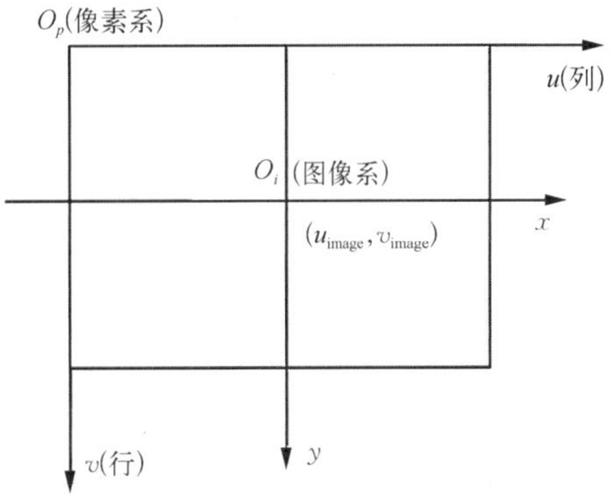

图 2.3 图像坐标系与像素坐标系关系示意图

设 O_i 在 $u-v$ 坐标系中的坐标为 (u_{image}, v_{image}), 单个像素在 x 轴与 y 轴上的物理尺寸分别为 $\mathrm{d}x$、$\mathrm{d}y$, 则图像中任意一个像素坐标 (u_{column}, v_{row}) 和物理图像坐标值 (x, y) 存在如下关系:

$$\begin{cases} u_{column} = \dfrac{x}{\mathrm{d}x} + u_{image} \\ v_{row} = \dfrac{y}{\mathrm{d}y} + v_{image} \end{cases} \tag{2.2}$$

将上述关系通过齐次变换为如下矩阵形式:

$$\begin{bmatrix} u_{\text{column}} \\ v_{\text{row}} \\ 1 \end{bmatrix} = \begin{bmatrix} \frac{1}{\mathrm{d}x} & 0 & u_{\text{image}} \\ 0 & \frac{1}{\mathrm{d}y} & v_{\text{image}} \\ 0 & 0 & 1 \end{bmatrix} \begin{bmatrix} x \\ y \\ 1 \end{bmatrix} \tag{2.3}$$

3. 相机坐标系 $O_cX_cY_cZ_c$

选取相机光心光圈中心为相机坐标系（O_c, X_c, Y_c, Z_c）原点，相机坐标系的原点与相机光心 O_c 重合，O_cZ_c 平行于相机光轴指向前方且与图像平面垂直于图像坐标系光心 O_i，即图像物理坐标系原点。同时相机坐标系的 X_c 轴和 Y_c 轴分别平行于图像坐标系的 x 轴和 y 轴，分别指向相机右方和下方，O_cO_i 的长度即为相机焦距。

4. 世界坐标系 $O_wX_wY_wZ_w$

载体在导航过程中需要建立世界坐标系作为载体位置的基准，以便能够表示载体的绝对位置。为了表述相机在现实空间的位姿，引入世界坐标系的概念，世界坐标系可以任意放置，一般采用三维笛卡儿坐标系描述。在本节的标定中，将世界坐标系与标定板固连。引入了世界坐标系（O_w, X_w, Y_w, Z_w）后，就可以将其作为载体的基准坐标系，描述载体在环境中的位置。

相机坐标系同世界坐标系的变换关系可以用包含了旋转矩阵 R 和位移矩阵 T 的齐次坐标表示，此时设外部环境中 P 在世界坐标系和相机坐标系中的齐次坐标表示分别为 $(X_w, Y_w, Z_w, 1)^{\mathrm{T}}$ 和 $(X_c, Y_c, Z_c, 1)^{\mathrm{T}}$，则两者之间的转换关系如下：

$$\begin{bmatrix} X_c \\ Y_c \\ Z_c \\ 1 \end{bmatrix}_{\text{相机系}} = \begin{bmatrix} R_{3\times 3} & T_{3\times 1} \\ 0 & 1 \end{bmatrix} \begin{bmatrix} X_w \\ Y_w \\ Z_w \\ 1 \end{bmatrix}_{\text{世界系}} \tag{2.4}$$

其中，R 为旋转矩阵，是 3×3 的正交单位矩阵；T 为 3×1 的位移矩阵。

外部环境中的物体通过相机拍摄后成为图像中的像素点，其像素值大小反映了物体反射可见光的亮度，而像素点的图像坐标值与物体世界坐标值呈一定的几何映射关系，这个几何映射关系是由相机的内部参数决定的，即成像模型[20]。

相机成像模型通常可分为线性模型（即针孔模型）和非线性模型。通常情况下，线性模型使用较多，因为映射关系比较简单且能满足大多数的相机使用场合。

假设如图 2.4 所示，通过针孔模型表示空间任何一点 P 的成像关系，P 在图像上成像点的投影位置为 p_{proj}，点 p_{proj} 为光心 O_c 与 P 点之间的连线 O_cP 与成像平面的交点。

这种透视关系可通过比例表示为

$$\begin{cases} x = \dfrac{fx_c}{z_c} \\ y = \dfrac{fy_c}{z_c} \end{cases} \tag{2.5}$$

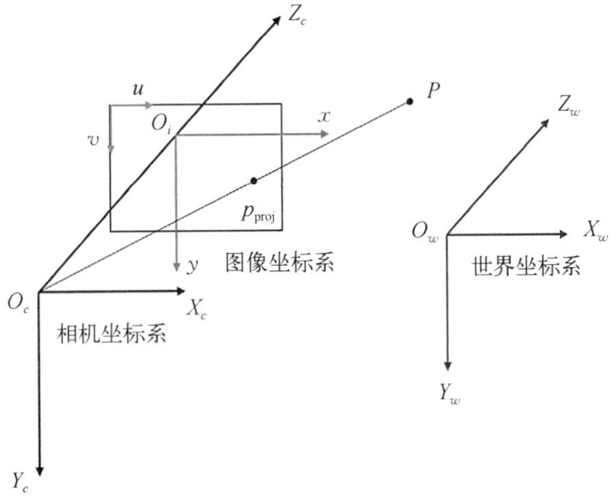

图 2.4　图像坐标系与相机坐标系及成像几何关系

其中，(x_c, y_c, z_c) 为点 P 在相机坐标系下的坐标；(x, y) 为点 P 在图像坐标系下的坐标。可将上述投影关系用矩阵表示并经过齐次变换可表达为

$$z_c\begin{bmatrix}x\\y\\1\end{bmatrix}=\begin{bmatrix}f&0&0&0\\0&f&0&0\\0&0&1&0\end{bmatrix}\begin{bmatrix}x_c\\y_c\\z_c\\1\end{bmatrix} \tag{2.6}$$

根据式(2.6)和式(2.3)可以得到式(2.7)：

$$\begin{aligned}z_c\begin{bmatrix}u\\v\\1\end{bmatrix}&=\begin{bmatrix}\dfrac{f}{\mathrm{d}x}&0&u_0&0\\0&\dfrac{f}{\mathrm{d}y}&v_0&0\\0&0&1&0\end{bmatrix}\begin{bmatrix}x_c\\y_c\\z_c\\1\end{bmatrix}=\begin{bmatrix}\dfrac{f}{\mathrm{d}x}&0&u_0\\0&\dfrac{f}{\mathrm{d}y}&v_0\\0&0&1\end{bmatrix}\begin{bmatrix}1&0&0&0\\0&1&0&0\\0&0&1&0\end{bmatrix}\begin{bmatrix}x_c\\y_c\\z_c\\1\end{bmatrix}\\&=K_{\text{cam}}\begin{bmatrix}1&0&0&0\\0&1&0&0\\0&0&1&0\end{bmatrix}\begin{bmatrix}x_c\\y_c\\z_c\\1\end{bmatrix}\end{aligned} \tag{2.7}$$

其中，K_{cam} 为内参矩阵；$\dfrac{f}{\mathrm{d}x}$ 为 u 轴上的尺度因子；$\dfrac{f}{\mathrm{d}y}$ 为 v 轴上的尺度因子，分别表示图像坐标中每一个像素代表的物理距离。由式(2.7)和式(2.4)可求出三维空间中任何一点的世界坐标与平面坐标投影关系，如式(2.8)所示：

$$
\begin{aligned}
z_c\begin{bmatrix}u\\v\\1\end{bmatrix} &= K_{\mathrm{cam}}\begin{bmatrix}1&0&0&0\\0&1&0&0\\0&0&1&0\end{bmatrix}\begin{bmatrix}R_{3\times3}&T_{3\times1}\\0&1\end{bmatrix}\begin{bmatrix}x_w\\y_w\\z_w\\1\end{bmatrix}\\
&= K_{\mathrm{cam}}\left[R_{3\times3}\quad T_{3\times1}\right]\begin{bmatrix}x_w\\y_w\\z_w\\1\end{bmatrix} = K_{\mathrm{cam}}C_{\mathrm{cam}}\begin{bmatrix}x_w\\y_w\\z_w\\1\end{bmatrix}\\
&= M_{\mathrm{projection}}\begin{bmatrix}x_w\\y_w\\z_w\\1\end{bmatrix}
\end{aligned}
\tag{2.8}
$$

其中，$M_{\mathrm{projection}}$ 为一个 3 × 4 的相机投影矩阵；K_{cam} 为相机的内部参数矩阵，简称内参矩阵；C_{cam} 为相机的外部参数矩阵，简称外参矩阵，与相机相对于世界坐标系的位置关系有关。

硬件制造导致生成图像具有一定程度的非线性畸变，实际相机获取的不是理想透视成像。这些畸变可分为切向畸变、径向畸变、离心畸变等[21]。为了克服畸变在处理图像时的不利影响，需要引入非线性的相机模型，使图像分析更为准确和客观。非线性畸变一般分为径向畸变和切向畸变。如图 2.5 所示，径向畸变指既定的像素从理想位置沿镜头半径方向移动，主要由镜头表面在径向的曲率变化存在缺陷引起，根据沿半径移动的方向不同，径向畸变又分为桶形畸变和枕形畸变；切向畸变指既定的像素从理想位置沿镜头切线方向移动，主要由透镜与成像平面不严格的平行导致。

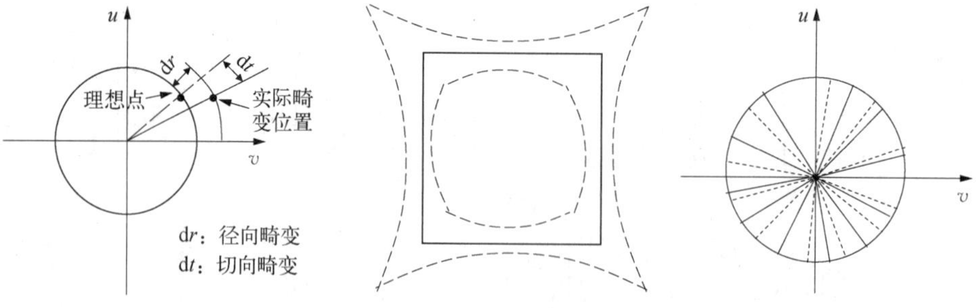

(a) 径向畸变和切向畸变　　(b) 径向畸变的影响　　(c) 切向畸变的影响

图 2.5　相机非线性模型畸变

径向畸变和切向畸变可以通过式(2.9)修正：

$$
\begin{cases}
u_{\mathrm{corr}} = u(1 + k_1 r_{uv}^2 + k_2 r_{uv}^4) + 2p_1 uv + p_2(r_{uv}^2 + 2u^2)\\
v_{\mathrm{corr}} = v(1 + k_1 r_{uv}^2 + k_2 r_{uv}^4) + p_1(r_{uv}^2 + 2v^2) + 2p_2 uv
\end{cases}
\tag{2.9}
$$

其中，$r_{uv}^2 = u^2 + v^2$，u、v 是含有畸变的像素坐标；u_{corr}、v_{corr} 是修正后的像素坐标；k_1、k_2 是径向畸变的参数；p_1、p_2 是切向畸变的参数。与内参矩阵一样，这 4 个畸变参数也可通过相机标定得到。若已知空间点在相机坐标系下的坐标，即可求出该点在图像坐标系下的坐标。

2.1.3 鱼眼相机模型及成像畸变原理

传统针孔相机采用针孔模型，成像过程为相似性投影，因此难以在有限图像中捕获更多场景视野。而鱼眼相机采用非相似性成像，将成像畸变（桶形畸变）引入模型，通过多透镜组合突破成像视角局限。鱼眼镜头在工程上指视角超过 140°的镜头，其拍摄视野更大，镜头信息更丰富。广角鱼眼视觉成像及导航技术具有独特的优势。

图 2.6 展示了鱼眼镜头的光学结构。入射部分的透镜为折射率大的凸透镜，通过透镜组合逐渐减小入射光线的入射角，最终投影在有限尺寸的成像平面上。

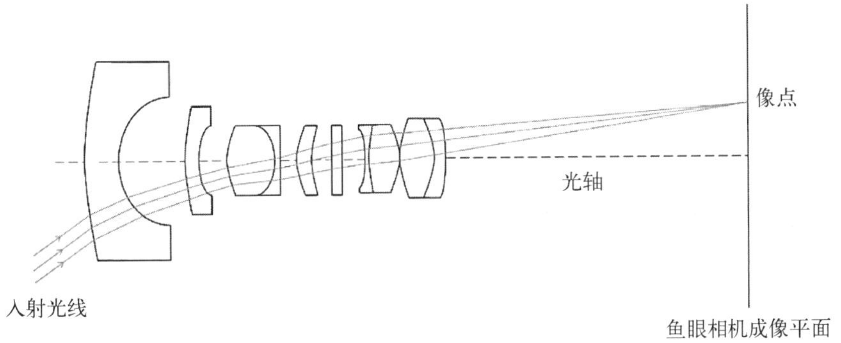

图 2.6 鱼眼镜头光学结构

当透镜组合简化为一个球面时，鱼眼相机成像模型[22]如图 2.7 所示，其中 $O_wX_wY_wZ_w$ 为世界坐标系，$O_cX_cY_cZ_c$ 为相机坐标系，O_ixy 为图像坐标系，O_puv 为像素坐标系。现实世界中的三维点 P 经过球面镜头时，入射光线 PO_c 发生折射，在图像坐标系下 p 点成像。将入射角记为 θ_{fish}，焦距为 f。

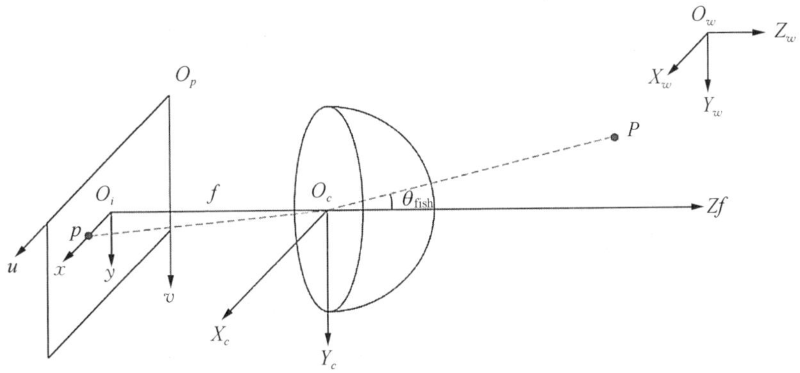

图 2.7 鱼眼相机成像模型

鱼眼成像的投影模型依据投影函数不同,通常有正交投影、等立体角投影、等距投影、体视投影四种。鱼眼相机的一般多项式近似模型[23]可以推导如下。

不考虑球面镜头引入的畸变时,参考式(2.4),三维点 P 从世界坐标系下的坐标 (X_w, Y_w, Z_w) 到归一化相机坐标系下的坐标 $(x_{\text{norm}}, y_{\text{norm}}, 1)$ 之间的对应关系为

$$\begin{bmatrix} x_{\text{norm}} \\ y_{\text{norm}} \\ 1 \end{bmatrix} = \frac{1}{Z_c}\begin{bmatrix} X_c \\ Y_c \\ Z_c \end{bmatrix} = \frac{1}{Z_c}\left(R\begin{bmatrix} X_w \\ Y_w \\ Z_w \end{bmatrix} + T\right) \tag{2.10}$$

其中,$x_{\text{norm}} = \dfrac{x}{f}$,$y_{\text{norm}} = \dfrac{y}{f}$,$(X_c, Y_c, Z_c)$ 为相机坐标系下坐标;R 和 T 分别为世界坐标系到相机坐标系变换的旋转矩阵与位移矩阵。可以得到三维点 P 在归一化相机平面上投影点 p_{norm} 到投影中心 O_c 的距离为

$$r = \sqrt{x_{\text{nrom}}^2 + y_{\text{nrom}}^2} \tag{2.11}$$

入射角 θ_{fish} 和该距离的关系为

$$\theta_{\text{fish}} = \arctan r \tag{2.12}$$

归一化相机坐标系下的坐标 $(x_{\text{norm}}, y_{\text{norm}}, 1)$ 到像素坐标系下的坐标 (u, v) 之间的关系为

$$\begin{bmatrix} u \\ v \\ 1 \end{bmatrix} = \begin{bmatrix} f_x x_{\text{norm}} + t_x \\ f_y y_{\text{norm}} + t_y \\ 1 \end{bmatrix} \tag{2.13}$$

其中,f_x、f_y 表示像素坐标系与相机坐标系之间的缩放关系;t_x、t_y 表示成像平面主点的平移量,共同组成内参矩阵 K_{cam}。

当存在畸变时,像素坐标系下的投影点会出现偏移,因此上述过程中像素坐标系下的坐标为畸变坐标。为矫正该畸变,则需要矫正其所对应的归一化投影坐标。在归一化相机坐标系下的关系中引入畸变比例因子 s_d。畸变比例因子表示为

$$s_d = \frac{r_d}{r} \tag{2.14}$$

其中,r_d 为畸变后的投影点所对应的距离。

Kannala - Brandt 模型中将该距离表示为入射角的泰勒展开式如下:

$$r_d = k_{\text{fish1}}\theta_{\text{fish}} + k_{\text{fish2}}\theta_{\text{fish}}^3 + k_{\text{fish3}}\theta_{\text{fish}}^5 + k_{\text{fish4}}\theta_{\text{fish}}^7 + k_{\text{fish5}}\theta_{\text{fish}}^9 \tag{2.15}$$

其中,$k_{\text{fish1}} = 1$,k_{fish2}、k_{fish3}、k_{fish4}、k_{fish5} 四个参数用于计算鱼眼图像的畸变。

含有畸变的归一化相机坐标系下坐标表示为

$$\begin{bmatrix} x'_{\text{norm}} \\ y'_{\text{norm}} \\ 1 \end{bmatrix} = \begin{bmatrix} s_d x_{\text{norm}} \\ s_d y_{\text{norm}} \\ 1 \end{bmatrix} = \begin{bmatrix} \dfrac{r_d}{r} x_{\text{norm}} \\ \dfrac{r_d}{r} y_{\text{norm}} \\ 1 \end{bmatrix} \tag{2.16}$$

采用畸变后的归一化坐标代入像素坐标系与归一化相机坐标系的关系即可得到畸变后的像素坐标（u_{abe}，v_{abe}）。

2.2 相机内参标定方法

相机的内部参数只与本身焦距、像素物理距离等结构特性有关，与外部因素无关，因此在使用相机之前可以根据成像原理，对相机的内参进行标定。

2.2.1 针孔相机标定方法说明

Bouguet 博士等编写的 Camera Calibration Toolbox for MATLAB 开源工具包，根据基于相机的线性模型将平面上的点与图像平面点的关系求解相机内参，但在标定过程中由于忽略了畸变系数的影响，因此在求解内参时引入了部分误差。

利用工具包对棋盘平面进行角点提取，并将这些角点的图像平面齐次坐标设为 $p = [u, v, 1]^{\mathrm{T}}$，空间世界齐次坐标为 $P = [X_w, Y_w, Z_w, 1]^{\mathrm{T}}$，由式(2.8)可知空间坐标 P 与图像坐标 p 之间的转换关系为

$$\lambda_{\text{nonzero}} p = K_{\text{cam}} C_{\text{cam}} P \tag{2.17}$$

其中，λ_{nonzero} 为不为零的变换系数；$C_{\text{cam}} = [R, T]$ 为外部相机坐标系与世界坐标系的转换矩阵；K_{cam} 为相机内参即需要求解的内部参数矩阵。

通常情况下，假设棋盘平面与世界坐标系中的 $Z_w = 0$ 平面在同一平面上，与 XOY 平面重合，则有

$$\lambda_{\text{nonzero}} \begin{bmatrix} u \\ v \\ 1 \end{bmatrix} = K_{\text{cam}} [r_1 \quad r_2 \quad r_3 \quad T] \begin{bmatrix} X_w \\ Y_w \\ 0 \\ 1 \end{bmatrix}$$

简化为

$$\lambda_{\text{nonzero}} \begin{bmatrix} u \\ v \\ 1 \end{bmatrix} = K_{\text{cam}} [r_1 \quad r_2 \quad T] \begin{bmatrix} X_w \\ Y_w \\ 1 \end{bmatrix} \tag{2.18}$$

令

$$H_{cam} = [h_1 \quad h_2 \quad h_3] = \lambda_{nonzero} K_{cam} [r_x \quad r_y \quad T] \tag{2.19}$$

其中，$\lambda_{nonzero}$ 为非零变换系数；H_{cam} 为 3×3 的矩阵；r_x、r_y 为图像坐标系的两个坐标轴在世界坐标系中的单位方向矢量，且有

$$\begin{aligned} r_x &= \frac{1}{\lambda_{nonzero}} K_{cam}^{-1} h_1 \\ r_y &= \frac{1}{\lambda_{nonzero}} K_{cam}^{-1} h_2 \end{aligned} \tag{2.20}$$

根据 R 的正交性，即 $r_x^T r_y = 0$，$r_x^T r_1 = r_y^T r_y$，其中上标 T 为转置。同时 $\| r_x \| = \| r_y \| = 1$，可以获得内参矩阵的约束条件：

$$\begin{aligned} h_1^T K_{cam}^{-T} K_{cam}^{-1} h_2 &= 0 \\ h_1^T K_{cam}^{-T} K_{cam}^{-1} h_1 &= h_2^T K_{cam}^{-T} K_{cam}^{-1} h_2 \end{aligned} \tag{2.21}$$

标定相机内参的操作见表 2.1。

表 2.1　标定工具软件操作过程

操作步骤	主要内容
1. 采集图像	打印标定板图片，使用相机从棋盘图上方不同视角，拍摄多幅图像作为用于标定的图像
2. 设置标定参数	依据标定板数据设置 boardsize.width、boardsize.height 以及 squaresize
3. 标定镜头	采用标定工具软件直接进行标定

图 2.8(a)为一组 16 幅分辨率为 1 920×1 080 的棋盘格图像；图 2.8(b)为程序对图像进行角点提取，标定得到的结果见表 2.2。

(a) 采集棋盘图像

(b) 角点提取

图 2.8　用于内参标定的棋盘图像

表 2.2　标定针孔相机结果

$$[f/\mathrm{d}x \quad f/\mathrm{d}y] = [3\,476.297\,2 \quad 3\,477.676\,1]$$

$$[u_0 \quad v_0] = [1\,013.544\,1 \quad 532.057\,3]$$

$$K_{\mathrm{cam}} = \begin{bmatrix} 3\,476.297\,2 & 0 & 1\,013.544\,1 \\ 0 & 3\,477.676\,1 & 532.057\,3 \\ 0 & 0 & 1 \end{bmatrix}$$

畸变系数通常较小,对图像中成像物体的影响不大,结合算法复杂度可以忽略畸变的影响。上述内参只包括图像光心坐标和单位像素物理距离,如表 2.2 内参矩阵 K_{cam} 所示。图 2.9 中 X_c、Y_c 和 Z_c 对应拍摄棋盘格图像时相机坐标系的三个轴向情况。

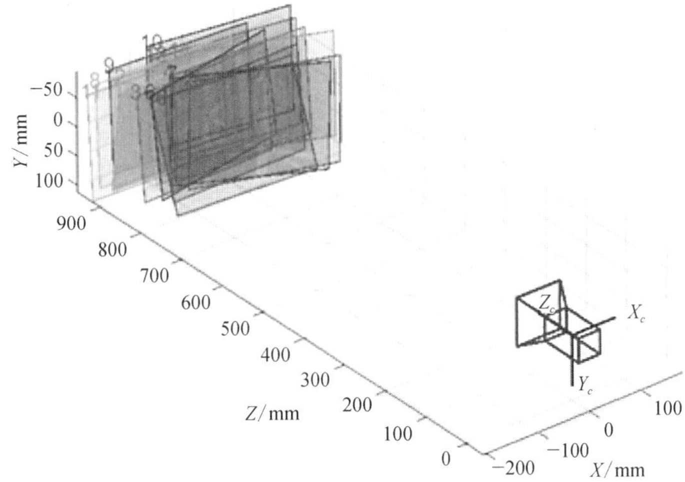

图 2.9　采集图像位姿情况示意图

2.2.2 鱼眼相机标定工具示例

使用 Kalibr 标定工具箱的理论及操作与上述类似，同样采用标定板进行数据采集，但需要配置 Linux 开发环境，同时结合机器人操作系统(robot operating system, ROS)进行数据采集。

通过 ROS 采集传感器数据时，结合对应的启动文件，运行传感器数据话题，录制数据包，再依据数据包选择对应成像模型进行标定。例如，采用棋盘格就需要提供棋盘格参数，如图 2.10 所示。

```
target_type: 'checkerboard' #gridtype
targetCols: 11          #number of internal chessboard corners
targetRows: 8           #number of internal chessboard corners
rowSpacingMeters: 0.015     #size of one chessboard square [m]
colSpacingMeters: 0.015     #size of one chessboard square [m]
```

内部棋盘格角点数

一个棋盘格方块大小[m]

图 2.10　棋盘格标定板参数文件

通过 Kalibr 标定，可以获得 3 个文件，分别是镜头标定文件、标定结果和标定报告，前两者中含有相机内参和畸变参数，标定报告中则含有评估图像，其重投影误差如图 2.11 所示。

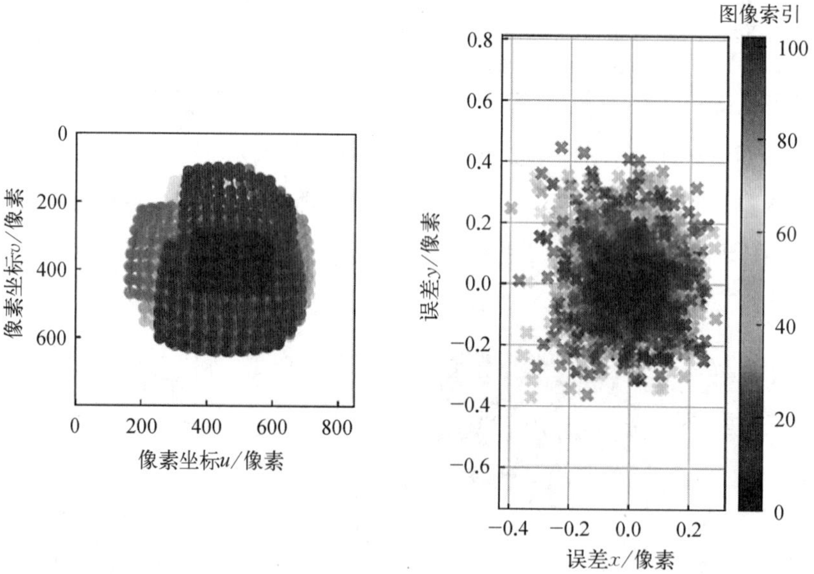

图 2.11　标定重投影误差

2.3 多视图几何研究方法

在了解单幅图像的成像关系后，对空间点的描述可以引申为两幅或更多幅图像进行描述，通过第一幅图像点的位置，鉴于不同视角的相关图像对同一世界坐标系下的同一物体具有几何意义上的约束关系，所以将重点对两幅透视图的几何关系中的对极几何展开。由于需要两幅或者更多幅图像进行描述，在进行求解的时候既可以使用单目相机也可以使用双目相机。使用单目相机进行描述时，需要对单目相机进行位移，其实质与双目相机相同。

2.3.1 对极几何关系说明

对极几何反映的是两幅视图之间内在的射影几何关系[24]。它独立于景物的结构，只依赖相机的内参和相对姿态。本质上，两幅视图之间的对极几何描述的是图像平面与以基线（连接两相机中心的直线）为轴的平面束的几何关系。对极几何关系如图 2.12 所示。

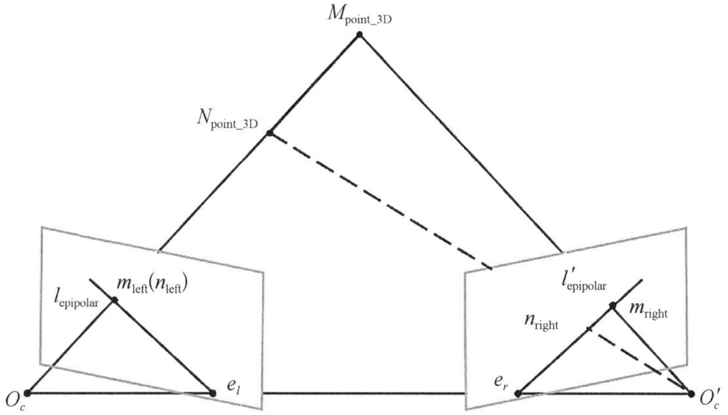

图 2.12 对极几何关系示意图

在对极几何概念下，基线为连接两个相机光心 O_c（O'_c）的直线；极点 e_l、e_r 为基线与两像平面的交点；由两相机光心 O_c、O'_c 与三维空间点 $M_{\text{point\_3D}}$ 点构成的平面称为对极平面；m_{left} 和 m_{right} 在对极平面上，分别为 $O_cM_{\text{point\_3D}}$ 射线和 $O'_cM_{\text{point\_3D}}$ 射线与成像平面的投影点；$O_cM_{\text{point\_3D}}$ 射线在对极平面上，在第二幅成像平面中的投影线 l'_{epipolar} 为极线，所有投影到 m_{left} 点的三维空间点 $M_{\text{point\_3D}}$ 必然在 $O_cM_{\text{point\_3D}}$ 这条射线上，即 $M_{\text{point\_3D}}$ 点在第一幅视图上的成像点 m_{left} 对应于第二幅视图上的匹配成像点 m_{right} 也必然在 l'_{epipolar} 上，当特征点对应的三维点深度不确定时，三维点在空间中的位置可能在 $N_{\text{point\_3D}}$ 点处，对应在第二幅视图上的特征点 n_{right}；同理，m_{left} 在第一幅视图中的成像点必在 l_{epipolar} 上；O'_c 与 O_c 在世界坐标系下存在旋转矩阵 R 和位移矩阵 T。

由上述对极线定义可知，射线 $O_cM_{\text{point\_3D}}$ 上任意点 $N_{\text{point\_3D}}$ 在通过对极平面在右视图中投影点 n_{right} 也必然在 l'_{epipolar} 上，也由此可以看出，同一个 m_{left} 点在 l'_{epipolar} 上可能对应的 m_{right} 点不止一个，因此点到点的约束并不能完全由该约束限定，此约束是一个点到线的约束，该约束即极线约束。该约束关系通过矩阵数学描述即基础矩阵，通过该约束可以由像素匹配点恢复相机的运动信息。

2.3.2 基础矩阵及极线说明

基础矩阵是对极几何的代数表达[25],通常用 F 表示,它代表一个 3×3 的秩为 2 的矩阵,它独立于场景结构,与图像的对应点有关。由定义的相机投影模型可知:

$$
\begin{aligned}
z_{\text{left}\_i} m_{\text{left}\_i} &= K[R_{\text{first}},\ T_{\text{first}}] M_{w\_i} \\
z_{\text{right}\_i} m_{\text{right}\_i} &= K[R_{\text{second}},\ T_{\text{second}}] M_{w\_i}
\end{aligned}
\tag{2.22}
$$

其中,m_{left_i} 和 m_{right_i} 分别为投影点的像素齐次坐标;M_{w_i} 为点 $M_{\text{point}\_3\text{D}}$ 的世界坐标;z_{left_i} 和 z_{right_i} 分别是点 $M_{\text{point}\_3\text{D}}$ 在各自相机坐标系中的 Z 轴值;R_{first} 和 T_{first} 是第一个相机坐标系相对于世界坐标系的旋转矩阵和位移矩阵;R_{second} 和 T_{second} 是第二个相机坐标系相对于世界坐标系的旋转矩阵和位移矩阵。

在运动视觉中,通常将世界坐标系取在第一个相机坐标系上,则可转换为如下形式:

$$
\begin{aligned}
z_{\text{left}\_i} m_{\text{left}\_i} &= K[I,\ 0] M_{w\_i} \\
z_{\text{right}\_i} m_{\text{right}\_i} &= K[R,\ T] M_{w\_i}
\end{aligned}
\tag{2.23}
$$

其中,R 和 T 变成第二个相机坐标系相对于第一个相机坐标系的旋转矩阵与位移矩阵。在此条件下,取 M_{w_i} 的前三行 $\hat{M}_{w\_i}$,得到:

$$
\begin{aligned}
z_{\text{left}\_i} m_{\text{left}\_i} &= K\hat{M}_{w\_i} \\
z_{\text{right}\_i} m_{\text{right}\_i} &= KR\hat{M}_{w\_i} + KT
\end{aligned}
\tag{2.24}
$$

消去 $\hat{M}_{w\_i}$,得到:

$$
z_{\text{right}\_i} m_{\text{right}\_i} = KRK^{-1} z_{\text{left}\_i} m_{\text{left}\_i} + KT \tag{2.25}
$$

在此,引入反对称阵的概念,定义为:假设存在列向量 $V_{\text{col}} = (v_1,\ v_2,\ v_3)^{\text{T}}$,则其反对称阵为

$$
[V_{\text{col}}]_{\times} = \begin{bmatrix} 0 & -v_3 & v_2 \\ v_3 & 0 & -v_1 \\ -v_2 & v_1 & 0 \end{bmatrix} \tag{2.26}
$$

通过该符号,可以将叉乘表示为:$V_{\text{col}} \times x = [V_{\text{col}}]_{\times} x$。

在此基础上,对式(2.25)两边同时叉乘 KT,整理得到如下表达式:

$$
(KT) \times m_{\text{right}\_i} = \frac{z_{\text{left}\_i}}{z_{\text{right}\_i}} (KT) \times KRK^{-1} m_{\text{left}\_i} \tag{2.27}
$$

即

$$
[KT]_{\times} m_{\text{right}\_i} = \frac{z_{\text{left}\_i}}{z_{\text{right}\_i}} [KT]_{\times} KRK^{-1} m_{\text{left}\_i} \tag{2.28}
$$

由反对称的性质可知,向量 $[KT]_{\times} m_{\text{right}\_i}$ 必然与向量 m_{right_i} 正交,式(2.28)两边同乘

以 $m_{\text{right}\_i}^{\mathrm{T}}$ 得

$$m_{\text{right}\_i}^{\mathrm{T}}[KT]_{\times}KRK^{-1}m_{\text{left}\_i}=0\Leftrightarrow m_{\text{right}\_i}^{\mathrm{T}}K^{-\mathrm{T}}[T]_{\times}RK^{-1}m_{\text{left}\_i}=0 \tag{2.29}$$

即

$$m_{\text{right}\_i}^{\mathrm{T}}Fm_{\text{left}\_i}=0,\ F=K^{-\mathrm{T}}[T]_{\times}RK^{-1} \tag{2.30}$$

其中,F 矩阵即为对极几何中最重要的基础矩阵。该 F 矩阵为一个秩为 2、自由度为 7 的 3 × 3 的齐次矩阵:一个 3 × 3 的齐次矩阵具有 8 个独立的比率(矩阵有 9 个元素,但公共因子不影响自由度),矩阵 F 满足约束 $\det(F)=0$,因此再减去一个自由度。F 矩阵有如下基本性质。

(1) 点对应:如果 m_{left} 和 m_{right} 是对应图像的点,那么满足 $m_{\text{right}\_i}^{\mathrm{T}}Fm_{\text{left}\_i}=0$。

(2) 对极线:$l'_{\text{epipolar}}=Fm_{\text{left}}$ 是对应于 m_{left} 的对极线,$l_{\text{epipolar}}=F^{\mathrm{T}}m_{\text{right}}$ 是对应于 m_{right} 的对极线。

(3) 对极点:任意点的对极线必包含对极点 $F^{\mathrm{T}}e'=0$。

观察图 2.13 可知,极线都汇聚于极点,但极点并不都位于图像中。图 2.13(a)、(b)的

(a) 第二幅图像的点在第一幅中的极线

(b) 第一幅图像的点在第二幅中的极线

(c) 第二幅图像的点在第一幅中的极线

(d) 第一幅图像的点在第二幅中的极线

图 2.13　极线示意图

极点位于图像中，而(c)、(d)图像的极点通过极线汇聚于图像之外。由图中可以看到，有些点位于极线上，或者距离极线像素偏差较小，而有些点偏离极线很大或者根本不在极线附近(如图中箭头所示)。利用此极线约束可进行错误匹配特征点的剔除。

2.3.3 本质矩阵与运动分析说明

本质矩阵是归一化图像坐标下的基础矩阵的特殊形式。本质矩阵的出现早于基础矩阵[26]。当对应点 $\hat{p}_{\text{left}} \leftrightarrow p_{\text{left}}$ 满足归一化情况时，即 $\hat{p}_{\text{left}} = K_{\text{cam}}^{-1} p_{\text{left}}$，根据前式，代入可得

$$(\hat{p}_{\text{right}\_i}^{\mathrm{T}} K_{\text{cam}}^{\mathrm{T}}) K_{\text{cam}}^{-\mathrm{T}} [T]_{\times} R K_{\text{cam}}^{-1} (K_{\text{cam}} \hat{p}_{\text{left}\_i}) = 0 \tag{2.31}$$

将式(2.31)整理可得

$$\hat{p}_{\text{right}\_i}^{\mathrm{T}} [T]_{\times} R \hat{p}_{\text{left}\_i} = 0 \Leftrightarrow \hat{p}_{\text{right}\_i}^{\mathrm{T}} E \hat{p}_{\text{left}\_i} = 0 \tag{2.32}$$

其中，$E = [T]_{\times} R$ 为本质矩阵，本质矩阵 E 与基础矩阵 F 存在如下转换关系：

$$E = K_{\text{cam}}'^{\mathrm{T}} F K_{\text{cam}}, \ F = K_{\text{cam}}^{-\mathrm{T}} E K_{\text{cam}}^{-1} \tag{2.33}$$

本质矩阵 E 的秩为 2，自由度为 5。由 E 的表达式可知，该矩阵只与相机的外参有关，与相机内参无关。此性质为相机运动参数 R 和 T 的恢复提供了必要的条件。

由式(2.32)可知，E 可分解为一个反对称矩阵 $[T]_{\times}$ 和一个旋转矩阵 R 的乘积，利用奇异值分解(singular value decomposition, SVD)，E 有一个奇异值为零，另两个奇异值相等，即 $E = U\text{diag}(k, k, 0)V^{\mathrm{T}}$，进而得到如下解算结论(忽略符号)：

$$[T]_{\times} = U_R Z_R U_R^{\mathrm{T}}、R = U_R W_R V_R^{\mathrm{T}} \text{ 或 } R = U_R W_R^{\mathrm{T}} V_R^{\mathrm{T}} \tag{2.34}$$

其中，

$$W_R = \begin{bmatrix} 0 & -1 & 0 \\ 1 & 0 & 0 \\ 0 & 0 & 1 \end{bmatrix}, \ Z_R = \begin{bmatrix} 0 & 1 & 0 \\ -1 & 0 & 0 \\ 0 & 0 & 0 \end{bmatrix} \tag{2.35}$$

由上述解可知，通过求解得到旋转矩阵 R 和位移矩阵 T 后，进一步即可求得相机的运动参数。但是，同时通过 E 阵求解得到的 R、T 不唯一，根据 E 阵求解得到的 R、T 有四组解，现有方法需要对四组解进行判断进而确定唯一解。传统方法是对特征点进行三维重建，通过三维点深度信息确定。只有当在两个相机中的深度均为正值时，所得到的 R、T 为正解。

2.4 运动估计及其模型介绍

通过多幅图像，解算空间位置的相对偏移量，并求取最佳匹配情况下的运动矢量，实

现载体的运动参数获取,是视觉导航的重要内容。

2.4.1 运动估计概念及基本思路

在序列图像中,邻近帧存在一定相关性,因此,可将活动图像分成若干块,在参考帧中定义的搜索区域按照一定匹配准则,搜索出每个块在参考帧图像中的匹配块,并得出两者间空间位置的相对偏移量,即运动矢量。当前块从参考帧中求取最佳匹配块得到运动矢量的过程称为运动估计,原理如图 2.14 所示。

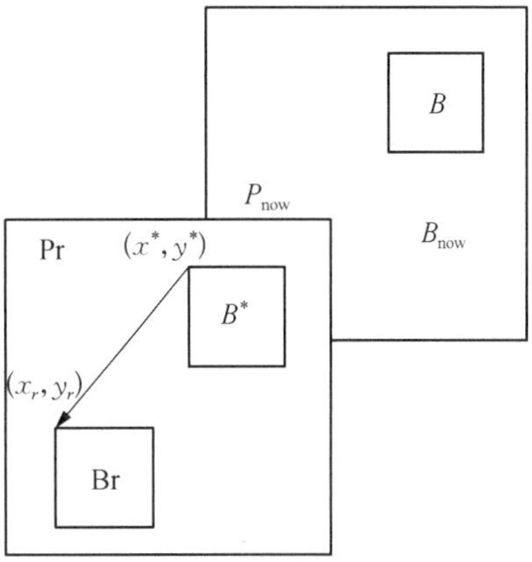

图 2.14　运动估计的原理示意图

假设当前帧为 P_{now}, 参考帧为 Pr,当前编码块为 B_{now}, B^* 与 B 在图像中坐标位置相同。在 Pr 中,按照搜索准则,寻找与 B_{now} 块相匹配的块 Br,这个过程就是运动估计,Br 左上角坐标 (x_r, y_r) 与 B^* 左上角坐标 (x^*, y^*) 之差,即为运动矢量(motion vector, MV)。

运动估计得到的运动矢量同参考帧补偿出当前帧的预测帧的过程称为运动补偿(motion compensation, MC),预测帧与当前帧相减得到预测误差。运动估计算法有多种,如全搜索(exhaustive search, ES)算法、快速搜索算法等。经典的快速搜索算法有三步搜索法、二维对数法、交叉搜索法[27]、菱形法[28]等。下面对一些经典算法的求解过程进行说明。

(1) 全搜索算法。全搜索算法以每个像素为单位,在搜索区域内按照一定搜索规则寻找匹配误差最小的块,并计算运动矢量。在每个像素位置找到的运动矢量形成运动矢量集合。

(2) 三步搜索法。三步搜索法将图像分成不重叠的块,在搜索区域内分三步搜索。第一步,从块中心开始以 4 步为步长的 9 个点的区域内计算最小误差值;第二步,以第一步的最小值的点为中心,步长为 2 步的 9 个点的区域内计算最小的误差值;第三步,在以第二步的最小绝对差之和(sum of absolute differences, SAD)值的点为中心,步长为 1 的 9 个点的区域内计算最小误差值,这个最小点即为最佳匹配点。三步搜索法总共计算点数为 25,优点是搜索步骤固定简单,易于通过硬件实现改进的运动估计算法。

(3) 菱形法。菱形法不同于三步搜索法及其改进算法,利用运动矢量的中心偏置特性,对搜索模式进行了改进,采用大小菱形模板进行搜索。大菱形由 9 个点组成,围绕中心点的 8 个点形成一个大菱形的形状。小菱形是由 5 个点组成的菱形。菱形法第一步:在大菱形中搜索计算 9 个点(大菱形)的 SAD,找到最小值点,如果在中心,则转至第三步,否则转至第二步;第二步:以第一步的最小值点为中心继续构建大菱形搜索,直至最小值位于中心;第三步:以上一步的最小值点为中心构建 5 个小菱形搜索,计算结束。菱形法的优点是计算量小,搜索速度快,可以找到全局最优位置。

在对三维数据进行空间转换后,所有三维数据都处在世界坐标为初始相机坐标的坐标系下。三维数据需要进行融合去除重叠部分数据冗余。最常用的方法是光束平差法[29]。

光束平差法的基本思想是,假设在一次观测中,场景中的所有观测点都会反射出光束,算法通过优化实际观测点和估计点之间的重投影误差,即图像上的特征匹配观测点与根据该点估计出的空间点在该图像上的投影点之间的偏差距离。调整相机位姿以及地图特征点位置,使所有反射产生的光束最终都可以交汇于一点,即所有光束最终都可以由相机发出,进行模型优化。光束平差法旨在将重投影误差最小化,本质上是一个无约束非线性最小二乘问题,其目标函数如下:

$$g_{\mathrm{object}}(\theta_{cx}) = \frac{1}{2}\sum_{i}^{n}\sum_{j}^{m}\chi_{ij}\parallel \hat{u}_{ij} - u_{ij}(C_{\mathrm{cam}\,j}, X_{w\_i})\parallel^{2} = \frac{1}{2}\sum_{i}^{n}\sum_{j}^{m}e_{ij}$$
$$\theta_{cx} = (C_{\mathrm{cam}1}, \cdots, C_{\mathrm{cam}m}, X_{w\_1}, \cdots, X_{w\_n}) \tag{2.36}$$

其中,χ_{ij} 表示第 i 个三维点是否在第 j 个相机中可见,若可见则其值为 1,否则为 0;$\hat{u}_{ij}$ 为特征匹配观测点;u_{ij} 为投影点;X_{w_i} 为空间点;$C_{\mathrm{cam}\,j}$ 为相机外参;e_{ij} 为第 i 个三维点在第 j 个相机中的重投影误差。

目前求解该问题局部最优解的方法有最速下降法[30]、牛顿迭代法[31]和列文伯格-马夸尔特(Levenberg-Marquardt, L-M)算法[32]。下面分别对其求解过程进行说明。

(1)最速下降法。最速下降法是模型算法领域和数学领域常见的最优化算法,它的思路主要是选取一个初始值 θ_{cx0},然后不断地迭代该初始值,使目标函数按照梯度负方向减小,最终通过结果收敛得到一个使目标函数值为局部最小值。假设 $g_{\mathrm{object}}(\theta_{cx})$ 在 θ_{cxt} 处可微,则其在 θ_{cxt} 处的泰勒展开式为

$$g_{\mathrm{object}}(\theta_{cx}) = g_{\mathrm{object}}(\theta_{cxt}) + (\nabla g_{\mathrm{object}}(\theta_{cxt}))^{\mathrm{T}}\delta\theta_{cx} + o(\parallel \delta\theta_{cx}\parallel) \tag{2.37}$$

(2)牛顿迭代法。牛顿迭代法通过在最速下降法的基础上加入二阶导数提高对局部最小值的求解速度。假设 $g_{\mathrm{object}}(\theta_{cx})$ 在 θ_{cxt} 处二阶可微,且二阶导数 $\nabla^2 g_{\mathrm{object}}(\theta_{cxt})$ 正定,则其在 θ_{cxt} 处的泰勒展开式为

$$g_{\mathrm{object}}(\theta_{cx}) = g_{\mathrm{object}}(\theta_{cxt}) + (\nabla g_{\mathrm{object}}(\theta_{cxt}))^{\mathrm{T}}\delta\theta_{cx} + \frac{1}{2}\delta^{\mathrm{T}}\theta_{cx}\nabla^{2}g_{\mathrm{object}}(\theta_{cxt})\delta\theta_{cx} \tag{2.38}$$

对式(2.38)求梯度并使其为 0,则有

$$\delta\theta_{cx} = -(\nabla^{2}(\theta_{cxt}))^{-1}\nabla g_{\mathrm{object}}(\theta_{cxt}) \tag{2.39}$$

牛顿迭代法的迭代过程与最速下降法类似,将函数不断迭代,直至 $\parallel \nabla g_{\mathrm{object}}(\theta_{cxt})\parallel \leqslant \varepsilon$。由于最速下降法为局部平面拟合,而牛顿迭代法为局部二次曲面拟合,因此牛顿迭代法速度更快,但是因为牛顿迭代法需要对二阶导数即一个 Hessian 矩阵进行计算

和存储，所以它的运算量较大，若 θ_{cxt} 距离最优解较远，则可能失去收敛性甚至下降性。

(3) L－M 算法。L－M 算法是一种基于信赖域的算法，其在收敛速度较快时增大信赖域以使算法趋于牛顿迭代法，在收敛速度较慢时减小信赖域以使算法趋于最速下降，因此 L－M 算法兼备上述两种算法的优点。

L－M 算法将牛顿迭代法中二阶导数 $\nabla^2 g_{\text{object}}(\theta_{cxt})$ 的 Hessian 矩阵近似地替换为 Jacobian 矩阵的乘积形式，并用信赖域半径 λ_r 控制对角矩阵：

$$\nabla^2 g_{\text{object}}(\theta_{cxt}) = J^{\text{T}}(\theta_{cxt})J(\theta_{cxt}) + \frac{1}{\lambda_r}I \tag{2.40}$$

当信赖域半径 λ_r 趋于无穷大时，有

$$J^{\text{T}}(\theta_{cxt})J(\theta_{cxt})\delta\theta_{cx} = \nabla g_{\text{object}}(\theta_{cxt}) \tag{2.41}$$

当信赖域半径 λ 趋于 0 时，有

$$\delta\theta_{cx} = -\nabla g_{\text{object}}(\theta_{cxt}) \tag{2.42}$$

L－M 算法只需使用一阶导数，从而避免了对复杂的 Hessian 矩阵及其逆矩阵的求解，较大地提高了运行速度。另外，该算法在初始值离最优解较远时仍然能够保持稳定性，迭代过程中步长随重投影误差的灵活变化保证了系统的收敛，减少了冗余的三维数据并方便显示和存储。

2.4.2 基于透视法的运动估计方法

常见的透视算法有 P3P[33]、最小化重投影误差或 PnP 法、高效 n 点透视（efficient perspective-n-point, EPnP）法、直接线性变换（direct linear transform, DLT）[34]等，其中应用最广泛的是 PnP[35]法，将相机位姿和空间位置看成优化变量，通过最小化重投影误差进行非线性优化。

非线性优化 PnP 法主要是采用重投影方法将地标点投影在当前帧图像平面，并与匹配像素坐标对比，构建重投影误差优化函数，通过不断减小重投影误差实现相机参数 C_{cam} 的迭代优化，重投影误差示意图如图 2.15 所示。其中，地标点 P 坐标、某帧特征点坐标 p_{il}、该帧特征匹配的当前帧特征点坐标 p_{f_i}、该帧到当前帧的初始位姿已知，利用投影模型将地标点投影为像素坐标 p'_{f_i}，则得到每对匹配特征的重投影误差 $e_{f\_i} = p_{f\_i} - p'_{f\_i}$，则 N 对匹配点集所构成的优化函数表示为

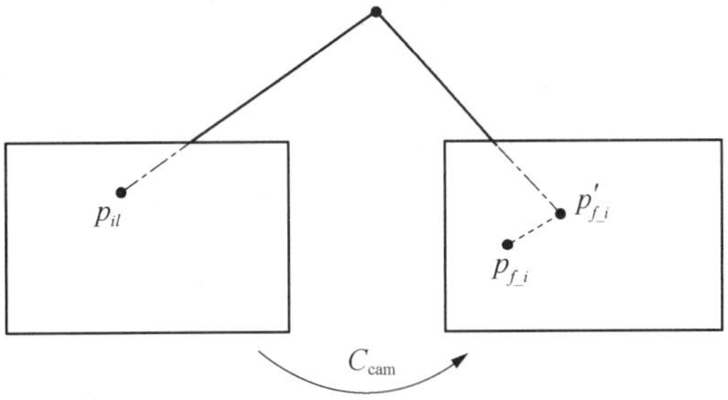

图 2.15 重投影误差示意图

$$f(C_{cam}) = \arg\min_{C_{cam}} \frac{1}{2}\sum_{i=1}^{N} \| e_{f\_i} \|_2^2 \tag{2.43}$$

其中，argmin( ) 表示使得该式达到最小值时变量的取值。利用高斯牛顿或 L－M 算法求解该矩阵，结合增量方程计算增量步长，降低整体误差至模型收敛，最终完成位姿优化。

2.4.3 迭代最近点运动估计方法

迭代最近点(iterative closest point, ICP)算法[36]是一种点云匹配算法迭代，也是用于求解匹配的 3D－3D 点之间欧氏变换的方法。已知 N 对 3D－3D 匹配点对 $\{p_{f\_i}, q_{f\_i}\}_{i=1,2,\cdots,N}$，求解最优的 R、T 使匹配点对之间的最小二乘误差最小：

$$f(R, T) = \arg\min_{R,t} \frac{1}{2}\sum_{i=1}^{N} \| p_{f\_i} - (Rq_{f\_i} + T) \|^2 \tag{2.44}$$

求解 ICP 的过程，就是求解该目标函数最小值的过程。每次迭代过程都使得该目标函数更小，迭代收敛返回的结果就是最终估计结果。

通常采用 SVD 法或非线性优化方法求解。例如，SVD 法求解步骤可分为三步：

(1) 匹配点中心化。首先求解 2 帧图像上所有匹配点的质心(所有点坐标之和的均值) $\mu_p = 1/N\sum_{i=1}^{N} p_{f\_i}$ 和 $\mu_q = 1/N\sum_{i=1}^{N} q_{f\_i}$，然后计算每个点的去质心坐标 $p'_{f\_i} = p_{f\_i} - \mu_p$ 和 $q'_{f\_i} = q_{f\_i} - \mu_q$。

(2) 求最优旋转。定义 $W_{svd} = \sum_{i=1}^{N} p'_{f\_i} {q'}^{T}_{f\_i}$，对 W_{svd} 进行 SVD：$W_{svd} = U_{svd}\Sigma_{svd}V_{svd}^{T}$，其中 Σ_{svd} 是由奇异值组成的对角阵，奇异值从大到小排列，U_{svd} 和 V_{svd} 为单位正交矩阵，得到 $R = U_{svd}V_{svd}^{T}$。

(3) 求最优平移量。通过上一步求解的 R，得到 $T = \mu_p - R\mu_q$。用 SVD 法求解析解，最少需要 3 对不共线的点才能保证 W 可逆，从而解出唯一 R。

习题

(1) 哪些因素会导致相机内参标定过程中的误差？

(2) 搜索鱼眼相机的标定方法，与普通针孔相机模型相比有何不同？

(3) 在特征匹配过程中，有时会出现误匹配情况。如果把错误匹配输入到 PnP 算法中，会发生什么情况？请寻找和分析防止误匹配的方法？

(4) 尝试寻找和下载公开内参标定数据集，并使用标定工具软件进行内参标定。

第 3 章 视觉图像匹配方法

图像匹配方法对视觉图像的信息挖掘极其重要，本章介绍点、线、面、边等特征图像匹配基础理论，并结合同源和异源图像匹配算法发展，分别以改进的 ORB 算法和 Canny 算法为例，研究了同源图像和异源图像的匹配情况，并结合当前深度学习的发展情况，阐述深度学习在异源图像匹配方面的应用过程。

3.1 特征图像匹配原理解析

目前视觉导航多采用同源可见光图像获取周围环境信息，其匹配效果易受季节和气候变化、光影差异的影响。随着民用及军事领域对于载体全天时、全天候自主导航能力的需求，具备信息互补性的异源图像成为视觉导航研究热点，基于不同成像机理的异源图像匹配技术得到了广泛关注。由于不同传感器的成像特性差异，异源图像之间的灰度映射关系发生变化，因此基于像素灰度特性的模板匹配方法易受干扰，而基于灰度特性提取固有特征进行匹配的方式具备更好的抗干扰性能[37]。

基于特征图像匹配的目标定位技术的核心是性能良好的特征匹配算法，特征匹配算法的性能直接决定了该目标定位技术的性能。特征匹配分为特征提取、特征描述与相似性度量三个部分，为得到性能最佳的图像匹配目标定位方法，需对多种经典特征提取与描述方法进行研究和分析。本节分别对点特征匹配算法、线特征与面特征提取方法和边缘特征提取方法进行分析。

3.1.1 点特征提取与描述原理

视觉 SLAM 的点特征是一种常用的特征信息，在一般场景中都能够提取丰富的特征点匹配对，特征提取与描述是点特征匹配的基础，不同的提取与描述方法使得点特征匹配方法拥有不同的抗噪声、抗旋转、抗尺度变化能力以及计算速度。本节旨在对经典的点特征提取和描述方法进行解析，分析经典点特征提取与描述方法的性能。

1. 点特征提取方法原理解析

点特征包括图像的角点、中心点和高曲率点等，图像角点是使用最为普遍的点特征，是灰度突然变化的像素点集合,在图像中具备一定的不变性。经典的点特征提取方法包括 Harris、同化核小单值段(small univalue segment assimilating nucleus, SUSAN)、FAST、SIFT 和 SURF 等算法。其中,Harris、SUSAN 和 FAST 算法利用灰度信息提取点特征,SIFT 和 SURF 算法利用曲率提取点特征。

基于灰度信息的点特征提取方法通过设定目标函数检测图像中灰度急剧变化的点作为特征点,这一类点特征提取方法不具备尺度不变性。Harris 算法采用的目标函数为自相关函数,由此确定了一个特定矩阵,根据矩阵的特征值判定特征点;SUSAN 算法首先在圆形模板内统计与模板中心灰度值接近的邻域像素总点数,确定 SUSAN 区域,采用 SUSAN 区域面积作为目标函数确定特征点;FAST 算法以圆形模板上与中心点灰度差异超过设定阈值的连续像素点个数为目标函数确定特征点。

基于曲率的点特征提取方法通过计算像素点的曲率确定点特征,一般是曲率较大的点和处在边缘上的点。SIFT 算法首先构建高斯差分金字塔尺度空间,在尺度空间中提取极值像素点作为特征点,因而具有尺度不变性;SURF 算法是 SIFT 算法的改进,采用积分图像及一组不同大小的滤波器模型构建多尺度空间,在尺度空间内计算 Hessian 矩阵行列式的极值点作为特征点,该方法继承了 SIFT 算法抗尺度变化的优点,同时减少了计算量,是一种鲁棒性好、速度快的点特征提取方法。

在实际应用中,点特征提取方法需要有较强的抗噪能力、抗旋转能力、抗尺度变化能力及较快的计算速度[38]。

由表 3.1 可知,SUSAN 和 FAST 算法操作方便,计算速度快,但对噪声、旋转和尺度变化很敏感,稳定性差;SIFT 和 SURF 算法通过构建尺度空间,获得的点特征具有较强的抗噪声、抗旋转、抗尺度变化能力,稳定性强,但同时增加了计算复杂度,运行效率较低。因此,在实际使用时可以根据性能需求选取适合的点特征提取方法或对以上经典的点特征提取方法进行改进,得到满足需求的点特征提取方法。

表 3.1　各点特征提取算法性能对比

点特征提取方法	抗噪声	抗旋转	抗尺度	计算速度
Harris	较强	一般	无	一般
SUSAN	一般	无	无	较快
FAST	差	无	无	快
SIFT	强	强	强	慢
SURF	强	强	强	较慢

2. *点特征描述方法原理解析*

为确保点特征匹配性能的良好,在点特征提取方法得到较为准确的特征点后,需使用准确的点特征描述方法。目前,经典的点特征描述方法有 SIFT、SURF、BRIEF、ORB 和

BRISK 等算法[39]。SIFT 和 SURF 算法采用梯度直方图进行点特征描述，是经典的基于梯度直方图的点特征描述方法。BRIEF、ORB 和 BRISK 算法采用二进制位串进行点特征描述，属于基于二进制位串的点特征描述方法。

基于梯度直方图的点特征描述方法通过统计特征点邻域内所有像素点的梯度，构建梯度直方图，形成对应的点特征描述符。这一类描述符具备抗噪声、抗旋转和抗光照变化的能力，但算子复杂度高，运算速度慢。采用 SIFT 算法首先统计特征点邻域内所有点的梯度幅值和方向，形成梯度直方图，然后确定特征点主方向为直方图峰值所对应的方向，再将邻域分为 4×4 个子区域，以主方向为基准方向，统计每个子区域中的 8 个方向的梯度幅值，形成 $4 \times 4 \times 8 = 128$ 维的特征描述符。SURF 算法是对 SIFT 算法的改进，继承了 SIFT 描述符抗旋转变化和抗噪声的优良性能。SURF 算法将特征点邻域分成 4×4 个子区域，然后统计每个子区域内横纵坐标上的 Haar 小波响应累加值和 Haar 小波响应绝对累加值，形成 $4 \times 4 \times 4 = 64$ 维的 SURF 描述符，降低了描述符的维度，加快了计算速度。

基于二进制位串的点特征描述方法通过比较邻域内多个像素点对的灰度值，获得一组只有 0 和 1 的数据，形成一个二进制位串的特征描述符。这一类方法操作简单，计算复杂度低，计算速度快，随着这类方法的发展，其逐渐具备了抗旋转变化和抗噪声的能力。BRIEF 算法获取的是最简单的二进制位串描述符，ORB 算法在其基础上增加主方向以满足抗旋转变化的要求。这两种方法选取的 n_d 个像素点对的横纵坐标采样服从高斯分布。BRISK 描述符是 BRIEF 描述符的另一种改进，增加了主方向，同时采用不同的采样方式得到像素点对。

SIFT、SURF 和 ORB 算法在抗尺度变化、抗旋转变化和视角变化方面具有较强的鲁棒性，BRISK 算法有一定的抗旋转变化能力，但对尺度变化和视角变化的鲁棒性一般。在算法的计算效率方面，ORB 算法计算速度最快，单位时间内获得的正确匹配点数最多，相对 SIFT 和 SURF 算法有很强的优越性。

3.1.2 线特征和面特征提取与描述原理

与点特征相比，线特征与面特征拥有更多的结构信息，有利于应对结构化场景，增加系统在弱纹理环境下的鲁棒性。本节旨在对经典的线特征与面特征提取与描述方法进行解析，分析经典线特征与面特征提取与描述方法的性能。

1. 线特征提取与描述方法原理解析

常见的线特征提取方法有霍夫变换法、梯度法以及边缘连接法三种[40]。

霍夫直线检测算法是使用霍夫变换法的代表性算法，其主要利用点与线的对偶性，把在图像空间中的直线检测问题映射到参数空间中转为对点的检测问题。简要概括其工作原理为：首先检测出图像中的边缘点，然后计算出参数空间中每一个点与边缘点的距离，并记录最小距离，最后利用参数空间中最大值点检测线段。

梯度法检测直线的关键是通过像素梯度方向构造线支持区域（line support region，

LSR)。LSR 实际上是一个区域的像素点集合,每一个 LSR 都是线特征检测的候选项,可观察 LSR 的最小外接矩形的“形状”判定直线段的相关度,若外接矩形为细长形,则是直线段的可能性就较大。LSD 算法是梯度法的代表性算法。LSD 算法首先将图像进行降噪处理,减少噪声对线特征检测的结果,然后通过高斯滤波降低锯齿效应,再计算并伪排序图像中像素点的梯度方向,将大于梯度值阈值的点作为区域生长,最后对生成的所有域进行改善与筛选,满足条件的即为直线特征。

边缘连接法的主要思想是通过图像灰度或色彩变换找到边缘位置。其检测线段主要步骤为:首先利用边缘检测算法获取边缘信息,并根据边缘信息将其连接为线段,然后通过最小二乘估计线段参数,最后确定检测的线段端点。EDLines 算法就是使用了边缘连接法的经典算法,其是一种基于 Helmholtz 原理的实时线段检测算法。

以上简要介绍了三种线特征提取方法及其代表算法,其中霍夫直线检测算法虽然能成功检测到线特征,但是其计算量大,且检测出的线段质量低,不适用于视觉 SLAM 系统进行线特征提取。LSD 算法与 EDLines 算法线段检测质量相当,但提取速度并不相同。

EDLines 算法提取的线段质量好,且提取速度较快,以上优势使得其非常适合应用于视觉 SLAM 系统中线特征的提取。

提取图像中的线特征之后,需对其进行特征描述从而进行匹配。直线条带描述子(line band descriptor, LBD)是对线特征描述的常用方法,该方法主要通过对像素梯度进行统计同时将统计量的平均向量和标准方差作为描述子。首先从构建的尺度金字塔的每一层中提取线段,并重构线集合生成一个向量,向量名为 LineVec,然后通过前述步骤生成 LSR 构建 LBD,确定 LSR 形成的条带方向,并计算每行像素的梯度与权重,最后统计每行梯度直方图计算条带描述子,最终串联构成 LBD。

在实际环境中,由于相机的运动幅度在帧间线特征匹配时非常小,所以两线特征几乎平行且长度近似相等。通常采用帧间匹配过程中的线特征几何属性对相邻帧进行匹配,同时通过绝对中位差算法计算匹配线段的位移变化的标准差,并基于此剔除错误的线特征匹配。

假设存在两条需要匹配的线特征为

$$L_{\text{feature\_1}} = \overrightarrow{AB}, \quad L_{\text{feature\_2}} = \overrightarrow{CD} \tag{3.1}$$

记 $L_{\text{feature\_1}}$ 和 $L_{\text{feature\_2}}$ 的长度分别为 $l_{\text{feature\_1}}$ 和 $l_{\text{feature\_2}}$,与水平面的夹角分别为 θ_1 和 θ_2。先判断两线段是否平行,若 θ_1 和 θ_2 的差值绝对值小于规定的阈值 α,则说明 $L_{\text{feature\_1}}$ 和 $L_{\text{feature\_2}}$ 符合匹配的平行要求。若两线段满足:

$$l_{\cup} = \frac{\min(l_{\text{feature\_1}},\ l_{\text{feature\_2}})}{\max(l_{\text{feature\_1}},\ l_{\text{feature\_2}})} > \beta_s \tag{3.2}$$

其中,$l_{\cup}$ 表示两线段特征的重叠比例;β_s 表示两线段特征长度相似度。最后判断线段

$L_{\text{feature\_1}}$ 中点 m 到 $L_{\text{feature\_2}}$ 的距离 $d(m, L_{\text{feature\_2}})$ 是否小于阈值 γ_λ，即是否满足：

$$d(m, L_{\text{feature\_2}}) < \gamma_\lambda \tag{3.3}$$

2. 面特征提取与描述方法原理解析

平面特征是比点和线更高层次的几何特征，可以提高相机位姿估计的精度。比较常见的面特征提取方法主要有三种，分别为基于随机抽样一致（random sample consensus, RANSAC）算法、基于区域生长的平面分割方法和层次聚类法。

RANSAC 算法采用迭代方式从一组包含离群的被观测数据中估算出数学模型的参数。RANSAC 算法假设数据中包含正确数据和异常数据（或称为噪声），且假设给定一组正确的数据，存在可以计算出符合这些数据的模型参数的方法。该算法的核心思想就是随机性和假设性，随机性是根据正确数据出现的概率去随机选取抽样数据，根据大数定律，通过随机性模拟可以近似得到正确结果。假设性是假设选取出的抽样数据都是正确数据，然后用这些正确数据通过问题满足的模型，去计算其他点，最后对这次结果进行评分。基于 RANSAC 的方法提取平面已经被广泛使用，基于 RANSAC 的提取平面特征方法通常遵循在数据上迭代应用 RANSAC 算法，从而得到平面点云集，但是该方法通常计算时间较长，会影响 SLAM 系统的实时性，所以不适用于 SLAM 前端。

基于区域生长的平面分割方法也是一种比较常用的方法，一般是通过曲率或者法线等特征计算点云局部空间之间的相邻关系获得需要的平面点云。

层次聚类法提取的平面质量较好，且误检率较低。该算法主要流程如下：

（1）将待提取平面特征的图像初始化，将其点云平均分为多个节点，同时将深度信息缺失或者不连续的节点剔除；

（2）通过凝聚层次聚类（agglomerative hierarchical clustering, AHC）算法融合属于统一平面的节点，直到平面拟合均方差达到阈值；

（3）用逐像素区域生长优化提取平面。

提取完面特征之后，还需要对其参数化，才能进行面特征匹配。较为常用的面特征参数化方法是通过 Hesse 形式参数化，使用该方式可以将平面方程表示为 $\pi = (n_\pi^{\mathrm{T}}, d_n)^{\mathrm{T}}$，其中 $n_\pi^{\mathrm{T}} = (n_x, n_y, n_z)$，$d_n$ 表示平面距世界坐标系原点的长度。假设平面上存在一个点 P_f，则

$$n_\pi^{\mathrm{T}} P_f - d_n = 0 \tag{3.4}$$

在使用 Hesse 形式时，同点特征的坐标变换类似，也可以将平面在不同坐标系下变换。设 $(n_\pi^{G\mathrm{T}}, d_n^G)^{\mathrm{T}}$ 为世界坐标系下的平面方程，$(n_\pi^{L\mathrm{T}}, d_n^L)^{\mathrm{T}}$ 为本地坐标系下的平面方程，R 是本地坐标系到世界坐标系的旋转，T 是本地坐标系到世界坐标系的位移矩阵，则

$$\begin{bmatrix} n_\pi^G \\ d_n^G \end{bmatrix} = \begin{bmatrix} R & 0 \\ -T & 1 \end{bmatrix} \begin{bmatrix} n_\pi^L \\ d_n^L \end{bmatrix} \tag{3.5}$$

相比于特征点匹配，两个平面特征匹配则复杂得多。较为常见的方式是使用两平面到坐标系原点的距离之间的差值、两平面法向量之间的夹角或者垂直距离作为衡量两平面是否相似的标准，从而判断是否进行面特征匹配。

假设存在两个待匹配的平面，序号分别是 i 和 j，已知序号为 j 的平面质心和法向量分别为 μ_j 和 n_j，序号为 i 的平面质心为 μ_i，协方差为 $S_{\text{cov\_}i}$，则这两个平面的相似度 $F_{\text{simi}(i,j)}$ 可表示为

$$F_{\text{simi}(i,j)} = \frac{1}{n_i} n_j^{\mathrm{T}} S_{\text{cov\_}i\to j} n_j \tag{3.6}$$

其中，$S_{\text{cov\_}i\to j}$ 代表序号 i 平面相对于序号 j 平面的质心协方差，其表达式为

$$\begin{aligned}
S_{\text{cov_}i\to j} &= \sum_{k=1}^{n_i} (q_k - \mu_j)(q_k - \mu_j)^{\mathrm{T}} \\
&= \sum_{k=1}^{n_i} (q_k - \mu_i + \mu_i - \mu_j)(q_k - \mu_i + \mu_i - \mu_j)^{\mathrm{T}} \\
&= \sum_{k=1}^{n_i} [(q_k - \mu_i)(q_k - \mu_i)^{\mathrm{T}} + (q_k - \mu_i)(q_k - \mu_j)^{\mathrm{T}} \\
&\quad + (q_k - \mu_j)(q_k - \mu_i)^{\mathrm{T}} + (\mu_i - \mu_j)(\mu_i - \mu_j)^{\mathrm{T}}] \\
&= S_{\text{cov_}i} + n_i(\mu_i - \mu_j)(\mu_i - \mu_j)^{\mathrm{T}}
\end{aligned} \tag{3.7}$$

平面特征匹配的主要步骤为：首先对两个待匹配平面的法向量夹角进行计算，然后判断其大小是否低于设定阈值 $\tau_{\text{norm}} = 45°$，若低于阈值，则继续判断两平面的面积重叠部分是否大于阈值 S_{area}，即满足面积约束：

$$\frac{S_{\text{inter}}(P_i, P_j)}{\min(S(P_i), S(P_j))} > \tau_{\text{area}} \tag{3.8}$$

其中，$S_{\text{inter}}(P_i, P_j)$ 为在法向上两平面重叠部分的面积。最后分别计算 $F_{\text{simi}(i,j)}$、$F_{\text{simi}(j,i)}$ 的相似度量值，若都低于阈值 τ_{met}，则两平面匹配成功。

3.1.3 边缘特征提取原理

边缘是一个区域的开始或终结，依据颜色骤变、灰度骤变或纹理结构骤变提取得到。通过边缘特征的提取，可以区分图像中的个体。经典的边缘特征提取方法包括 Roberts 算法、Sobel 算法[41]、Prewitt 算法、拉普拉斯算法[42]、拉普拉斯高斯(Laplacian of Gaussian, LOG)算法[43]和 Canny 算法[44]。

图像的边缘特征提取通过求导实现，根据求导方式的不同，可分为基于一阶微分的边缘特征提取方法与基于二阶微分的边缘特征提取方法。Roberts 算法、Sobel 算法和 Prewitt 算法属于基于一阶微分的边缘特征提取方法，拉普拉斯算法和 LOG 算法属于基于二阶微分的边缘特征提取方法。按照算法原理，Canny 算法应该属于基于一阶微分的边缘特征

提取方法,但由于 Canny 算法进行了总结改进,具有复杂的处理流程,是一种较好的实用边缘检测算法,本节将对其进行单独说明。

在边缘提取方法中,图像被看成灰度值为连续函数的离散数组。基于一阶微分的边缘特征提取方法对这一离散数组进行求导,提取图像中的灰度骤变组成边缘特征。图像数组每一点的导数又称为梯度,定义为向量:

$$f_{\text{grad}}(x, y) = \begin{bmatrix} f_{\text{grad}x}(x, y) \\ f_{\text{grad}y}(x, y) \end{bmatrix} = \begin{bmatrix} \dfrac{\partial f}{\partial x} \\ \dfrac{\partial f}{\partial y} \end{bmatrix} \tag{3.9}$$

梯度幅值为

$$| f_{\text{grad}}(x, y) | = \sqrt{f_{\text{grad}x}(x, y)^2 + f_{\text{grad}y}(x, y)^2} \tag{3.10}$$

梯度方向为

$$\theta_{\text{grad}}(x, y) = \arctan(f_{\text{grad}y}(x, y), f_{\text{grad}x}(x, y)) \tag{3.11}$$

图像是一组离散数组,其梯度用差分近似代替,表示为

$$\begin{aligned} f_{\text{grad}x}(x, y) &= f(x+1, y) - f(x, y) \\ f_{\text{grad}y}(x, y) &= f(x, y) - f(x, y+1) \end{aligned} \tag{3.12}$$

将以上计算简化为以下的卷积模板:

$$\begin{aligned} f_x(x, y) &= [-1 \quad 1] \\ f_y(x, y) &= \begin{bmatrix} 1 \\ -1 \end{bmatrix} \end{aligned} \tag{3.13}$$

在计算梯度时,为追求更接近真实偏导数的梯度,学者们采用不同的计算方式,实现了不同的边缘特征提取方法。各种边缘特征提取方法的本质区别在于使用的卷积模板不同,详见表 3.2。

表 3.2 经典一阶微分边缘特征提取方法的卷积模板及其特点

算法	卷积模板	特点
Roberts	$f_x(x, y) = \begin{bmatrix} 1 & 0 \\ 0 & -1 \end{bmatrix}, f_y(x, y) = \begin{bmatrix} 0 & 1 \\ -1 & 0 \end{bmatrix}$	水平、垂直方向边缘提取精度高,存在漏检的情况,对噪声敏感
Sobel	$f_x(x, y) = \begin{bmatrix} -1 & 0 & 1 \\ -2 & 0 & 2 \\ -1 & 0 & 1 \end{bmatrix}, f_y(x, y) = \begin{bmatrix} -1 & -2 & -1 \\ 0 & 0 & 0 \\ 1 & 2 & 1 \end{bmatrix}$	边缘提取精度不够高,存在漏检的情况,有一定抑制噪声的能力

续 表

算法	卷积模板	特点
Prewitt	$f_x(x,y)=\begin{bmatrix}-1&0&1\\-1&0&1\\-1&0&1\end{bmatrix}$, $f_y(x,y)=\begin{bmatrix}-1&-1&-1\\0&0&0\\1&1&1\end{bmatrix}$	边缘提取精度低，存在漏检的情况，有一定抑制噪声的能力

使用一阶微分提取边缘特征，可能会获取过多的边缘特征，边缘提取不准确。为解决该问题，基于二阶微分的边缘特征提取方法认为梯度局部最大值对应的特征为边缘特征，去除了梯度非局部最大值对应的特征，提取的边缘特征更精确。一阶微分是有大小和方向的矢量，而二阶微分是标量，因而基于二阶微分的边缘特征提取方法只有单个卷积模板，详见表 3.3。

表 3.3　部分提取方法的卷积模板及其特点对比

算　法	卷积模板	特　点
拉普拉斯算法	$\nabla^2=\begin{bmatrix}0&1&0\\1&-4&1\\0&1&0\end{bmatrix}$	边缘提取精度较高，连续性较好，对噪声敏感
LOG	$\nabla^2=\begin{bmatrix}0&0&-1&0&0\\0&-1&-2&-1&0\\-1&-2&16&-2&-1\\0&-1&-2&-1&0\\0&0&-1&0&0\end{bmatrix}$	边缘提取精度较高，连续性较好，受噪声影响小

Canny 算法与传统的微分边缘特征提取算法相比具有运算速度快和提取精度高的优点，是实践中使用最广泛的一种边缘提取算法。Canny 算法首先对图像进行平滑处理，然后计算图像梯度，进而根据设置的阈值对边缘进行提取。Canny 算法的卷积模板及其特点详见表 3.4。由文献[30]的数据分析可知，Canny 算法中滤波方法和梯度计算模板的选择由理论分析得到，保证了 Canny 算法基本满足信噪比、定位性能和单一边缘的唯一响应三项指标，证明了 Canny 算法的优越性。

表 3.4　Canny 算法的卷积模板及其特点

算　法	卷积模板	特　点
Canny	$f_x(x,y)=\begin{bmatrix}-0.5&0.5\\-0.5&0.5\end{bmatrix}$ $f_y(x,y)=\begin{bmatrix}0.5&0.5\\-0.5&-0.5\end{bmatrix}$	边缘提取精度高，连续性好，受噪声影响小，需要人工设置阈值

红外图像比可见光图像清晰,个体区域间灰度差异很大的部分对边缘特征提取算法的要求低,性能一般的边缘特征提取算子也能获得较好的边缘特征,个体区域灰度接近的部分也存在个体区域灰度差异较大的问题,对特征提取算子有一定要求。

3.2 同源图像匹配算法

图像匹配技术已经广泛应用于视觉导航、环境重构以及目标跟踪与定位等领域。其基本思想是将不同时间、不同传感器或不同条件下的两幅图像中的相似目标建立对应关系,从两幅存在尺度、旋转、平移、光照以及视角变换的图像中检测并描述其不变特征。

同源图像指同一类型视觉设备采集到的图像,也是常见的匹配图像,在导航任务中的图像匹配算法通常要求匹配图像具备一定的视角变换,通常采用仿射变换解释两张大视角图像的差异,因此某些学者将能够实现大视角图像的匹配算法理解为具备仿射不变性。如 SIFT、ORB 这类特征匹配算法,虽然具有尺度、旋转、平移以及光照不变性,但是,基本不具有仿射不变性,即当两幅图像的视角变换较大时,这些算法的性能大大降低甚至失效。

3.2.1 同源图像匹配算法相关研究情况

经典特征图像匹配算法的仿射不变性能有限,为提高算法的仿射不变性,国内外研究学者主要介绍了三类有效的改进算法: ① 在图像中提取具有仿射不变的区域,然后在区域内提取特征进行匹配;② 采用经典的匹配算法粗略获得两幅图像间的关系,然后对图像变形进行纠正,再对纠正后的图像进行匹配;③ 采用模拟变形的思想,搭建变换模型,对参数进行采样,模拟图像可能存在的变形,从而实现匹配。

最大稳定极值区域(maximally stable extremal regions, MSER)[45]、Harris - Affine[46]和Hessian - Affine[47]算法是性能较为突出的第一类经典仿射不变图像匹配算法。MSER 算法基于分水岭的概念,通过不断改变检测阈值,检测图像中面积不随阈值变化而变化的连通区域,即最大稳定极值区域,然后对该区域进行特征描述从而完成匹配。Harris - Affine 算法认为图像存在仿射变换时必然存在尺度变换,该尺度变换在每个方向上都有所不同,这样的现象称为尺度变换的各向异性。Harris - Affine 算法将特征点的尺度表示为一个椭圆,由于各向异性的存在,特征点尺度的自动选择不能体现仿射变换的真实情况,因此该算法首先对图像进行多尺度 Harris 特征点提取,然后通过不断迭代将特征点的尺度椭圆归一化为圆,将尺度不变性发展为仿射不变性。Hessian - Affine 算法实现思想与之类似,采用 Hessian 矩阵替代 Harris - Affine 算法中的 Harris 特征点提取方法。

MSER、Harris - Affine 和 Hessian - Affine 算法都不具备完全的仿射不变性,难以保证仿射变形严重情况下的匹配性能,同时,MSER 算法不具备尺度不变性。针对这些缺点,学者结合 SURF、MSER 和颜色特性，实现了图像检索与分类，提高了检索精度。针对三维重建中倾斜影像难以稠密匹配的问题，基于 MSER 和 Harris - Affine 进行初始匹配，继而进行最小二乘匹配，采用几何一致性关系剔除误匹配，可以实现精确、高效的准稠密匹配算法。在大规模场景三维重建中，基于 MSER 和仿射尺度不变特征变换（affine-SIFT，ASIFT）算法介绍了大仿射场景的混合特征提取与匹配，也可以提高算法的正确率和速率。另一类仿射不变图像匹配算法的思路得到了比较广泛的应用。例如，针对匹配点对分布不均匀的现象[48]，采用 SIFT 算法对图像进行初匹配[49]，在此基础上获得图像间的初始几何关系，从而进行精确匹配，获得分布均匀的匹配点对，提高了图像配准精度。也有采用从粗到精的多级策略，通过结合 SIFT 算法、最小二乘匹配方法和归一化互相关度量实现了不同视点拍摄的倾斜图像的匹配。这一类方法的使用前提是粗匹配能够获得较好的匹配结果，当图像间仿射变形较大时，粗匹配阶段无法获得正确的图像对应关系，该方法可能失效。

ASIFT 算法是一种具有全局仿射不变性的图像匹配算法，为视角变换较大的图像匹配提供了较好的解决方案。ASIFT 算法[50]是经典的第三类仿射不变图像匹配算法，该算法利用仿射模型参数采样的方式模拟视角变形，采用 SIFT 算法对模拟图像和基准图像进行匹配，使算法具备很强的抗视角变换能力。该算法具有良好的旋转不变性、尺度不变性和完全仿射不变性，但其计算复杂度高，实时性能差，仍然存在视角变换模型不够精确、视角采样盲目性较大的问题。国内外有关学者基于 ASIFT 算法进行了一系列的改进与应用。采用结合图变换匹配的方法对 ASIFT 匹配结果进行约束，有利于提高 ASIFT 算法的匹配正确性和鲁棒性。提取并匹配仿射不变区域，然后使用白化变换对区域进行归一化模拟场景的仿射变换，进而实现仿射不变匹配，也可以提高匹配效率。在 ASIFT 算法的基础上，利用透视变换模型替代了仿射变换模型，可以提高匹配准确性。利用 SURF 和 ORB 算法替代 ASIFT 中的 SIFT 算法，实现的 ASURF 算法和 AORB 算法，有效地提高了算法的运算速度。结合飞行器目标定位需求，利用惯性信息得到图像间的变换关系，模拟视角变形，可实现大视角图像匹配，提高了匹配效率。

综上，单一类型的仿射不变图像匹配算法都存在一定的弊端，第一类和第二类方法的仿射不变性能有限，第三类方法具备完全仿射不变性、但实时性弱。因此，需要结合设备实际工作需求，进一步结合其他方法提高算法的运算速度和效率，为图像匹配服务。

3.2.2 具有全局仿射不变性的图像匹配算法原理

本节基于图像匹配算法进行分析，对于两幅视角差异较大的图像，直接使用常用的图像匹配算法（如 SIFT、SURF 等）难以获得较好的效果。首先利用视角变换模型对待匹配图像进行模拟变换；然后通过视角模拟策略产生众多的模拟变换图像，再利用常用的图像匹配算法依次匹配，找到匹配效果最好的一组或几组图像，将匹配结果映射到原始图像上,得到最终的匹配结果。

1. 基于透视变换模型的视角模拟变换

相机视角变换引起的成像变换称为透视变换,下面介绍透视变换模型。

在物体表面建立世界坐标系 $O_wX_wY_wZ_w$,表面与坐标系平面 $X_wO_wY_w$ 重合,点 P 是物体表面的任意一点,坐标为 (x_p^w, y_p^w, z_p^w)。图像 a 和图像 b 是同一个相机在不同位置获得的两幅图像。点 P 在图像坐标系 $o_au_av_a$ 上的投影为 p_a,坐标为 (u_p^a, v_p^a),在图像坐标系 $o_bu_bv_b$ 上的投影为 p_b,坐标为 (u_p^b, v_p^b)。两幅图像间的转化关系见图 3.1。

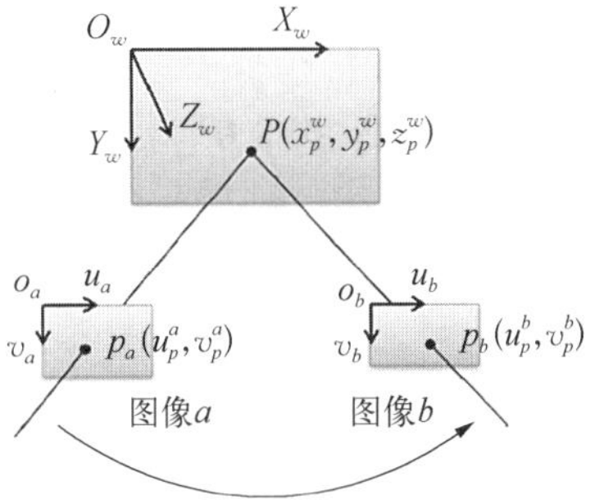

图 3.1　两幅图像间的转化关系

根据相机成像模型可以得到:

$$\begin{bmatrix} u_p^a \\ v_p^a \\ 1 \end{bmatrix} = K_{\text{cam}3\times3}\begin{bmatrix} R_{3\times3}^a & T_{3\times1}^a \end{bmatrix}\begin{bmatrix} x_p^w \\ y_p^w \\ z_p^w \\ 1 \end{bmatrix} \tag{3.14}$$

$$\begin{bmatrix} u_p^b \\ v_p^b \\ 1 \end{bmatrix} = K_{\text{cam}3\times3}\begin{bmatrix} R_{3\times3}^b & T_{3\times1}^b \end{bmatrix}\begin{bmatrix} x_p^w \\ y_p^w \\ z_p^w \\ 1 \end{bmatrix} \tag{3.15}$$

其中,$K_{\text{cam}3\times3}$ 是相机的内参矩阵,通过相机标定获得,$R_{3\times3}^a$ 和 $T_{3\times1}^a$,$R_{3\times3}^b$ 和 $T_{3\times1}^b$ 分别是相机在获取图像 a 和 b 时相机坐标系相对世界坐标系的旋转与位移矩阵,由于点 P 在平面 $X_wO_wY_w$ 上,有 $z_p^w \equiv 0$,所以式(3.14)和式(3.15)可以写为

$$\begin{bmatrix} u_p^a \\ v_p^a \\ 1 \end{bmatrix} = K_{\text{cam}3\times3}\begin{bmatrix} r_1^a & r_2^a & T_{3\times1}^a \end{bmatrix}\begin{bmatrix} x_p^w \\ y_p^w \\ 1 \end{bmatrix} = H_{\text{cam}3\times3}^a\begin{bmatrix} x_p^w \\ y_p^w \\ 1 \end{bmatrix} \tag{3.16}$$

$$\begin{bmatrix} u_p^b \\ v_p^b \\ 1 \end{bmatrix} = K_{\text{cam}3\times3}\begin{bmatrix} r_1^b & r_2^b & T_{3\times1}^b \end{bmatrix}\begin{bmatrix} x_p^w \\ y_p^w \\ 1 \end{bmatrix} = H_{\text{cam}3\times3}^b\begin{bmatrix} x_p^w \\ y_p^w \\ 1 \end{bmatrix} \tag{3.17}$$

其中,r_1^a 和 r_2^a 是矩阵 $R_{3\times3}^a$ 的前两列;r_1^b 和 r_2^b 是矩阵 $R_{3\times3}^b$ 的前两列;$H_{\text{cam}3\times3}^a$ 和 $H_{\text{cam}3\times3}^b$ 称为单应性矩阵,描述物体表面的点到图像平面的映射关系,同时表征了图像平面的相对位置和相机的投影矩阵。

联立式(3.16)和式(3.17),得到

$$\begin{bmatrix} u_p^a \\ v_p^a \\ 1 \end{bmatrix} = H_{\mathrm{cam}3\times3}^{a} \cdot (H_{\mathrm{cam}3\times3}^{b})^{-1} \begin{bmatrix} u_p^b \\ v_p^b \\ 1 \end{bmatrix} = H_{\mathrm{cam}3\times3}^{ab} \begin{bmatrix} u_p^b \\ v_p^b \\ 1 \end{bmatrix} \tag{3.18}$$

其中,单应性矩阵 $H_{\mathrm{cam}3\times3}^{ab}$ 描述了图像 b 到图像 a 的变化。

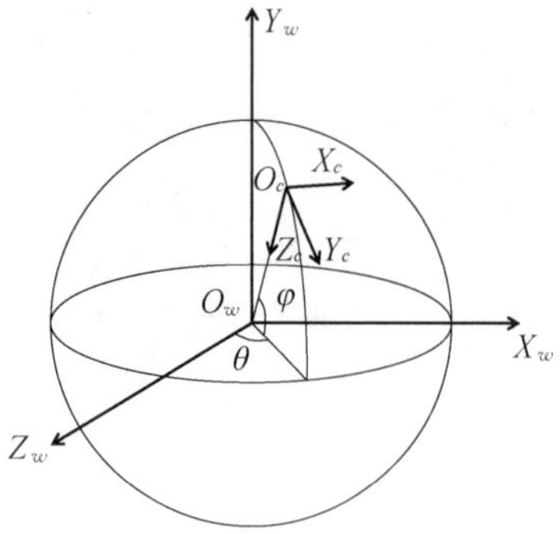

图 3.2 球坐标系下的相机位置模拟示意图

通过改变单应性矩阵中的相机外参就能模拟相机在不同角度拍摄图像间的转换关系,下面将在球坐标系下建立透视变换模型。

图 3.2 显示了世界坐标系 $O_wX_wY_wZ_w$ 和相机坐标系 $O_cX_cY_cZ_c$ 的位置关系。假设相机初始位置位于 Z_w 上,光轴 Z_c 与 Z_w 重合,方向相反并且始终指向世界坐标系的中心 O_w。定义 θ 是 Z_c 轴在 $X_wO_wZ_w$ 平面上的投影与 Z_w 轴的夹角,φ 是 Z_c 轴和 $X_wO_wZ_w$ 平面的夹角。

相机坐标系到世界坐标系的位移矩阵可以用相机在世界坐标系下的坐标表示:

$$T_c^w = [\, r_{\mathrm{range}}\cos\varphi\sin\theta \quad r_{\mathrm{range}}\sin\varphi \quad r_{\mathrm{range}}\cos\varphi\cos\theta \,]^{\mathrm{T}} \tag{3.19}$$

其中,r_{range} 是相机坐标系原点到世界坐标系原点的距离。

相机坐标系到世界坐标系的旋转矩阵可以表示为

$$\begin{aligned} R_c^w &= R_Z(\gamma)R_Y(\theta)R_X(\varphi) \\ &= \begin{bmatrix} \cos\gamma\cos\theta & \sin\gamma\cos\varphi - \cos\gamma\sin\theta\sin\varphi & -\sin\gamma\sin\varphi + \cos\gamma\sin\theta\cos\varphi \\ -\sin\gamma\cos\theta & \cos\gamma\cos\varphi + \sin\gamma\sin\theta\sin\varphi & -\cos\gamma\sin\varphi - \sin\gamma\sin\theta\cos\varphi \\ \sin\theta & \cos\theta\sin\varphi & -\cos\theta\cos\varphi \end{bmatrix} \end{aligned} \tag{3.20}$$

其中,$R_Z(\gamma)$ 表示沿 Z 轴逆时针旋转 γ 角;$R_Y(\theta)$ 表示沿 Y 轴逆时针旋转 θ 角;$R_X(\varphi)$ 表示沿 X 轴逆时针旋转 φ 角。

将两个不同位置相机的 R_c^w 和 T_c^w 分别代入式(3.14)和式(3.15),就能通过式(3.18)得到描述两个位置成像间关系的单应性矩阵 $H_{\mathrm{cam}3\times3}^{ab}$。然后,对 $H_{\mathrm{cam}3\times3}^{ab}$ 中的 φ、θ 进行采样,从而实现图像的模拟视角变换。

2. 基于仿射变换模型的视角模拟变换

虽然相机视角变换引起的成像变换称为透视变换,在仿射不变图像匹配算法中,由于不变特征点都是基于局部特征提取得到的,对于局部区域的透视变换,可以使用仿射变换进行描述:

$$p(u,\ v) \Rightarrow p(a_{11}u + a_{12}v + t_x,\ a_{21}u + a_{22}v + t_y) \tag{3.21}$$

式(3.21)表示图像中横坐标为 u，纵坐标为 v 的一个像素 $p(u,\ v)$，经过仿射变换后该像素的坐标变为 $p(a_{11}u + a_{12}v + t_x,\ a_{21}u + a_{22}v + t_y)$，其中 a_{11}、a_{12}、a_{21}、a_{22} 是仿射变换矩阵 A 中的元素，t_x、t_y 表示像素沿水平和垂直两个方向的平移。

仿射变换矩阵 $A = \begin{bmatrix} a_{11} & a_{12} \\ a_{21} & a_{22} \end{bmatrix}$ 是一个正定矩阵，可以进行如下分解：

$$\begin{aligned} A &= \lambda R(\psi) TR(\phi) \\ &= \lambda \begin{bmatrix} \cos\psi & -\sin\psi \\ \sin\psi & \cos\psi \end{bmatrix} \begin{bmatrix} t_\lambda & 0 \\ 0 & 1 \end{bmatrix} \begin{bmatrix} \cos\phi & -\cos\phi \\ \sin\phi & \cos\phi \end{bmatrix} \end{aligned} \tag{3.22}$$

其中，$\lambda > 0$，$R(\psi)$ 和 $R(\phi)$ 是旋转矩阵，$\psi \in (0,\ 2\pi)$，$\phi \in (0,\ 2\pi)$，矩阵 A 的第一个特征值 t_λ 称为倾斜度(tilt)且 $t_\lambda > 1$，第二个特征值为 1。

图 3.3 是式(3.22)的几何解释，描述了相机运动与仿射变换的关系。由于相机相对物体中心的位置关系可以用球坐标系表示，因此相机在球坐标系中的位置可以用类似地球表面经纬度的方式描述，ϕ 和 θ 分别描述了相机视角在经度和纬度上的变化情况，在图像上反映为仿射变换；ψ_c 描述了相机沿光轴方向的旋转情况，在图像上反映为旋转变换；λ_{cam} 表示相机距离目标的距离，在图像上反映为尺度变换。因此，若两幅待匹配图像具有不同的倾斜度 $I_1(u,\ v) = I(A_1(u,\ v))$ 和 $I_2(u,\ v) = I(A_2(u,\ v))$，其中 A_1 和 A_2 分别表示两个仿射变换，则 $I_1(u,\ v)$ 到 $I_2(u,\ v)$ 的转换关系可以表示为

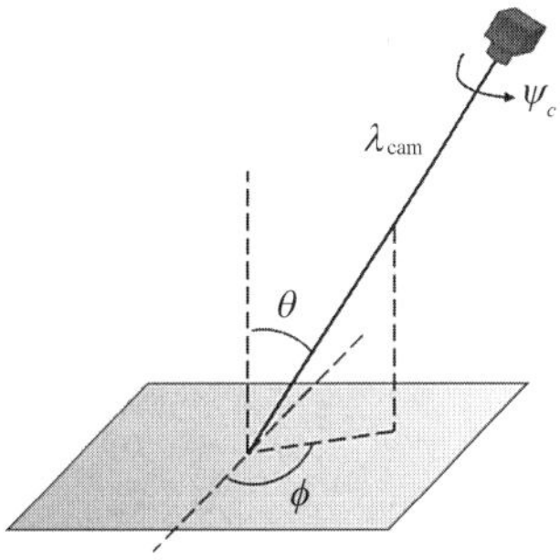

图 3.3　相机运动与仿射变换的关系

$$I_2(u,\ v) = A_2A_1^{-1}I_1(u,\ v) \tag{3.23}$$

$A_2A_1^{-1}$ 就是两幅图像间的仿射变换矩阵，仿射不变图像匹配算法的目的就是找到两幅视角差异较大的图像之间的仿射变换矩阵，并对图像进行仿射变换，从而减小两幅图像间的视角差异，再利用图像匹配算法完成图像匹配。

3. 视角模拟变换采样策略介绍

通过改变仿射变换模型中的参数可以对相机在不同位置拍摄的图像进行模拟，从而找到两幅图像之间理想的仿射变换矩阵。若是对仿射变换模型中的 4 个参数都进行采样模拟，其计算复杂度过高，因此在对模拟图像匹配时通常采用 SIFT 等具有一定尺度和旋转不变性的图像匹配算法，这样可以在采样阶段仅对仿射变换模型中的 ϕ 和 θ 进行采样模拟，对 θ 的采样模拟通过倾斜度 t_λ 体现。ASIFT 算法相机视角模拟采样示意如图 3.4 所示。

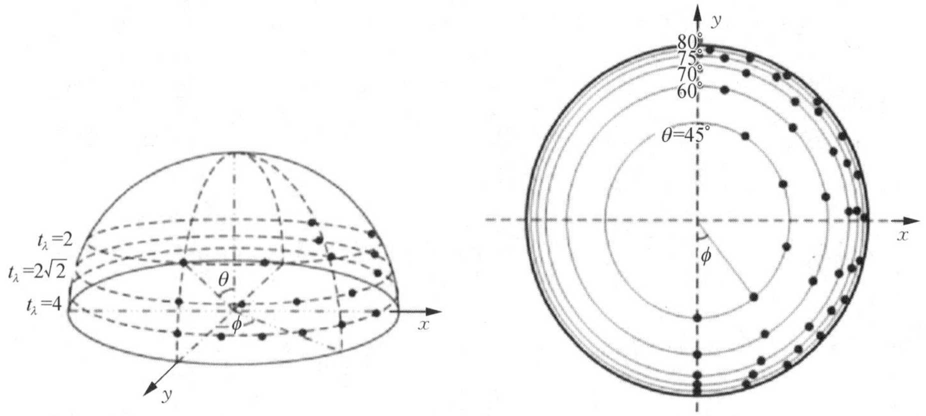

图 3.4 ASIFT 算法相机视角模拟采样示意图

1）采样范围

如图 3.5 所示，经度 ϕ 的变化范围是 0 到 2π，实际上，根据式（3.22）中的定义，$\phi \in [0,\ \pi)$ 即可包含所有可能的仿射变换。纬度 θ 的取值范围理论上是 $[0,\ \pi/2)$，但 θ 越接近 $\pi/2$，对图像的模拟变换就越失真，即使得到了模拟视角变换的图像，也难以进行匹配。因此，$\theta_{\max}$ 的取值较大，模拟视角变换时会产生很多无用的图像，增加计算负担；$\theta_{\max}$ 的取值较小，可能会无法得到最优的模拟图像，降低算法的鲁棒性。

图 3.5 同一幅图不同倾斜度的匹配结果

2）采样步长

为了使图像匹配具有较强的仿射不变性，需要尽可能地让模拟相机视角变换的经度 ϕ 和倾斜度 t_λ 的采样步长小一些，但过小的采样步长同样会导致模拟图像增加，增加计算负担，因此需要选择合适的采样步长。

3）高斯降采样加速

由于每一次对图像进行仿射变换，都需要对图像中的每个像素进行式（3.22）的运算，为了提高采样效率，采用如下步骤进行加速：

（1）对两幅待匹配的原始图像进行高斯降采样得到分辨率较低的一组图像；

（2）对低分辨率的图像进行视角模拟变换并依次匹配；

（3）找到能够获得最多匹配点的一组图像以及这组图像分别对应的仿射变换矩阵；

（4）使用上一步得到的仿射变换矩阵对原始图像进行变换并匹配；

（5）将得到的匹配点使用仿射变换矩阵的逆矩阵映射到原始图像。

3.2.3 快速 PORB 图像匹配算法

理论上，当模拟图像集合中出现某一图像能够很好地消除视角变形时，就可以不再采用其他模拟图像与基准图像进行匹配。因此，为了减少 ORB 特征匹配的次数，介绍基于单应性矩阵的快速透视 ORB（perspective ORB，PORB）图像匹配算法。普通的 PORB 算法可以通过模拟视角变形，减小待匹配图像间的差异。透视变换模型中，相机旋转有 γ_c、θ_c、φ_c 三个角。角 φ_c 与斜率 t_λ 对应，且 $\varphi_c = \pi/2 - \arccos(1/t_\lambda)$，$t_\lambda$ 的采样值为 $\{1, \sqrt{2}, 2, 2\sqrt{2}, 4\}$；角 θ_c 的取值为 $\{0, b/t_\lambda, \cdots, kb/t_\lambda\}$，其中 b 是采样间隔，值为 72°，$\theta_c \in [0, \pi)$；角 φ_c 与角 θ_c 的采样方式完全一样。

PORB 算法实现流程如下：

（1）对透视变换模型中外参参数进行采样，利用采样得到的透视变换模型对实际拍摄图像进行视角变形模拟，得到一组模拟图像集合；

（2）利用 ORB 算法对模拟图像集合中所有的模拟图像和基准图像进行特征提取与描述，并采用汉明距离和最近邻距离比（nearest neighbor distance ratio，NNDR）算法进行特征点匹配；

（3）将所有匹配成功的特征点对在实际拍摄图像和基准图像中显示。

采用 PORB 算法对模拟图像集合中所有的模拟图像与基准图像进行了 ORB 特征匹配，运算效率不高。基于单应性矩阵的快速 PORB 算法分为粗匹配和精匹配两个过程，能有效减少 ORB 匹配次数，提高算法的计算效率。快速 PORB 算法的粗匹配阶段与 PORB 算法一致，通过对透视变换模型参数进行采样，模拟视角变形，得到模拟图像，利用模拟图像与基准图像进行 ORB 特征提取与描述，并采用汉明距离和 NNDR 算法进行特征点匹配。当粗匹配阶段中某一模拟图像与基准图像的正确匹配点对数达到预设值 N 对时，结束粗匹配阶段，进入精匹配过程。

粗匹配过程中消除图像变形的能力与采样间隔的选取有关。为了尽可能消除采样间隔对匹配算法的影响，提高匹配性能，快速 PORB 算法设置了精匹配过程。在精匹配过程中，首先利用粗匹配阶段获得的所有正确匹配点对，求解实际拍摄图像与基准图像坐标系间的变换矩阵，即单应性矩阵，然后利用该单应性矩阵对实际拍摄图像进行变换，得到重采样图像，进一步消除图像变形，提高匹配的准确性。该单应性矩阵采用 RANSAC 算法求得，比粗匹配阶段中采样获得的透视变换矩阵更精确。

预设值 N 的选取决定了 ORB 匹配的次数和快速 PORB 算法的运算效率。精匹配阶段采用 RANSAC 算法求解单应性矩阵，而 RANSAC 算法只需 4 个匹配点对就可以求出单应性矩阵。因此，理论上讲，$N \geqslant 4$ 即可，但实际应用中，由于无法保证粗匹配阶段获得的 4 个正确匹配点对的正确性，需要适当地放大该阈值。单应性矩阵是一个 3×3 的矩阵，一般将第 3 行第 3 列的元素设置为 1，进行归一化处理，其余 8 个元素为自由元素。因此，设置快速 PORB 算法中 $N \geqslant 8$。图 3.6 显示的是快速 PORB 算法实现流程。

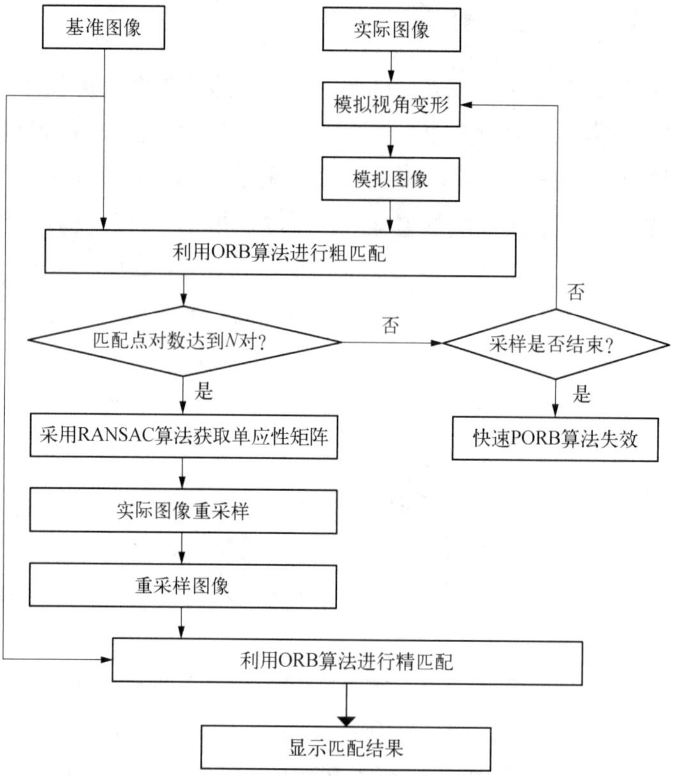

图 3.6　快速 PORB 算法实现流程图

当 N 的取值逐渐增大时，算法进行匹配的次数变多，运算时间的增长幅度要高于正确匹配特征点数的增长幅度，考核指标下降。当设定值 N 达到一定值时，N 的增长将不影响考核指标。

3.3　异源图像匹配算法

可见光相机与红外热像仪是光电设备中较为普遍的光学传感器，为了充分利用光电设备中的传感器资源，同时为了保证雾霾天气和可见光相机故障时，能正常使用基于特征图像匹配的目标定位方法实现高精度目标定位，需要研究异源图像匹配算法，实现在视角差异较大时红外图像与可见光基准卫星图像的匹配。

3.3.1 异源图像匹配算法相关研究情况

同源图像匹配算法能够有效应用于拍摄角度差异较大时可见光图像间的匹配。可见光图像的分辨率高,富含丰富的细节信息,有利于目标检测和识别,但在云雾遮掩等复杂背景中可见光图像难以检测识别出目标,所以存在可见光数据在复杂背景下检测精度较低的问题,不满足实际场景的检测需求,需要采用红外热像仪或者多光谱相机对地面目标进行拍摄。多光谱图像通常由四个波段组成,分别是 R、G、B 和近红外波段,因此具有更加丰富的光谱信息。每个波段是一幅灰度图像[51],它表示该波段传感器敏感到的场景亮度。不同的光学传感器由于组织结构和成像原理不同,获得的图像间灰度差异较大,同源图像匹配算法难以适用,因此,需要对异源图像匹配算法进行介绍[52]。本章重点介绍红外、多光谱与可见光异源图像匹配问题。

红外探测器可以实现全天候工作,具备穿透雾霾、烟雾的能力,能够在恶劣的天气条件下正常工作,因而被广泛使用在机载光电设备中。根据红外探测器工作波段,常见的红外图像可以分为短波、中波和长波红外图像。由于工作波段的特性,中长波探测器的作用距离很远,与之相比,短波探测器的作用距离较近。短波红外图像具有良好的分辨率,图像平滑清晰,信息量多;中长波图像分辨率较低,纹理较粗、细节性不强[53]。随着红外成像技术的发展和电子学硬件平台的完善,逐渐出现了多波段红外探测器[54],其作用距离远,能够敏感多个波段的信息,形成分辨率高、细节性强的最佳图像。同时,随着红外图像处理技术的深入研究,对图像进行非均匀性校正和细节增强,能够在硬件条件受限制的情况下,从软件平台提高红外成像系统的性能[55]。文献[56]提供了一种改进双边滤波和动态范围划分(bilateral filter and dynamic range partitioning, BF&DRP)方法,有效增强了红外图像的细节,推动了红外图像细节增强技术的发展。

随着红外成像系统软硬件平台的发展,红外图像逐渐具备高分辨率、高清晰度和高细节性的特点,包含非常多的信息。红外图像的发展,使得其与可见光图像进行异源图像匹配成为可能。采用红外图像和可见光图像实现基于图像的目标定位,能够保证在雾霾天气和可见光相机故障时该目标定位系统正常使用,提高目标定位系统的容错性。

多光谱匹配检测依赖于已知的目标参考光谱,通过比较这些参考光谱与待测光谱之间的相似性实现目标识别。Kruse 等提出了一种常用的基于光谱角制图(spectral angle mapping, SAM)的光谱相似性度量方法。SAM 方法通过计算已知光谱和待测光谱向量之间的夹角余弦值衡量它们的相似程度,夹角余弦值越小,则表示光谱之间的相似性越高。2011 年,北京航空航天大学学者结合信息散度和梯度角正切提出了一种光谱相似性度量方法。该方法综合考虑了光谱曲线的整体形状信息和局部特征,使得在识别光谱整体形状相似性的同时,能够更好地区分光谱特征之间的微小差异。具体而言,光谱信息散度用于反映光谱整体形状的相似性,而光谱梯度角正切用于反映光谱局部特征的差异。2021 年,中国科学院长春光学精密机械与物理研究所学者在 SAM 的基础上提出了一种基于调整的梯度光谱角匹配(modified gradient SAM, MGSAM)的光谱相似度评价方法,MGSAM方法对光谱向量求梯度,计算梯度向量的光谱角,并将该光谱角的余弦值调整到正数范围内,提高了算法的准确性。

特征是对图像信息更高层次的描述,可以在异源图像中稳定存在,因此,基于特征的图像匹配方法常用于异源图像间的匹配,是国内外对异源图像匹配的主要研究方向。使用SIFT算法提取特征点,然后采用边缘直方图对其进行描述,从而实现了红外与可见光图像的匹配。对SIFT算法参数进行优化,使得算法能够获得更多的匹配特征点,也可提高可见光和红外图像匹配的鲁棒性。基于SIFT算法和SURF算法,提取图像中较稳健的边缘,可实现不同波段图像的配准。通过对图像进行分割,提取图像中的粗大边缘,采用改进轮廓匹配的方法,可实现具备一定尺度和旋转不变性的红外与可见光图像匹配。通过分析Canny边缘图像的互相关相似性度量,有利于无变形情况下红外与可见光图像的配准。

综上所述,边缘特征在红外和可见光异源图像匹配中表现得更加稳定,将边缘特征融合在点特征图像匹配算法中,可以获取更有效的异源图像匹配效果。

3.3.2 同源图像匹配算法在异源图像中的性能分析

由于成像原理不同,红外图像与可见光图像存在灰度信息差异,同源图像匹配算法能否应用于异源图像匹配中值得商榷。本节对ORB算法在同源图像和异源图像中的匹配性能进行研究,从匹配特征点数和匹配正确率方面进行对比分析。测试图像如图3.7所示[57]。

(a) 可见光基准图像　(b) 可见光测试图像　(c) 红外测试图像

图3.7　测试图像

ORB算法在同/异源图像匹配中的实验结果数据详见表3.5,在异源图像中的实验结果图如图3.8所示。

表3.5　ORB算法在同/异源图像中的实验结果

项　目	同源	异源
匹配特征点数/对	586	34
匹配正确率/%	100	73

图 3.8　ORB 算法在异源图像中的实验结果图

综上,在匹配特征点数方面,ORB 算法在同源图像中获得的匹配特征点数远多于异源图像匹配的结果,但 ORB 算法只适用于部分红外图像与可见光图像匹配,不能适用于所有情况。在匹配正确率方面,ORB 算法在同源图像中匹配正确率为 100%,可靠性高,而在异源图像中匹配正确率为 73%,可靠性差。当可见光图像与红外图像灰度差异较大时,ORB 算法获得的正确匹配点对少于 5 对,基本失效,所以 ORB 算法不能应用于所有异源图像匹配。

3.3.3　基于自适应 Canny 边缘特征的改进异源图像匹配算法

虽然可见光与红外异源图像间的灰度信息差异较大,但其一般具有相同的边缘信息,因此本节引入边缘特征,介绍一种基于边缘特征的改进 ORB 异源图像匹配算法。由于 Canny 算法是性能最佳的边缘提取算法,但其双阈值均依靠人工设定,在实际运用过程中需要采用不同数值进行尝试才能获得比较完整的边缘,过程烦琐。因此,本节介绍一种基于最大类间方差法的自适应 Canny 边缘提取算法(以下简称自适应 Canny 算法),随后,介绍基于自适应 Canny 边缘特征的改进 ORB 异源图像匹配算法(以下简称为改进 ORB 异源图像匹配算法)。

1. Canny 算法原理

Canny 算法[44]严格按照边缘特征提取性能优劣的三个指标选取滤波方法和梯度计算模板,具有运算速度快和检测精度高的优点,是性能最佳的边缘检测算法。Canny 算法主要有图像平滑、梯度计算、非极大值抑制、确定高低阈值和边缘检测五个步骤。具体实现过程如下。

(1) 图像平滑:按行和列对原始图像进行一维高斯滤波,获得平滑图像 $I'(x, y)$,一维高斯函数 $f_{\text{Gaus}}(x)$ 如下所示:

$$f_{\text{Gaus}}(x) = \frac{\exp(-x^2/2\sigma^2)}{2\pi\sigma} \tag{3.24}$$

其中,σ 为标准差,控制平滑程度。

(2) 梯度计算:采用 2×2 的模板 H_1 和 H_2 与 $I'(x, y)$ 进行卷积,计算 $I'(x, y)$ 中各像素点在 x 和 y 方向的梯度 $f_{\text{grad}x}(x, y)$ 和 $f_{\text{grad}y}(x, y)$,获得 $I'(x, y)$ 中各像素点梯度的幅值 $|f_{\text{grad}}(x, y)|$ 和方向 $\theta_{\text{grad}}(x, y)$,其中:

$$H_1 = \begin{bmatrix} -0.5 & 0.5 \\ -0.5 & 0.5 \end{bmatrix}, H_2 = \begin{bmatrix} 0.5 & 0.5 \\ -0.5 & -0.5 \end{bmatrix} \tag{3.25}$$

$$f_{\text{grad}x}(x, y) = I'(x, y) * H_1, f_{\text{grad}y}(x, y) = I'(x, y) * H_2 \tag{3.26}$$

$$| f_{\text{grad}}(x, y) | = \sqrt{f^2_{\text{grad}x}(x, y) + f^2_{\text{grad}y}(x, y)} \tag{3.27}$$

$$\theta_{\text{grad}}(x, y) = \arctan \frac{f_{\text{grad}y}(x, y)}{f_{\text{grad}x}(x, y)} \tag{3.28}$$

（3）非极大值抑制：其基本思想是在 3×3 的邻域中比较平滑图像 $I'(x, y)$ 的梯度幅值 $| f_{\text{grad}}(x, y) |$，认为局部最大值点为可能的边缘点。如果邻域中心点的 $| f_{\text{grad}}(x, y) |$ 比沿 $\theta_{\text{grad}}(x, y)$ 方向上的两个相邻点大，则该邻域中心点为局部区域的最大值点，认为是可能的边缘点，否则不认为是边缘点，将 $| f_{\text{grad}}(x, y) |$ 设为零。

（4）确定高低阈值：Canny 算法通过人工设置阈值参数，调整高低阈值 Vh 和 Vl，使边缘点数与所有像素点数的比例达到设置要求。

（5）边缘检测：图像各像素的 $| f_{\text{grad}}(x, y) |$ 组成梯度幅值图像 M_{grad}，筛除 M_{grad} 中梯度幅值 $| f_{\text{grad}}(x, y) |$ 小于低阈值 Vl 的像素点，保留其余边缘点。对剩余边缘点进行连通性检测，进一步得到精确的边缘。

从以上五个步骤可以看出，步骤(4)中需要人工设定阈值，该阈值的设定直接决定了边缘特征提取信噪比的高低。红外图像和可见光图像间的灰度差异大，使用同样的人工设定阈值无法同时满足这两类图像的边缘提取，需要研究自适应获取阈值的方法。

2. 自适应 Canny 边缘检测算法

为了提高 Canny 算法的自适应性，本节采用最大类间方差法对其进行改进，实现自适应 Canny 边缘检测算法。最大类间方差法，即 Otsu 算法，通过统计梯度幅值图像的梯度幅值信息，能根据图像本身自动确定阈值，把图像分成两类，二者之间的类间方差越大，其差异越大，分类越正确。当存在一定的分类错误时，其对应的类间方差会变小，因此二者的类间方差最大时，分类的正确性最高。传统的 Otsu 算法设置一个阈值将原始图像分成目标和背景两个部分，由于真实拍摄的图像会出现边界较模糊的情况，部分目标和背景之间的梯度幅值相近，分成三类能更好地区别出这一类梯度幅值较小的目标，同时有助于 Canny 算法获得更精确的高低阈值，因此本节设置两个阈值 $T_{\lambda 1}$，$T_{\lambda 2}$，且 $0 < T_{\lambda 1} < T_{\lambda 2} < T_{\lambda \max}$，其中 $T_{\lambda \max}$ 为梯度幅值最大值。

使用阈值 $T_{\lambda 1}$ 和 $T_{\lambda 2}$ 把梯度幅值图像 M_{grad} 处理为三类 M_{grad0}、M_{grad1}、M_{grad2}。其中 M_{grad0} 由梯度幅值图像 M_{grad} 中像素值在 $[0, T_{\lambda 1}]$ 范围内所有的像素组成，M_{grad1} 由像素值在 $[T_{\lambda 1}, T_{\lambda 2}]$ 范围内所有像素组成，M_{grad2} 由像素值在 $[T_{\lambda 2}, T_{\lambda \max}]$ 范围内所有像素组成。像素被分到类 M_{grad0}、M_{grad1}、M_{grad2} 中的概率分别如式(3.29)至式(3.31)所示：

$$P_{\text{prob0}} = \sum_{i=0}^{T_{\lambda 1}} p_{\text{prob}i} = \sum_{i=0}^{T_{\lambda 1}} \frac{n_{p\_i}}{N_{p\_\text{all}}} \tag{3.29}$$

$$P_{\text{prob1}} = \sum_{i=T_{\lambda1}+1}^{T_{\lambda2}} p_{\text{prob}i} = \sum_{i=T_{\lambda1}+1}^{T_{\lambda2}} \frac{n_{p\_i}}{N_{p\_\text{all}}} \tag{3.30}$$

$$P_{\text{prob2}} = \sum_{i=T_{\lambda2}+1}^{T_{\lambda\max}} p_{\text{prob}i} = \sum_{i=T_{\lambda2}+1}^{T_{\lambda\max}} \frac{n_{p\_i}}{N_{p\_\text{all}}} \tag{3.31}$$

其中，N_{p_all} 为梯度幅值图像总的像素数；n_{p_i} 为梯度幅值为 i 的像素数；$p_{\text{prob}i}$ 为梯度幅值为 i 的概率。因此，梯度幅值图像 M_{grad} 的平均梯度幅值为 $\bar{\mu} = \sum_{i=0}^{T_{\lambda\max}} ip_{\text{prob}i}$，$M_{\text{grad0}}$、$M_{\text{grad1}}$、$M_{\text{grad2}}$ 的平均梯度幅值分别为

$$\bar{\mu}_{\text{gard0}} = \frac{1}{P_{\text{prob0}}} \sum_{i=0}^{T_{\lambda1}} ip_{\text{prob}i} \tag{3.32}$$

$$\bar{\mu}_{\text{gard1}} = \frac{1}{P_{\text{prob1}}} \sum_{i=T_{\lambda1}+1}^{T_{\lambda2}} ip_{\text{prob}i} \tag{3.33}$$

$$\bar{\mu}_{\text{gard2}} = \frac{1}{P_{\text{prob2}}} \sum_{i=T_{\lambda2}+1}^{T_{\lambda\max}} ip_{\text{prob}i} \tag{3.34}$$

M_{grad0}、M_{grad1}、M_{grad2} 类间方差表示为

$$\sigma^2 = P_{\text{prob0}}[\bar{\mu}_{\text{gard0}} - \bar{\mu}]^2 + P_{\text{prob1}}[\bar{\mu}_{\text{gard1}} - \bar{\mu}]^2 + P_{\text{prob2}}[\bar{\mu}_{\text{gard2}} - \bar{\mu}]^2 \tag{3.35}$$

PORB 异源图像匹配算法是借鉴了快速 PORB 算法的思想，分为粗匹配和精匹配两个步骤，力求减少模拟视角变形的次数。虽然改进 ORB 异源图像匹配算法能在无视角差异下有效获得正确匹配点对，可靠性高，但是其在 ORB 算法的基础上增加了边缘检测的步骤，计算速率降低，因此本节介绍的 PORB 异源图像匹配算法仅保证异源图像匹配的正确性，不强调其匹配速度。其主要实施步骤如下。

（1）利用某一采样值得到的透视变换矩阵，根据该矩阵对实际拍摄图像进行视角变形模拟，得到一张模拟图像。

（2）利用改进 ORB 异源图像匹配算法对模拟图像和基准图像进行特征匹配。

（3）当正确匹配点对数目超过预设值 N 时，进入步骤(4)。否则，返回步骤(1)，采用新的采样值，循环操作步骤(1)至步骤(3)。N 选定为 10。若所有采样值输入均未得到 N 对以上的正确匹配点对，则退出算法。

（4）采用 RANSAC 算法，根据粗匹配阶段所有的正确匹配点对，求得单应性矩阵。利用该矩阵，对实际拍摄图像进行变换，得到重采样图像。

（5）利用改进 ORB 异源图像匹配算法对重采样图像和基准图像进行精匹配，并在原始待匹配图像中展示结果。

由于改进 ORB 异源图像匹配算法的性能达不到同源图像匹配算法的水平，因此其透视变换模型参数采样值与快速 PORB 算法中有所不同，需要适当减小透视变换模型参数

采样间隔。借鉴快速 PORB 算法，本节对透视变换模型中角 φ_c、θ_c 和 γ_c 的采样值设置如下：角 φ_c 的余角所对应的斜率 t_λ 通过降采样实现，其取值分别为 $\{1, \sqrt{2}, 2, 2\sqrt{2}, 4\}$，$\varphi_c = 90° - \arccos(1/t_\lambda)$；角 θ_c 和 γ_c 的取值方式一致，为 $\{0, b/t_\lambda, \cdots, kb/t_\lambda\}$，其中 b 是采样间隔，根据经验，将其缩小为 36°，且 $\theta_c \in [0, \pi)$，$\gamma_c \in [0, \pi)$。

针对以上研究的 PORB 异源图像匹配算法，本节将其与快速 PORB 算法进行性能对比，分别从匹配特征点对数目、匹配正确率两个方面分析 PORB 异源图像匹配算法（本节算法）的鲁棒性。

采用基准图像与测试图像如图 3.9 所示。

(a) 基准图像　　(b) 经度角0°，纬度角30°　　(c) 经度角0°，纬度角40°

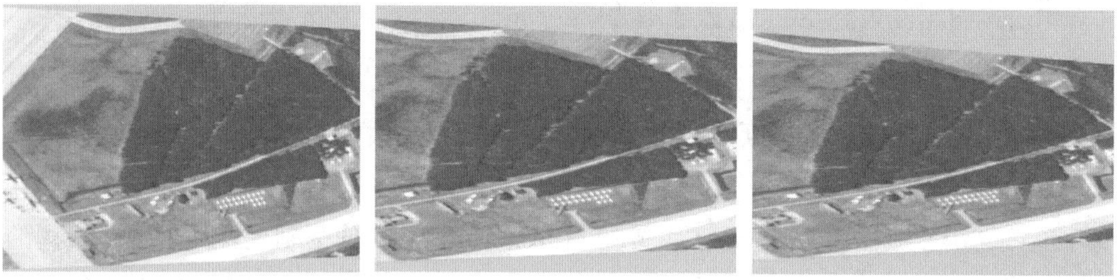

(d) 经度角0°，纬度角50°　　(e) 经度角0°，纬度角60°　　(f) 经度角0°，纬度角70°

图 3.9　异源匹配基准图像与测试图像

实验结果数据如图 3.10 所示。

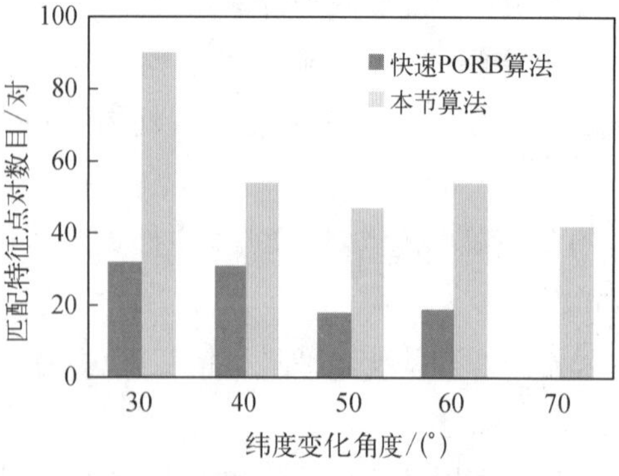

(a) 匹配特征点对数目结果

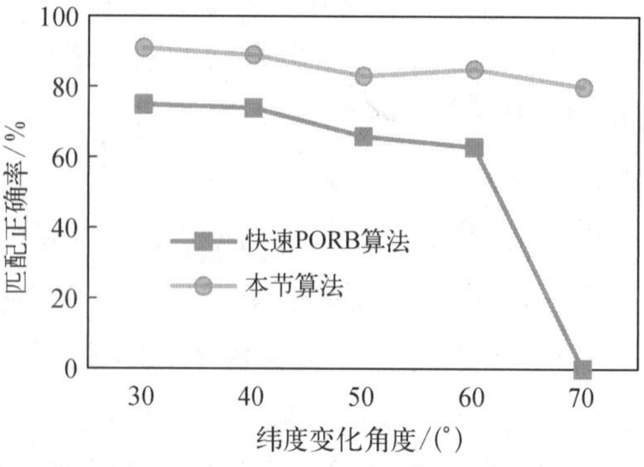

(b) 匹配正确率结果

图 3.10　测试图像实验结果

由图 3.10 可以看出，当红外图像与可见光基准图像只存在纬度差异时，随着纬度差异的增加，快速 PORB 算法的性能迅速降低，而本节介绍的 PORB 异源图像匹配算法性能保持较好。在匹配特征点对数目方面，本节介绍的 PORB 异源图像匹配算法获得的匹配特征点对数多于快速 PORB 算法。快速 PORB 算法获得的匹配特征点对数随着纬度差异的增加而减少，当纬度差异在 70°时，快速 PORB 算法失效；PORB 异源图像匹配算法获得的匹配特征点对数不随纬度差异的增加而减小，均在 40 对以上，纬度差异达到 70°时也能正常工作，抗视角变化能力较强。在匹配正确率方面，本节介绍的 PORB 异源图像匹配算法的匹配正确率均高于快速 PORB 算法。快速 PORB 算法的匹配正确率随着纬度差异的增加有逐渐降低的趋势，都在 75%以下；PORB 异源图像匹配算法的匹配正确率较为稳定，基本保持在 80%以上，有较好的可靠性。

综上所述，PORB 异源图像匹配算法在异源图像匹配中的鲁棒性要优于快速 PORB 算法，具备良好的抗视角变化能力和高可靠性。

3.4 基于深度学习的图像匹配算法

异源图像成像手段各异，在图像特征上各不相同，难以直接采用传统的图像匹配算法实现异源图像匹配[58]。基于深度学习的图像匹配算法，能通过神经网络的学习能力完成图像匹配，一定程度上克服匹配特征差异大的问题，如基于改进 SIFT 的可见光和红外图像匹配[59]、基于一眼看尽(you only look once, YOLO)算法神经网络的快速图像精匹配算法[60]、SFcNet[61]、RF－Net[62]等。该类算法相比于传统的匹配算法能在异源图像上构建较多共性特征或者直接通过网络学习能力输出图像匹配结果，但仍旧存在特征表述不全面、匹配精度差、泛化能力差的缺点。

针对异源图像特征差异大、匹配效果难以达到飞行器视觉导航领域精度和实时性要求的问题，本节介绍一种基于特征融合的异源图像匹配算法，将特征融合后的图像应用于图像匹配领域，均衡融合多方面特征，大大提升匹配精度。特征提取阶段采用 ResNet－34 网络改进编码网络，在保证提取深度的基础上减少网络参数复杂度；特征恢复阶段采用稠密连接改进解码网络，提高中间层特征的利用率。特征融合阶段通过添加注意力机制的融合策略优化了异源图像信息占比。特征匹配阶段，采用改进 SIFT 算法提升异源图像匹配的精度。

3.4.1 基于深度学习的异源图像特征融合网络

应用于飞行器视觉导航领域的传感器图像，多为可见光图像、红外图像和合成孔径雷达(synthetic aperture radar, SAR)图像，图像特征主要是区域强度、边缘细节特征。本节介绍基于深度学习的异源图像特征融合网络，结构如图 3.11 所示，主体结构由基于残差网络的编码网络、基于注意力机制的融合策略、基于稠密连接的解码网络构成。

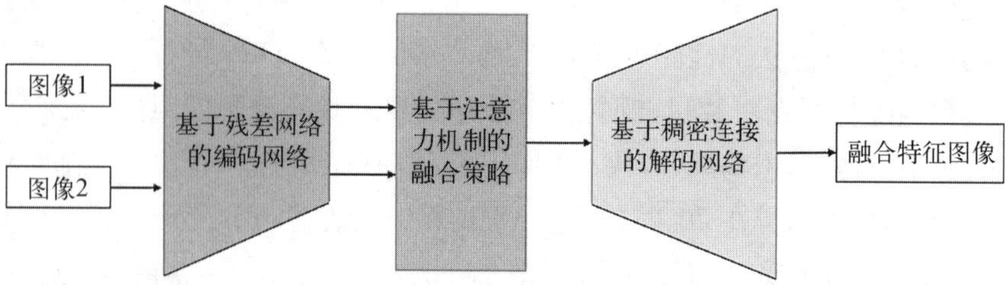

图 3.11　基于深度学习的异源图像特征融合网络结构示意图

首先通过将源图像输入基于残差网络的编码网络，获取对应的图像特征；然后通过基于注意力机制的融合策略优化融合占比，得到融合特征；最终通过基于稠密连接的解码网络，完成图像的重构，得到包含融合特征的图像。

1. 基于残差网络和稠密连接的编码-解码网络

由于异源图像成像原理不同，在同一事物的描述上可以通过不同类型的特征实现。通过采用残差网络结构和稠密连接构建编码-解码网络，实现多层次特征的提取和融合，极大程度上保留利于图像匹配的有效特征、减小图像特征差异的不利影响。

训练过程：将编码网络和解码网络直接连接；损失函数作为网络训练的约束条件，计算输入为源图像和重构图像。在此基础上，获得具有图像特征提取和特征恢复能力的编码-解码网络。特征提取功能由基于残差网络的编码网络实现，特征恢复功能由基于稠密连接的解码网络实现，编码-解码网络结构如图 3.12 所示。

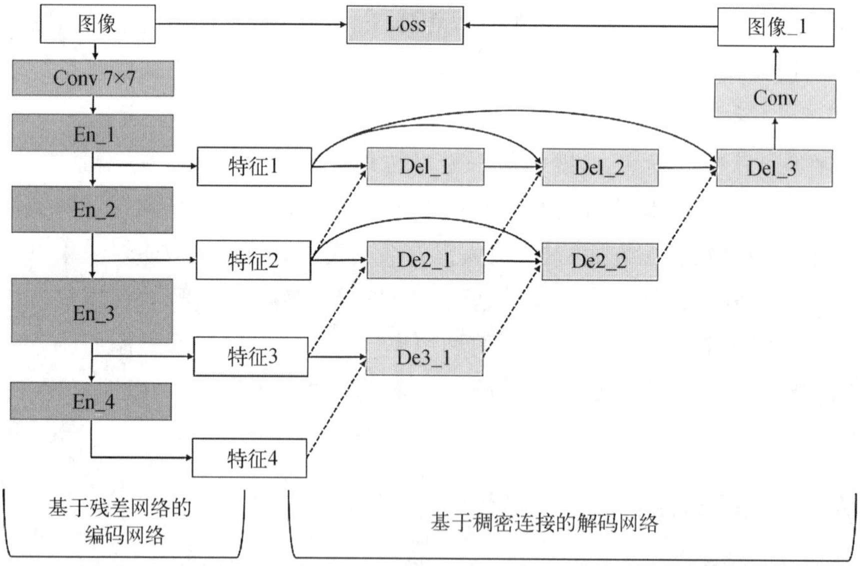

图 3.12　编码-解码网络结构

在特征提取阶段，采用 ResNet 网络完成特征提取。ResNet 网络通过添加短连接结构，当保证前后层级特征深度一致时，便不再进行重复计算，在网络构成上避免了梯度消失，减少参数量，因此解决了飞行器导航系统实时性和图像特征提取深度不能兼顾的问题。此外，异源图像特征差异大，因此需要同时兼顾图像的浅层特征和深层特征。通过ResNet网络的残差块分布，将网络主体分为步长为3、4、6、3四个残差层，将中间层特征作为恢复关键信息使用，极大程度上保留了异源图像的多层级信息。

在特征恢复阶段，解码网络采用稠密连接的方式，将多层级特征按照逐级递减的方式应用于图像恢复、优化特征融合比例。此外，采用稠密连接分步恢复的方式，将中间特征和更浅层次特征进行融合，保证了特征融合过程中深度差别不大，且可消除语义差异。

2. 基于组合系数的损失函数

异源图像特征描述不同，难以直接用某种损失函数进行统一度量。为了增强算法的泛化能力，采用一种基于组合系数的损失函数兼顾图像的强度变化和结构变化，函数数值越小，两张图像相似度越高。其表达式如式（3.36）所示：

$$\mathrm{Loss} = \mathrm{Loss}_1 + k_\alpha \mathrm{Loss}_2 \tag{3.36}$$

其中，组合系数 k_α 能够调整Loss中 Loss_1 和 Loss_2 的比重，均衡约束图像的强度变化和结构变化。Loss_1 通过计算原图像和编码-解码网络输出图像的均方误差（mean-square error，MSE）表征图像相似性，能反映图像的像素灰度变化和整体的强度分布。Loss_1 函数表达式如式（3.37）所示，函数数值越小，相似度越高。

$$\mathrm{Loss}_1 = \mathrm{MSE}(I_{\mathrm{image\_in1}}, I_{\mathrm{image\_out1}}) \tag{3.37}$$

其中，$I_{\mathrm{image\_in1}}$ 表示训练源图像；$I_{\mathrm{image\_out1}}$ 表示编码-解码网络输出图像；MSE函数为均方误差计算函数。式（3.36）中 Loss_2 主要从亮度、对比度和结构上判断图像的相似程度，能获得图像的结构和边缘特征的相似度，对噪声有较强的抗干扰能力。函数表达式如式（3.38）所示，函数数值越小，相似度越高。

$$\mathrm{Loss}_2 = 1 - \mathrm{msssim}(I_{\mathrm{image\_in1}}, I_{\mathrm{image\_out1}}) \tag{3.38}$$

其中，$I_{\mathrm{image\_in1}}$ 表示训练源图像；$I_{\mathrm{image\_out1}}$ 表示编码-解码网络输出图像。msssim函数为多尺度结构相似性计算函数，计算公式如式（3.39）所示：

$$\mathrm{msssim}(p, g) = \prod_{m=1}^{M} \left(\frac{2\mu_p \mu_g + c_1}{\mu_p^2 + \mu_g^2 + c_1} \right)^{\beta_m} \left(\frac{2\sigma_{pg} + c_2}{\sigma_p^2 + \sigma_g^2 + c_2} \right)^{\gamma_m} \tag{3.39}$$

其中，M 表示不同尺度；μ_p、μ_g 表示图像的均值；σ_p、σ_g 表示图像的标准差；σ_{pg} 表示两张图像之间的协方差；β_m、γ_m 表示两项之间的重要性；c_1、c_2 为非零常数，防止分母为0。

基于组合系数的损失函数能兼顾图像的强度变化和边缘纹理变化，但是组合系数需要通过实验测得具体数值。

3. 基于注意力机制的融合策略

针对异源图像的特征在融合时权重占比存在差异的问题,可以采用基于注意力机制的融合策略。首先通过通道注意力机制和空间注意力机制优化融合策略,进而优化融合特征中的信息占比,提高融合特征质量。整体融合策略示意图如图 3.13 所示。

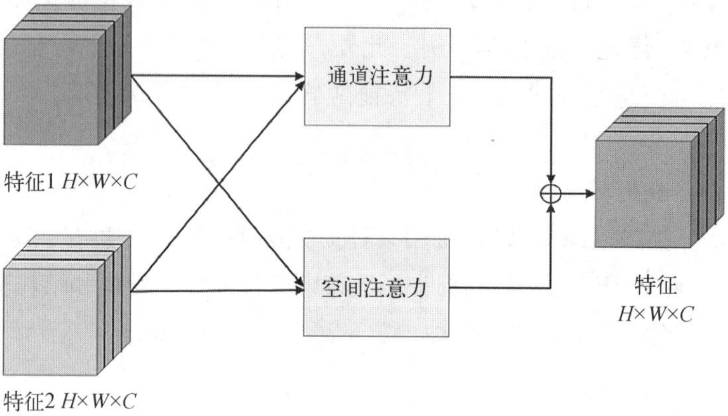

图 3.13 基于注意力机制的融合策略示意图

下面将编码-解码网络获得的图像特征表示为 $H \times W \times C$ 维度说明空间注意力机制和通道注意力机制的工作原理。空间注意力机制能够反映图像特征在 $H \times W \times C$ 维度的权重的不同,能够在特征融合时使得强度更加突出的像素位置获得更高的权重。空间注意力示意如图 3.14 所示。

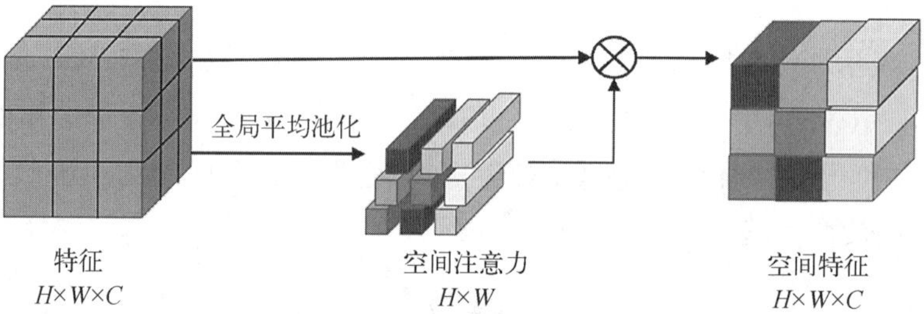

图 3.14 空间注意力示意图

首先通过全局平均池化的方式处理特征,获得特征权重图,然后将权重图和特征相乘,得到权重分配后的图像特征。最后将两张源图像的特征进行组合,组合方式如式(3.40)所示:

$$f_{\text{spatial}} = S_{w1} \times \text{feature}_1 + S_{w2} \times \text{feature}_2 \tag{3.40}$$

其中, S_{w1} 表示输入图像 1 的空间注意力权重; S_{w2} 表示输入图像 2 的空间注意力权重; feature_1 表示输入图像 1 的图像特征; feature_2 表示输入图像 2 的图像特征。

通道注意力能够反映图像特征在 C 维度上的不同,能够将多层特征中信息量更加丰富的层级赋予更高的权重。通道注意力示意如图 3.15 所示。

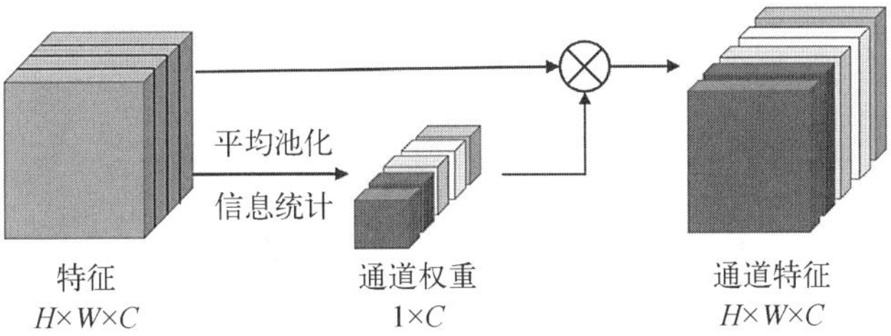

图 3.15　通道注意力示意图

首先通过平均池化的方式将特征在通道维度上进行信息统计,得到信息量 S_{inf},计算公式如式(3.41)所示:

$$S_{\text{inf}} = \frac{1}{H \times W}\sum_{i=1}^{H}\sum_{j=1}^{W}\text{feature}(i, j) \tag{3.41}$$

根据信息量数据获得 C 维度的权重向量,然后将权重向量和特征通道相乘,获取权重分配后的 $H \times W \times C$ 维图像特征。最后将两张源图像的特征进行组合,获得 $H \times W \times C$ 维组合特征 f_{channel},组合方式如式(3.42)所示:

$$f_{\text{channel}} = C_{w1} \times \text{feature}_1 + C_{w2} \times \text{feature}_2 \tag{3.42}$$

其中,C_{w1} 表示输入图像 1 的空间注意力权重;C_{w2} 表示输入图像 2 的空间注意力权重;feature_1 表示输入图像 1 的图像特征;feature_2 表示输入图像 2 的图像特征。

最后,通过两种注意力机制处理编码网络得到的异源图像特征,获取权重增强的图像特征,经组合获得最终融合特征 f_{fus},组合方式如式(3.43)所示:

$$f_{\text{fus}} = 0.5 \times f_{\text{spatial}} + 0.5 \times f_{\text{channel}} \tag{3.43}$$

其中,f_{spatial} 表示经过空间注意力模块增强的图像特征;f_{channel} 表示经过通道注意力模块增强的图像特征。

3.4.2　基于深度学习的异源图像匹配算法

SIFT 算法在生成特征点方面,即使数量不多的目标物体也能生成数量较为可观的特征点。但是由于生成特征点数量巨大,匹配准确率需要进行一定程度的优化,才能满足导航系统的要求。图像匹配实现流程分为以下三部分。

(1) 特征检测:首先将实测融合图像和机载参考图像通过构建高斯金字塔和高斯差分金字塔实现尺度空间构建。然后通过空间极值点检测寻找连续空间下不发生变化的点作为关键点。之后,通过高斯差分金字塔进行空间拟合,得到极值点的精确位置和尺度;同时去除在边缘位置的极值点,提高关键点的稳定性。

(2) 特征描述:针对上述特征点计算一定采集区域内的像素梯度和方向分布特征,

通过梯度直方图表示特征点方向信息。其中,直方图峰值表示关键点的主方向,峰值大于主方向 80%的方向作为辅方向。之后,确定图像区域为特定半径的圆形区域,包含 4×4 个子区域。最后将关键点主方向作为所在区域方向,对每个子区域进行 8 个方向的直方图统计,获得 128 维描述向量,完成特征描述子构建。

(3) 特征匹配:获得两张图像的描述子之后,在参考图像中取得关键点描述子,然后遍历实测融合图像中的关键点描述子,找到对应欧氏距离最近的一对关键点。此时若最近距离与次近距离的比值小于预设阈值,则判定为匹配点。最后,利用 RANSAC 算法进行匹配后错误特征点的剔除,提升匹配精度。剔除过程中,虽然损失了部分正确匹配结果,但是对绝大部分正确匹配点没有影响,能有效提升匹配的正确率。

假设飞行器携带传感器为多种异源图像相机,主要图像匹配算法流程如图 3.16 所示。

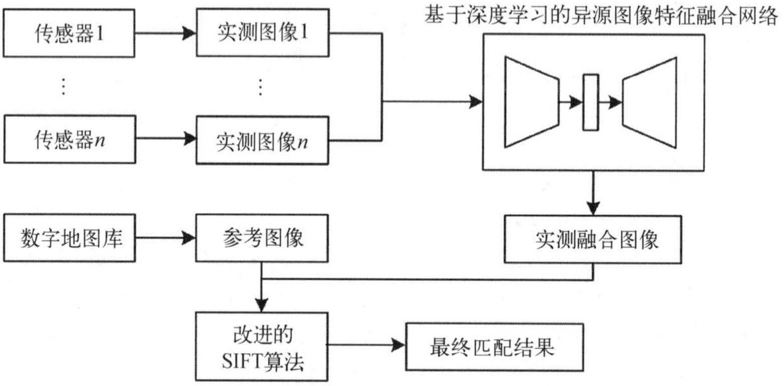

图 3.16 主要图像匹配算法流程图

如图 3.16 所示,首先通过飞行器携带的不同传感器获得实测异源图像;然后将实测异源图像输入到基于深度学习的异源图像特征融合网络,在训练好的编码-解码网络结构和注意力增强的融合策略下得到实测融合图像;最后将实测融合图像和机载数字地图库中的参考图像通过改进的 SIFT 算法进行匹配,得到最终的匹配结果。

习题

(1) 简述点特征、线特征和面特征提取与描述方法原理。

(2) 请分析同源图像匹配算法基本思想及方法。

(3) 结合基于自适应 Canny 边缘特征的 PORB 异源图像匹配算法介绍,分析异源图像匹配的最新进展。

(4) 尝试利用 SURF 算法提取图像特征点并对特征提取结果进行影响因素分析。

第4章 视觉目标检测跟踪方法

基于视觉图像的目标检测和跟踪对于载体与目标或者载体之间的相对导航具有重要的意义。本章以受油机观测加油机释放的加油锥套为例，以加油锥套为目标进行检测和跟踪，为实现加油锥套图像目标的高精度、高可靠检测跟踪功能奠定基础。在介绍传统目标检测算法的基础上，阐述基于深度学习的目标检测方法，并基于相对导航思路对目标跟踪算法进行说明。

4.1 目标检测技术研究情况

随着计算机与机器视觉领域的快速发展，基于视觉的目标检测跟踪性能逐步发展[63]。由于视觉不依赖外界的电磁波等信号，可进行自主目标检测与跟踪，并用于相对导航中的相对位置和姿态的确定[64]。目标检测的主要任务是在给定的图片中精确找到物体所在位置，并标注出物体的类别，即包含目标定位与目标分类两部分。在计算机视觉领域中的目标跟踪、图像分割、事件检测、场景理解等的任务都以目标检测作为基础。

4.1.1 目标检测技术的应用

基于图像特征的目标检测与识别旨在将图像中目标所在的图像区域分割出来，是机器视觉中最常见的问题。

传统目标检测与识别算法通过设计人工特征与机器学习算法对图像中所有可能的区域进行识别，传统目标检测与识别方法的基本流程见图 4.1。首先，使用不同大小的滑动窗口框选取待测图像中的某一部分作为候选区域；然后，提取该候选区域相关的视觉特征，如人脸检测常用的 Haar 特征、车辆/行人检测和普通目标检测常用的 HOG 特征等；最后，使用训练完成的分类器进行分类，比如常用的支持向量机（support vector machine, SVM）模型，自适应增强（adaptive boosting, Adaboost）算法、可变形组件模型（deformable parts model, DPM）、随机森林（random forest, RF）模型等。然而，该方法的滑动窗口计算量随着图像像素增加呈现指数增长，且手工设计的特征对于目标多样性的变化并没有很好的鲁棒性,检测效率和精度都不高。图 4.2 展示了传统目标检测方法的分类及其代表示例的实现情况。

图 4.1　传统目标检测与识别方法的基本流程

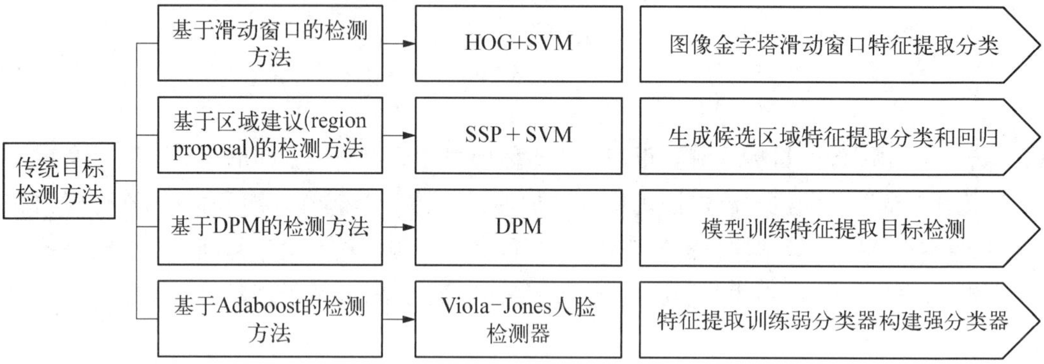

图 4.2　传统目标检测方法的实现

传统目标检测方法通常依赖于手工设计的特征(如 HOG、SIFT)和经典机器学习算法(如 SVM、Adaboost)。虽然这些方法在一定程度上取得了成功,但也存在如下三个问题: ① 特征表达能力有限,手工设计的特征无法捕捉图像中丰富的高层语义信息;② 计算复杂度高,滑动窗口方法计算量大,实时性差;③ 鲁棒性不足,对目标的形变、遮挡和光照变化等情况适应性差。

随着大量公开数据集的发布以及深度学习的崛起,目标检测与识别的精度得到不断提升,基于深度学习的目标检测算法受到广大人员关注[65]。CNN 便是深度学习在图像处理目标检测方面的重要代表。CNN[66]在目标检测方面的应用[67]主要分为两类: 基于区域建议的目标检测算法,如 R-CNN[68]、Fast R-CNN、Faster R-CNN[69]等;基于回归的目标检测算法,如 YOLO[70,71]、单次多盒检测器(single shot multibox detector, SSD)[72]等。

(1) 基于区域建议的目标检测算法: 采用两步式解决方案,首先获取候选的目标区域,然后对候选的目标区域进行识别以及区域回归操作,实现最终目标区域的输出。

R-CNN 采用选择性搜索法(selective search proposal, SSP),根据纹理产生大量的目标候选区域,然后对每个候选区域进行裁剪缩放,输入至 R-CNN 获取卷积网络的输出特征,根据 SVM 分类器确定目标区域的类别,根据线性回归器修正目标区域的尺寸位置信息。为了提升网络的效率,同时降低 CNN 的训练难度,Fast R-CNN 算法应运而生,该算法将候选区域通过卷积网络映射到输出的特征图中,通过对全局图像进行一次卷积网络运算即可获得所有候选区域的卷积网络特征,因此大大提升了速度;通过感兴趣区域(region of interest, ROI)池化层实现候选区域特征的一致化替代对候选区域的缩放操作;

将目标类别的判断以及目标区域的回归操作通过 softmax 以及全连接的方式与网络结构进行串联,实现了更加便捷的训练处理。为了进一步提升效率,提出 Faster R－CNN 方法,设计区域生成网络(region proposal network, RPN),使用该网络生成的候选区域来替代 SSP 生成的候选区域。将候选区域的生成加入卷积网络中,共享网络的权值。由于 RPN 生成目标候选区域的生成速度相比 SSP 快很多,因此大大提升了目标检测算法的实时性。图 4.3 是上面三种算法结构图改进演变的情况。

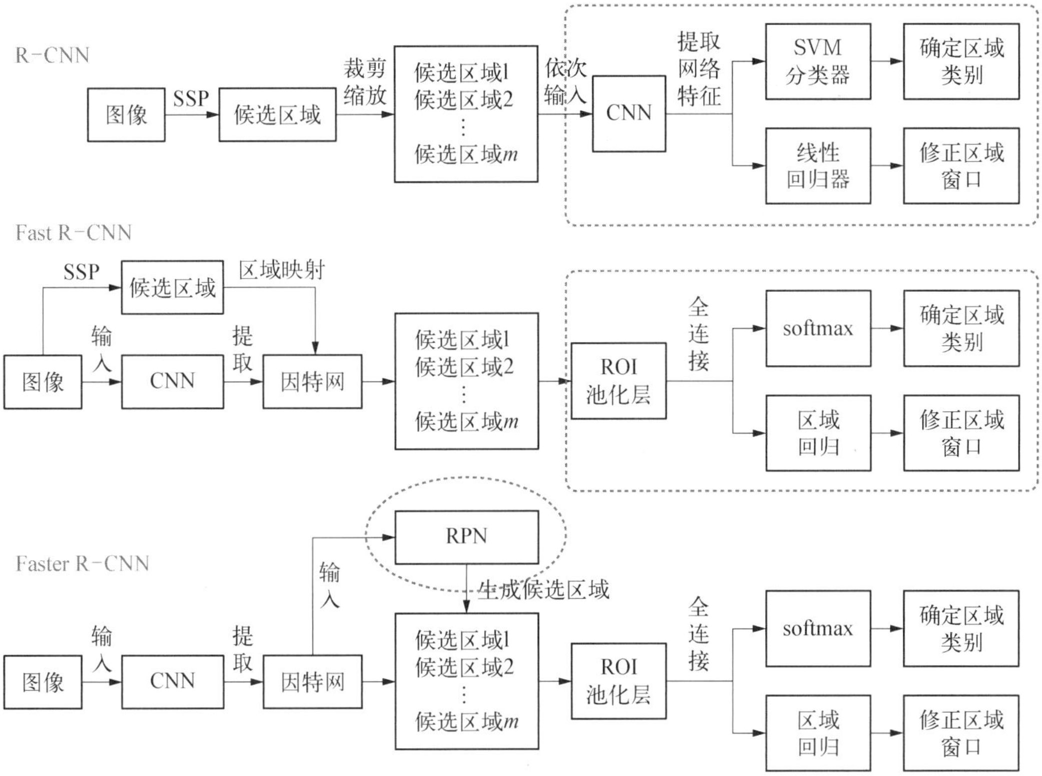

图 4.3　三种算法结构图改进演变情况

为了解决 Faster R－CNN 算法前半部分流程比较烦琐的问题,2016 年提出了基于区域的全卷积网络(region based fully convolutional network, R－FCN)算法[73]。该算法的创新点如下:

① 提出了位置敏感得分图,解决了分类的平移不变性和回归的平移可变性之间的矛盾;

② ROI 池化层后面的全连接层改用卷积层,提高了检测速度;

③ 对 ROI 加入了空间位置编码信息,提高了检测框的位置精度。

2017 年针对 Faster R－CNN 进行优化,提出了 Mask R－CNN 算法。主干网络在 ResNet 的基础上添加了特征金字塔网络(feature pyramid network, FPN),即该算法由负责目标检测的 Faster R－CNN 和负责语义分割的 FPN 组成[74]。该算法的创新点如下:

① ROI 池化部分替换为 ROIAlign*，解决了区域不匹配问题；

② 增加 Mask 网络。

2019 年提出了 Libra R－CNN 算法[75]，其创新点如下：

① 使用交并比(intersection over union, IoU)平衡采样来解决样本层面不平衡问题，即采用分箱操作，利用 IoU 将正负样本均衡分配。

② 使用平衡特征金字塔，解决了特征层面的不平衡问题，首先将 FPN 结构输出的 C2 和 C3 层的特征图进行最大池化操作，将 C5 层的特征图进行双线性插值操作，统一得到和 C4 层特征图大小相等的特征图；其次将得到的特征求平均值，融合得到一张特征图，使用嵌入的高斯非局部注意结构对特征进一步提炼加强，提高非相邻分辨率的特征；最后将特征图还原到原尺寸，分别进行 add 操作得到强化后的特征图。

③ 使用平衡 L1 损失解决了目标层面不平衡，即平衡大样本和小样本的梯度。

2018 年提出了一种 CNN 改进算法，其创新点如下[76]：

① 利用网格定位实现目标检测；

② 提出了一个多点监督机制，进行更准确的定位；

③ 提出了空间信息融合模块，利用网格点的空间相关性，相互校准位置信息；

④ 采用扩展区域映射修正输出热图和原始图片区域的关系；

⑤ 可以灵活运用到不同的目标检测框架内。

(2) 基于回归的目标检测算法：采用一步式解决方案，通过设计网络结构，实现从输入图像到输出目标区域及类别，使得网络更加一体化，实现了检测网络端对端的设计方法，大大提升目标检测算法的实时性。图 4.4 展示了单阶段检测算法时间流程，其中最具代表性的算法为 YOLO 系列目标检测算法[77]。

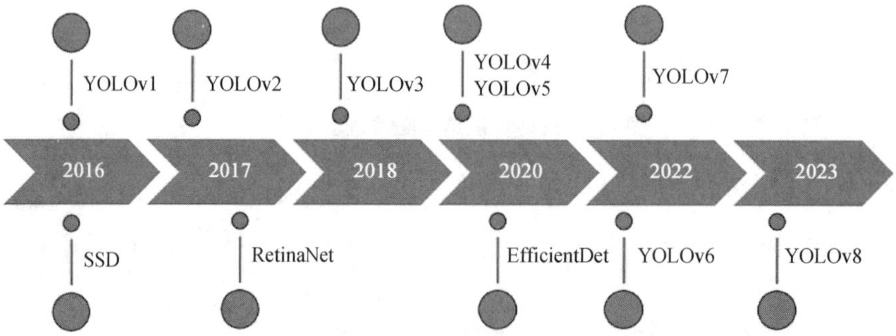

图 4.4　单阶段检测算法时间流程图

YOLO 目标检测算法采用网络分格的思想[78]，网络为回归式卷积结构，将输入的图像通过网络特征提取，划分为 $m \times m$ 的网格，每个网格通道数为 c，包含该候选区域的位置、尺寸、目标类别以及目标概率等信息，根据目标概率进行区域阈值筛选，由非极大值抑制

---

* ROIAlign 是深度学习中一种特征提取的方法。

算法得到最终的目标检测区域,算法结构如图 4.5 所示。

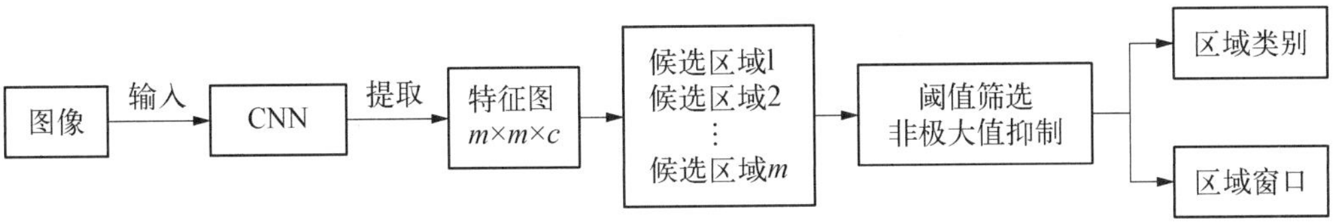

图 4.5　YOLO 算法结构图

4.1.2　目标检测算法的评价指标

目标检测常用数据集是用于训练和评估目标检测模型的重要资源。这些数据集通常包含大量带有标注信息的图像,包括目标对象的类别和边界框。传统检测器在行人检测的应用研究中,以每个窗口的漏检率与误报率作为检测器性能的度量标准。CNN 的应用和检测器检测方法改变后,以平均检测精度作为同类检测准确性的评价指标,以类平均检测精度作为不同类别间的平均精度(average precision, AP),以表现目标检测算法检测精度的综合性能,并引入 IoU 来描述目标检测算法的定位准确性。目标检测常用评价指标表详见表 4.1。

表 4.1　目标检测常用评价指标表

评　价　指　标	定　　义
准确率(Accuracy)	正确检测出的目标与实际存在的目标间的比例
精确率(Precision)	检测出的目标中真正为目标的比例
召回率(Recall)	实际存在的目标中被算法正确检测出的比例
F1 分数(F1Score)	精确率和召回率的调和平均值
平均精度(AP)	不同阈值下的精确率和召回率的平均值
漏检率(MissRate)	实际存在的目标中被算法漏检的比例
误检率(FPR)	将非目标物体错误地检测为目标的比例
平均误检率(AcerageMissRate)	在不同目标大小下的漏检率的平均值

4.1.3　目标检测中的挑战

目标检测算法在计算机视觉领域有着广泛的应用,如自动驾驶、安防监控和智能零售等。然而,尽管近年来该技术取得了显著进展,但在实际应用过程中仍面临诸多难点和挑战。

首先,目标检测算法需要处理多尺度问题。现实世界中的目标物体可能大小各异,从小物体如行人、车辆,到大物体如建筑物,目标检测算法必须在不同尺度上都能准确检测。这对模型的泛化能力提出了很高要求。现有的一些方法,如 Faster R - CNN 和 YOLO,通过使用多尺度特征金字塔和锚点机制部分解决了这一问题,但在处理极小或极大物体时仍存在不足。

其次,目标检测面临复杂场景和遮挡的问题。在真实环境中,目标物体往往处于复杂的背景中,且经常被其他物体部分或完全遮挡。这使得准确检测和识别变得更加困难。为了应对这一问题,研究者提出了基于注意力机制和上下文建模的方法,以提高模型在复杂场景下的表现。然而,如何在不显著增加计算复杂度的情况下进一步提升性能,仍是一个开放性问题。

此外,实时性和计算资源限制也是重要挑战之一。特别是在自动驾驶和无人机等需要实时检测的应用场景中,算法不仅要保证高精度,还需满足实时处理要求。当前的许多高精度模型,如 Mask R-CNN,通常计算复杂度较高,难以在资源受限的嵌入式设备上实现实时检测。为此,轻量化网络如 MobileNet[79]和 ShuffleNet[80],以及模型压缩技术(如剪枝、量化)成为研究热点。

目标检测算法还需要面对数据不平衡和标签噪声的问题。在实际应用中,不同类别目标的样本数量往往差异巨大,容易导致模型对少数类别的检测效果不佳。此外,数据标注过程中不可避免地会引入噪声,影响模型的训练效果。针对这些问题,研究者提出了多种数据增强和损失函数设计的改进方法,以提升模型的鲁棒性。

未来,目标检测技术的发展面临以下几个挑战:一是如何在保证高精度的同时进一步提升模型的实时性和计算效率;二是如何在复杂场景和遮挡情况下实现更鲁棒的检测;三是如何通过自监督学习和少样本学习等方法,减少对大规模标注数据的依赖;四是如何通过跨模态学习和多传感器融合,进一步提升目标检测的性能。

目标检测算法一直在进步,但在多尺度处理、复杂场景适应、实时性要求和数据问题上仍有许多挑战需要克服。未来的发展将集中在提高模型效率、增强鲁棒性和减少数据依赖等方面,这将为实际应用带来更大突破。

4.2 各类视觉目标检测算法

在图像场景中的光照变化较大、背景干扰严重、目标运动的速度和幅度较大、目标被部分遮挡等情况下,图像成像质量下降,导致算法的精度下降甚至失效;同时,针对空中加油的高动态视觉场景,需要算法具有较高的实时性,实现实时检测。

4.2.1 传统目标检测算法

图像目标检测是通过对输入的图像进行处理,获取目标在全局图像中的区域位置信息的过程。传统的图像目标检测算法采用人工设计的图像特征,对全局图像进行多尺度窗口滑动扫描的方式确定目标所在区域信息。传统图像目标检测算法分为两步:① 获取大量的目标候选区域;② 对候选区域进行特征提取,通过目标特征模型的分类处理,确定目标所在的最终区域。其中目标候选区域是由多尺度检测窗口在全局图像上滑动得到,含有大量的冗余、无效信息,经过后续的候选区域特征分类处理,使得目标检测算法的处理耗时大大增加，致使算法的实时性降低。

目标候选区域的生成对于目标检测有着极为重要的作用，它是目标检测的第一步，对于目标检测的召回率以及准确率影响较大。常见的目标候选区域的生成方法有滑动窗口法和选择性搜索法，滑动窗口法主要用于基于传统图像处理的目标检测；选择性搜索法主要用于基于深度学习的目标检测。

滑动窗口法是一种暴力检测算法，使用不同尺寸的窗口，在全局图像上，从左到右、从上到下进行滑动扫描。其中滑动窗口法存在两个较为重要的参数，即滑动窗口的尺寸选择、滑动的步幅选择。为使目标检测的精度提高，需要选用较多的尺寸窗口以及较小的滑动步幅，产生大量的目标候选区域，造成目标检测的计算量大大增加，严重影响了目标检测算法的实时性。选择性搜索法是根据颜色、纹理等信息对图像进行区域分块处理，常用于深度学习目标检测的候选区域生成，采用了图像的细节信息，生成的候选区域的个数减少，信息的有效性大大增加，然而存在的问题是候选区域生成的精度不高，通常还需要对候选区域进行回归操作以提升目标检测的精度。

4.2.2 基于级联分类的目标候选区域生成算法

根据任务目标的外形特征，可归纳为颜色特征和形状特征两个方面。由颜色特征和形状特征设计的级联分类的目标候选区域生成算法，考虑到环境光照对于普通阈值分割带来的阈值选择不合适的问题，通常设计自适应阈值分割算法，整体结构如图 4.6 所示。

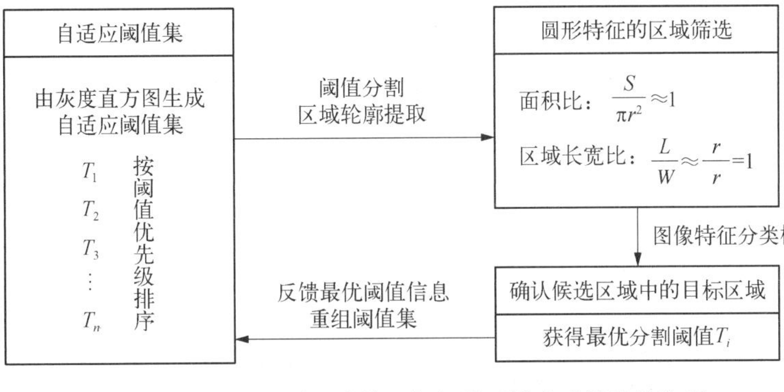

图 4.6 基于级联分类的目标候选区域生成算法结构图

图像阈值化分割是最简单的分割处理，通过事先确定一个阈值分割物体和背景，其优点在于计算量小、速度快。设输入图像为$f_{in}(x, y)$，输出图像为$f_{out}(x, y)$，阈值为 T_λ，阈值化分割是输入图像到输出（分割后）二值图像的变换：

$$f_{out}(x, y)=\begin{cases}1, & f_{in}(x, y) > T_\lambda \\ 0, & f_{in}(x, y) \leqslant T_\lambda\end{cases} \tag{4.1}$$

其中，$f_{in}(x, y)$ 为输入灰度图像第 i 行第 j 列像素的灰度值（取值为 0~255）；$f_{out}(x, y)$ 为

输出二值图像第 i 行第 j 列像素的灰度值（取值为 0 或 1）；阈值 T_λ 的选择严重影响了阈值化分割结果的质量，如图 4.7 所示。选择的阈值 T_λ 过小，会导致部分目标缺失；选择的阈值 T_λ 过大，会导致分割出的区域与其他区域连接融为一体，导致分割的失败。

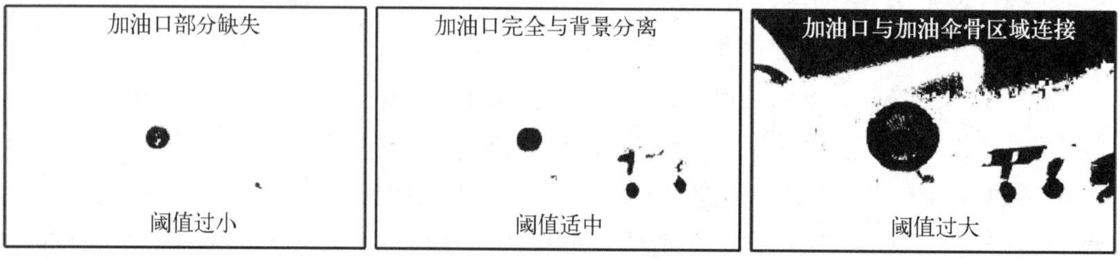

图 4.7　阈值的选择对阈值化分割的影响

解决合适阈值的选择问题，可根据经验提前设置较好的阈值选择表，针对输入的图像遍历阈值选择表，选择出最优的阈值。该方法不能适应特殊场景以及新的场景的需要；也可采用阈值遍历的方式，从 0~255 依次遍历各个阈值，选择最优的分割阈值，然而所有灰度级的分割遍历，导致计算量增大，严重影响算法的实时性。

灰度直方图是将图像中的所有像素，按照灰度值的大小，统计其出现的频率，反映了图像中灰度值的分布情况，同时也反映了图像场景中的光照强弱。对于光照较弱的场景，图像中的灰度值大多集中在较低的范围；对于光照较强的场景，灰度值集中分布在较高的范围。

灰度直方图是灰度级的函数，根据函数极值点以及拐点的特性，灰度直方图的极值点或拐点反映了灰度值的某些特性。定义直方图拐点为：直方图曲线在拐点附近的斜率发生较大的变化。如图 4.8 所示，在光照条件弱的场景下，对应的灰度直方图中会有大量的像素点落在低灰度值附近，形成灰度直方图尖峰；在光线条件强的场景下，对应的灰度直方图中会有大量的像素点分布在中高灰度值附近，形成直方图尖峰。尖峰上存在较多直方图拐点。

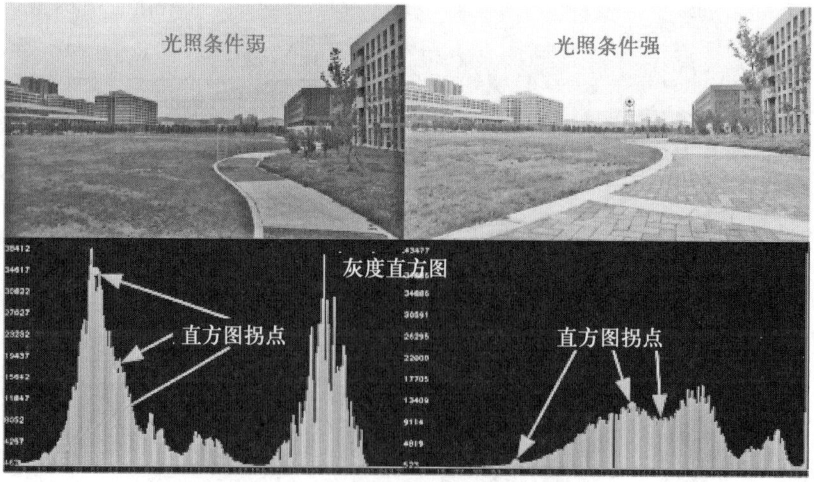

图 4.8　不同光照条件下的灰度直方图分布情况

通过对上述两种光照场景进行图像阈值化分割得到如图 4.9 所示的效果，可以看出取直方图拐点作为阈值化分割的阈值能够有效地将图像中的目标与背景进行分割。

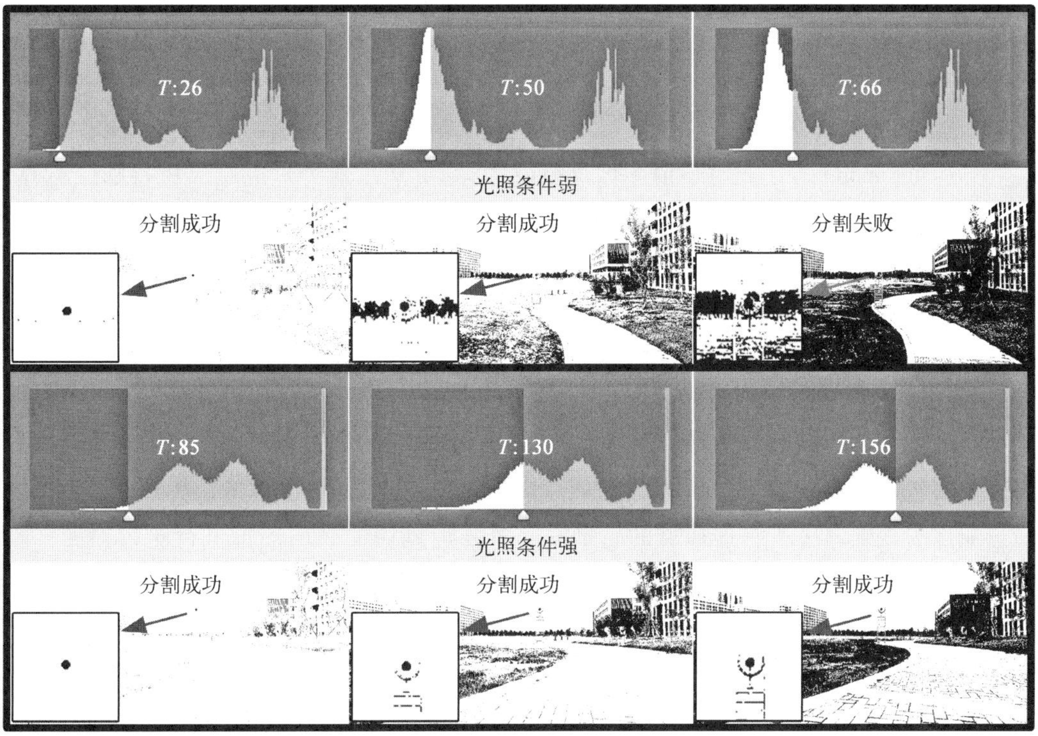

图 4.9 不同阈值下图像分割的效果图

针对得到的自适应阈值进行图像分割，得到的二值图像中存在着较多噪点以及无效的小区域。针对上述情况，本节采用数学形态学运算对二值图像进行滤波，通过形状特征筛选出符合要求的目标候选区域，作为特征识别的候选窗口。

1) 形态学运算

通过自定义的结构元素对输入二值图像进行邻域的逻辑运算，基本的形态学运算包括膨胀和腐蚀。膨胀(dilation)采用向量加法对两个集合进行合并，设输入的二值图像为 X_{image}，结构元素为 B_1，膨胀用来填补物体中小的空洞和狭窄的缝隙，使物体的尺寸增大，由符号$\oplus$表示。

$$X_{\text{image}} \oplus B_1 = \{p \in \varepsilon^2 : p = x + b_1,\ x \in X_{\text{image}},\ b_1 \in B_1\} \tag{4.2}$$

腐蚀(erosion)对集合元素采用向量减法，将两个集合合并，腐蚀运算是膨胀的对偶运算，腐蚀运算用于简化物体的结构，消除小且无意义的目标物，用来去除物体中小的区域和狭窄的连接，使物体的尺寸减小，由符号$\ominus$表示。

$$X_{\text{image}} \ominus B_1 = \{p \in \varepsilon^2 : p + b_1 \in X_{\text{image}},\ \forall b_1 \in B_1\} \tag{4.3}$$

其中，腐蚀运算与膨胀运算不是互逆变换，由于腐蚀和膨胀都会对原始的图像产生尺寸的变化，因此需要设计一种更为有效的运算方式，通过对腐蚀和膨胀进行组合得到更为复杂且有效的形态学运算：闭运算和开运算。闭运算（closing）是先对二值图像进行膨胀运算，然后对处理的结果进行腐蚀运算，闭运算是在膨胀运算的基础上保证物体局部形状及尺寸保持不变：

$$X_{\text{image}} \cdot B_1 = (X_{\text{image}} \oplus B_1) \ominus B_1 \tag{4.4}$$

开运算（opening）是先对二值图像进行腐蚀运算，然后对处理的结果进行膨胀运算，开运算在腐蚀的基础上可以保证物体局部形状及尺寸保持不变，针对空中加油的图像场景，采用开运算进行处理：

$$X_{\text{image}} \circ B_1 = (X_{\text{image}} \ominus B_1) \oplus B_1 \tag{4.5}$$

2）轮廓检测

经过形态学滤波后，可分析二值图像中区域连通域的关系，提取区域的边界轮廓信息。主要包含两个步骤：① 针对连通域剔除区域内部点，保留区域的边界点；② 根据区域连通性的规则遍历所有连通域的轮廓线。对开运算后的二值图像进行轮廓检测并提取，得到所有连通域的轮廓信息 C_{all}：

$$C_{\text{all}} = \{C_{pj} \mid j = 1, 2, \cdots, N_{\text{connect}}\},\ C_{pj} = \{(x_{jk}, y_{jk}) \mid k = 1, 2, \cdots, N^j_{\text{connect}}\} \tag{4.6}$$

其中，C_{pj} 为第 j 个连通域的轮廓点集；N_{connect} 为连通域的个数；N^j_{connect} 为第 j 个连通域的轮廓点集的个数；(x_{jk}, y_{jk}) 为第 j 个连通域中第 k 个点的坐标。

3）形状特征筛选

针对轮廓检测中的每个连通域的轮廓信息 C_{pj} 计算每个连通域的形状尺寸信息，包括面积 S_{connect}、宽 W_{connect}、高 H_{connect} 等。

$$\begin{aligned} W_{\text{connect}} &= \max\{x_{jk}\} - \min\{x_{jk}\} \\ H_{\text{connect}} &= \max\{y_{jk}\} - \min\{y_{jk}\} \end{aligned} \tag{4.7}$$

根据连通域的尺寸信息条件进行第一步的筛选，用于将图像中较小的连通域剔除，具体的筛选条件体现为区域面积以及区域的宽高尺寸等，如下所示：

$$S_{\text{connect}} \geqslant T_{\min\_s},\quad W_{\text{connect}} \geqslant T_{\min\_w},\quad H_{\text{connect}} \geqslant T_{\min\_h} \tag{4.8}$$

其中，$T_{\min\_s}$、$T_{\min\_w}$、$T_{\min\_h}$ 为连通域作为候选区域的最低尺寸要求；$T_{\min\_s}$ 一般取值为 30，$T_{\min\_w}$ 与 $T_{\min\_h}$ 取值一般相同且为 5。

根据连通域的圆形特征条件进行第二步的筛选，用于将图像中宽高异常、内部缺失的区域剔除，具体的筛选条件体现为区域的宽高比以及区域的面积比等，如下所示：

$$\min\left(\frac{W_{\text{connect}}}{H_{\text{connect}}}, \frac{H_{\text{connect}}}{W_{\text{connect}}}\right) k_{\text{connect}} \geqslant T_{\text{ratio1}}$$

$$\min\left(\frac{4S_{\text{connect}}}{\pi W_{\text{connect}} H_{\text{connect}}}, \frac{\pi W_{\text{connect}} H_{\text{connect}}}{4S_{\text{connect}}}\right) k_{\text{connect}} \geqslant T_{\text{ratio2}} \tag{4.9}$$

$$k_{\text{connect}} = \frac{2 + e^{-\frac{S_{\text{connect}}}{50}}}{2}$$

其中，T_{ratio1} 为连通域作为候选区域的最低宽高比要求；T_{ratio1} 一般取值为 0.8~0.9；T_{ratio2} 为连通域作为候选区域的最低面积比要求，T_{ratio2} 一般取值为 0.8~0.9；考虑到图像成像的情况，对于区域面积较小的连通域，要求其宽高比以及面积比的筛选阈值降低；对于区域面积较大的连通域，要求其宽高比以及面积比的筛选阈值增大。权重系数 k_{connect} 是区域面积 S_{connect} 的单调递减函数，用于平衡区域面积不同导致圆形特征筛选阈值的差异。

满足上述要求的连通域 C_{pj} 组成候选连通域集为 C_{option}，候选区域的个数为 N_{option}。

$$C_{\text{option}} = \{C_{pj} \mid C_{pj}\ \text{满足尺寸及圆形特征}, j = 1, 2, \cdots, N_{\text{option}}\} \tag{4.10}$$

定义候选区域为矩形窗口，表示为 $R_{\text{option},i}(x_{\text{connect}i}, y_{\text{connect}i}, w_{\text{connect}i}, h_{\text{connect}i})$，其中 $x_{\text{connect}i}$ 为第 i 个候选区域中心点横坐标，$y_{\text{connect}i}$ 为第 i 个候选区域中心点纵坐标，$w_{\text{connect}i}$ 为第 i 个候选区域的宽尺寸，$h_{\text{connect}i}$ 为第 i 个候选区域高尺寸。基于候选连通域 $C_{\text{option},i}$ 计算候选区域信息：

$$\begin{aligned} x_{\text{connect}i} &= \frac{\max\{x_{ik}\} + \min\{x_{ik}\}}{2} \\ y_{\text{connect}i} &= \frac{\max\{y_{ik}\} + \min\{y_{ik}\}}{2} \\ w_{\text{connect}i} &= 4(\max\{x_{ik}\} - \min\{x_{ik}\}) \\ h_{\text{connect}i} &= 4(\max\{y_{ik}\} - \min\{y_{ik}\}) \end{aligned} \tag{4.11}$$

其中，$\max\{x_{ik}\}$ 为第 i 个候选连通域轮廓点集中横坐标的最大值；$\min\{x_{ik}\}$ 为第 i 个候选连通域轮廓点集中横坐标的最小值；$\max\{y_{ik}\}$ 为第 i 个候选连通域轮廓点集中纵坐标的最大值；$\min\{y_{ik}\}$ 为第 i 个候选连通域轮廓点集中纵坐标的最小值。以加油锥套为例，由于加油口位于加油锥套的中部且尺寸约为加油锥套尺寸的 1/4，将加油口尺寸扩大 4 倍获得加油锥套的尺寸，进而得到加油锥套的候选区域信息 R_{option}：

$$R_{\text{option}} = \{R_{\text{option},i} \mid C_{\text{option},i}\ \text{满足尺寸及圆形特征}, i = 1, 2, \cdots, N_{\text{option}}\} \tag{4.12}$$

4.2.3 基于 HOG+SVM 的目标检测算法

基于级联分类的目标候选区域生成算法得到个数较少、数据冗余度小的候选区域。

如何从候选区域中确定目标区域是目标检测的另一个问题，这里以图像特征对目标图像进行描述，设计特征分类器，通过目标的图像特征向量训练分类模型；对候选区域提取图像特征向量，通过分类模型确定目标的最终区域，同时通过小区域的滑动扫描对目标区域进行位置的修正。本节将从归一化 HOG 特征、SVM 分类模型及其训练、目标检测位置修正三个方面进行阐述。

1. 归一化 HOG 特征

传统图像处理中的图像特征通常为人工设计的特征表述，主要包含颜色特征、形状特征、边缘特征、纹理特征以及空间特征。特征通常由特征描述算子体现，经典的特征描述子有 SIFT、SURF、ORB 以及 HOG。表 4.2 展示了经典特征描述子特性。

表 4.2　经典特征描述子特性表

特征描述子	光照	尺度	旋转	提取时间
SIFT	不变	不变	不变	长
SURF	不变	不变	不变	较长
ORB	变	不变	不变	较短
HOG	不变	变	变	短

HOG 特征描述子是一种用于描述物体边缘结构的图像特征，具有良好的光照不变性，同时特征的提取时间短，符合目标的描述要求。因而选用 HOG 特征描述子，针对 HOG 特征对尺度敏感的问题，采用尺度归一化的 HOG 特征进行尺度补偿。

HOG 特征提取过程包括全局光度归一化、计算方向梯度、空间与方向直方图、对比度归一化、计算 HOG 特征描述子等步骤，如图 4.10 所示。

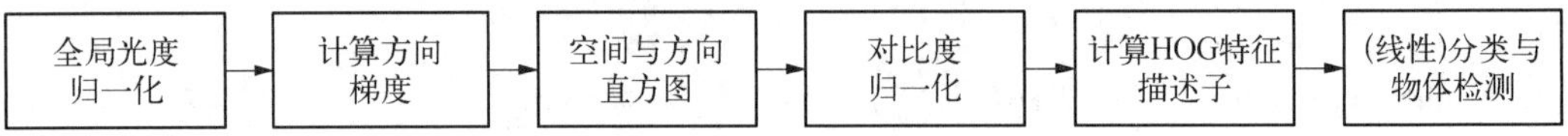

图 4.10　物体检测和定位的 HOG 特征链

针对尺度不一致的问题，采用图像尺度归一化的方式，如图 4.11 所示，将特征提取的图像归一化至固定尺寸（128×128 像素）；设置 HOG 单元的尺寸为 8×8 像素，总计有 16×16 个单元；设置块的尺寸为 16×16 像素（即 2×2 个单元组成），块的滑动步长（stride）为 8×8 像素，总计有 15×15 个块；设置每一个单元统计 9 个梯度方向（bins = 9）的像素数量，其中单元中的白线为 9 个梯度方向像素数量的可视化显示。对单元的组合结果进行归一化，并将上述所有块内的特征向量进行串联，得到该图像的 HOG 特征，该特征向量的维数为 $15 \times 15 \times 2 \times 2 \times 9 = 8\,100$。

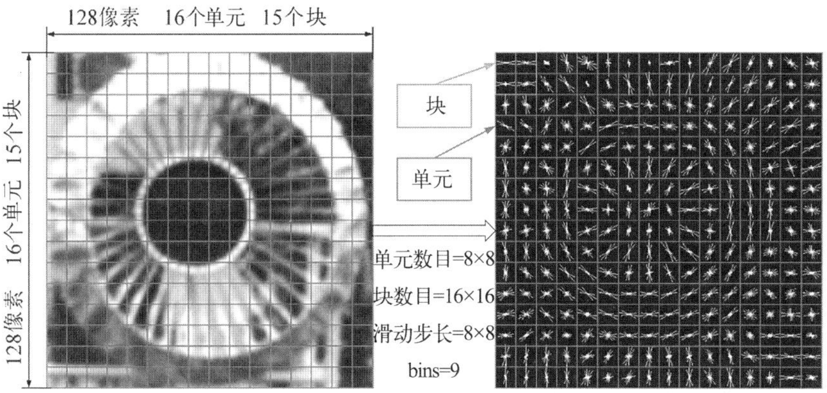

图 4.11 HOG 结构及其可视化结果

2. SVM 分类模型及其训练

SVM 适合于在小样本情况下生成泛化能力优秀的分类器,这是因为其本身的优化目标是结构化风险最小,而不是经验风险最小。SVM 本质上就是一种二分类方法,仅采用较少的样本即可获得较高正确率的分类器,这里选择 SVM 作为 HOG 特征向量的分类器,SVM 分类原理见图 4.12。首先建立 SVM 分类模型的训练样本如下:

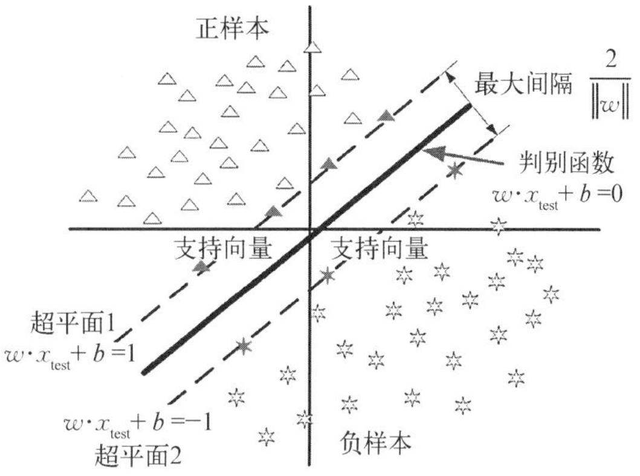

图 4.12 SVM 分类原理图

$$Z = \{(x_{\text{test}\_i}, y_{\text{lable}\_i}) \mid x_{\text{test}\_i} \in \mathbf{R}^{8\,100}, y_{\text{lable}\_i} \in \{-1, +1\}, i = 1, 2, \cdots, n\} \tag{4.13}$$

其中,x_{test_i} 为 HOG 特征向量;y_{lable_i} 为样本标签,$y_{\text{lable}\_i} = 1$ 为正样本标签,$y_{\text{lable}\_i} = -1$ 为负样本标签,n 为样本个数。SVM 通过建立超平面实现样本数据的二分类,超平面判定函数为

$$w \cdot x_{\text{test}} + b = 0 \tag{4.14}$$

为最大化分类间隔,定义两个平行的超平面 1、2:

$$w \cdot x_{\text{test}} + b = 1,\ w \cdot x_{\text{test}} + b = -1 \tag{4.15}$$

满足

$$y_{\text{lable}\_i}(w \cdot x_{\text{test}\_i} + b) \geqslant 1 \tag{4.16}$$

SVM 的目标为最大化超平面 1、2 的间隔,即最大化 $2/\|w\|$,最小化 $\|w\|$。

$$\min\left\{\frac{1}{2}\|w\|^2\right\}$$
$$\text{s.t.}\ -y_{\text{lable\_}i}(w\cdot x_{\text{test\_}i}+b)+1\leqslant 0 \tag{4.17}$$

通过建立拉格朗日函数消除不等式的约束:

$$\max_{\alpha_i}\min_{w,\ b}\left\{L(w,\ b,\ \alpha)=\frac{1}{2}\|w\|^2-\sum_{i=1}^{n}\alpha_i y_{\text{lable\_}i}(w\cdot x_{\text{test\_}i}+b)+\sum_{i=1}^{n}\alpha_i\right\}$$
$$\text{s.t.}\ \alpha_i\geqslant 0 \tag{4.18}$$

计算拉格朗日函数的偏导数,得

$$\frac{\partial L(w,\ b,\ \alpha)}{\partial w}=w-\sum_{i=1}^{n}\alpha_i y_{\text{lable\_}i}x_{\text{test\_}i}$$
$$\frac{\partial L(w,\ b,\ \alpha)}{\partial b}=\sum_{i=1}^{n}\alpha_i y_{\text{lable\_}i} \tag{4.19}$$

令偏导数为零,得

$$w=\sum_{i=1}^{n}\alpha_i y_{\text{lable\_}i}x_{\text{test\_}i}$$
$$\sum_{i=1}^{n}\alpha_i y_{\text{lable\_}i}=0 \tag{4.20}$$

代入式(4.18)得

$$\max_{\alpha_i}\left\{L(w,\ b,\ \alpha)=\sum_{i=1}^{n}\alpha_i-\frac{1}{2}\sum_{i,\ j=1}^{n}\alpha_i\alpha_j y_{\text{lable\_}i}y_{\text{lable\_}j}(x_{\text{test\_}i}\cdot x_{\text{test\_}j})\right\}$$
$$\text{s.t.}\ \sum_{i=1}^{n}\alpha_i y_{\text{lable\_}i}=0,\ \alpha_i\geqslant 0 \tag{4.21}$$

得到最终的二次规划问题,即SVM算法训练问题。其中 $x_{\text{test\_}i}$、$x_{\text{test\_}j}$ 为样本的HOG特征向量,$y_{\text{lable\_}i}$、$y_{\text{lable\_}j}$ 为对应特征向量的类别标签。该二次规划问题可通过序列最小优化(sequential minimal optimization, SMO)算法进行启发式迭代求解,最终得到所有的拉格朗日乘子 $\alpha_i(i=1,2,\cdots,n)$,每一个拉格朗日乘子 α_i 对应一个训练样本 $(x_{\text{test\_}i},\ y_{\text{lable\_}i})$,其中对最大间隔有贡献的样本对应非零的拉格朗日乘子,该样本的HOG特征向量为支持向量。记录样本中所有的支持向量样本及对应的拉格朗日乘子,得到最终分类的判别函数为

$$f(x_{\text{test}})=w\cdot x_{\text{test}}+b=\sum_{j=1}^{m_{\text{vector}}}\alpha_j y_{\text{lable\_}i}(x_{\text{test\_}j},\ x_{\text{test}})+b$$
$$\text{if}\ f(x_{\text{test}})\geqslant 0,\text{为正样本}$$
$$\text{if}\ f(x_{\text{test}})<0,\ \text{为负样本} \tag{4.22}$$

其中，m_{vector} 为支持向量的个数且 $m_{vector} \ll n$；x_{test} 为测试样本的 HOG 特征向量。

上述 SVM 为线性 SVM 分类算法原理，针对无法找到一个超平面将特征向量分为两类情况，需要引入核函数 $k_{kernal}(x_{test})$ 的方法，将特征向量映射到高维空间进行线性分类，即用核函数代替向量点积：

$$x_{test\_i} \cdot x_{test\_j} \Rightarrow k_{kernal}(x_{test\_i},\ x_{test\_j}) = \Phi(x_{test\_i}) \cdot \Phi(x_{test\_j}) \tag{4.23}$$

常用的核函数有径向基函数、高斯径向基函数、各向同性的 d 阶多项式等。核函数的引入解决了线性 SVM 不能分类非线性特征空间的问题，但导致计算量增加，对于高维特征空间尤为突出，HOG 特征空间具有较好的线性可分特性，使用线性 SVM 分类器即可达到较高的分类水准。

3. 目标检测位置修正

目标检测的候选区域是由分割区域放大产生的，检测区域精度较差，需要对检测的位置进行修正。通过设计目标局部区域位置修正方法，对候选区域进行归一化放大，然后对归一化区域采用固定尺寸的窗口滑动扫描，提取扫描到的 HOG 特征，输入 SVM 分类模型，将 SVM 判别函数输出最大的滑动窗口区域作为目标最终的检测区域。归一化区域的尺寸为 152×152 像素，滑动窗口尺寸为 128×128 像素，滑动步长为 8×8 像素，对于每个候选区域通过滑动窗口产生 16 个检测区域，用于对候选区域进行位置修正，候选区域检测及位置修正见图 4.13。

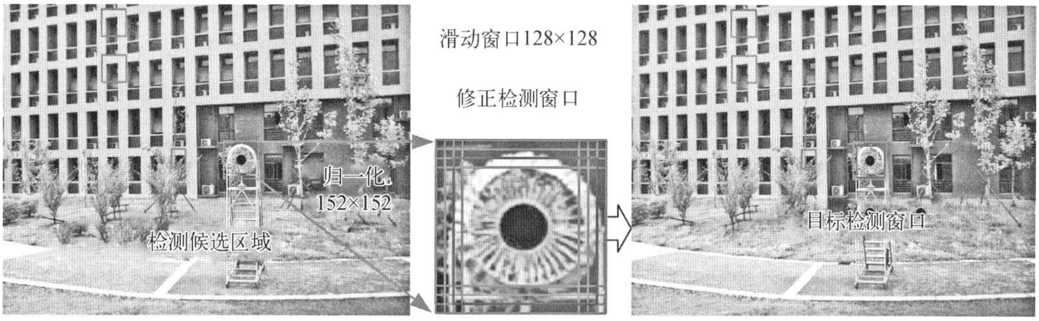

图 4.13　候选区域检测及位置修正

结合目标候选区域生成算法，已解决目标的全局检测问题。然而，由于目标候选区域生成算法中涉及自适应阈值集，若对阈值集中的所有阈值进行分割、生成候选区域、检测候选区域等操作，将造成大量的计算冗余，增大计算量，致使算法的实时性下降。通过对自适应阈值集设计阈值优先级排序，针对优先级高的阈值进行分割、生成候选区域、检测候选区域，若检测到锥套目标，则停止对后续优先级低的阈值的处理，记录当前阈值作为优先级排序参考阈值，如图 4.14 所示。

阈值优先级排序算法：设优先级排序参考阈值为 t_{pri_0}，初始帧的参考阈值为 0，后续帧的参考阈值为前一帧检测的有效阈值，自适应阈值集为 $T_{t\lambda} = (t_{\lambda 1} \quad t_{\lambda 2} \quad \cdots \quad t_{\lambda m})$，生成优先级排序阈值集 $T'_{t\lambda}$：

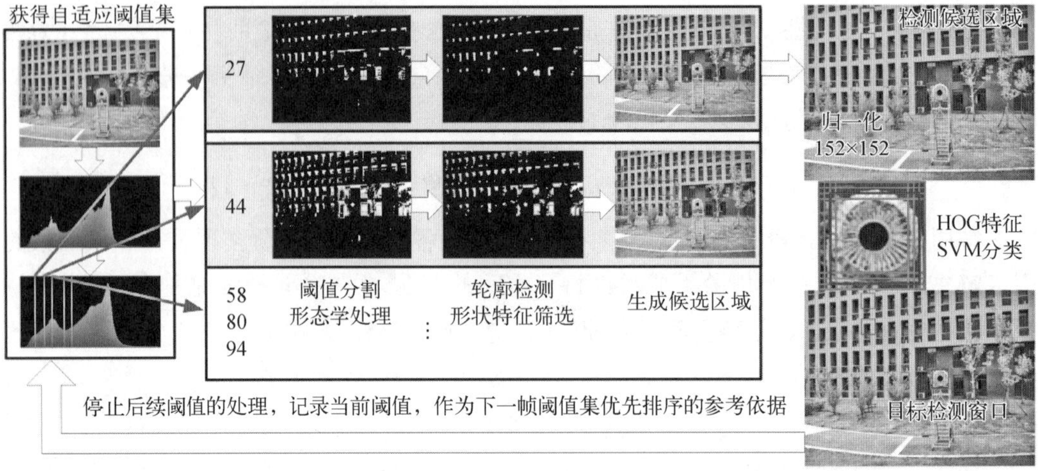

图 4.14　锥套目标检测策略图

$$T'_{t\lambda} = (\,|t_{\lambda 1} - t_{\lambda 0}|\ \ |t_{\lambda 2} - t_{\lambda 0}|\ \ \cdots\ \ |t_{\lambda m} - t_{\lambda 0}|\,) \tag{4.24}$$

针对优先级排序阈值集 $T'_{t\lambda}$ 进行内部元素升序排序，得到阈值集 $T''_{t\lambda}$：

$$T''_{t\lambda} = (\,|t_{\lambda p_1} - t_{\lambda 0}|\ \ |t_{\lambda p_2} - t_{\lambda 0}|\ \ \cdots\ \ |t_{\lambda p_m} - t_{\lambda 0}|\,),\ p_{\text{prio}} \in [1,\ m] \tag{4.25}$$

其中，p_{prio} 为优先级指标，p_{prio} 越小优先级越高；根据阈值集 $T''_{t\lambda}$ 得到具有优先级排序的自适应阈值集 $T'''_{t\lambda}$：

$$T'''_{t\lambda} = (t_{\lambda p_1}\quad t_{\lambda p_2}\quad \cdots\quad t_{\lambda p_m}),\quad p_{\text{prio}} \in [1,\ m] \tag{4.26}$$

将加油锥套放置在扶梯上，在四旋翼无人机上安装相机，操控四旋翼无人机由远到近飞行并对加油锥套进行动态拍摄，得到如下三个场景的视频数据。

场景 1：侧光条件下拍摄，光线较强，加油口边界区分度较高，背景中含有大量与加油口类似的黑色区域的场景，视频的分辨率为 800×600 像素，总帧数为 3 474 帧；

场景 2：背光条件下拍摄，光线较弱，背景为树木且较暗，加油口边界区分度不高，视频的分辨率为 800×600 像素，总帧数为 2 424 帧；

场景 3：正对阳光下拍摄，光线较为充足，背景为较为简单的天空，视频的分辨率为 800×600 像素，总帧数为 2 087 帧。

针对上述三个场景视频分别进行滑动窗口检测算法与自适应分割检测算法的处理，三个场景下部分图像的检测算法结果图如图 4.15 所示。其中可以看出在目标大小适中的情况下，两种检测算法的检测精度基本一致；当目标在图像中的成像较小时，滑动窗口检测算法出现检测错误或检测失败的情况，本章设计的自适应阈值分割检测算法在小目标情况依旧保持着较高的检测成功率以及检测精度。

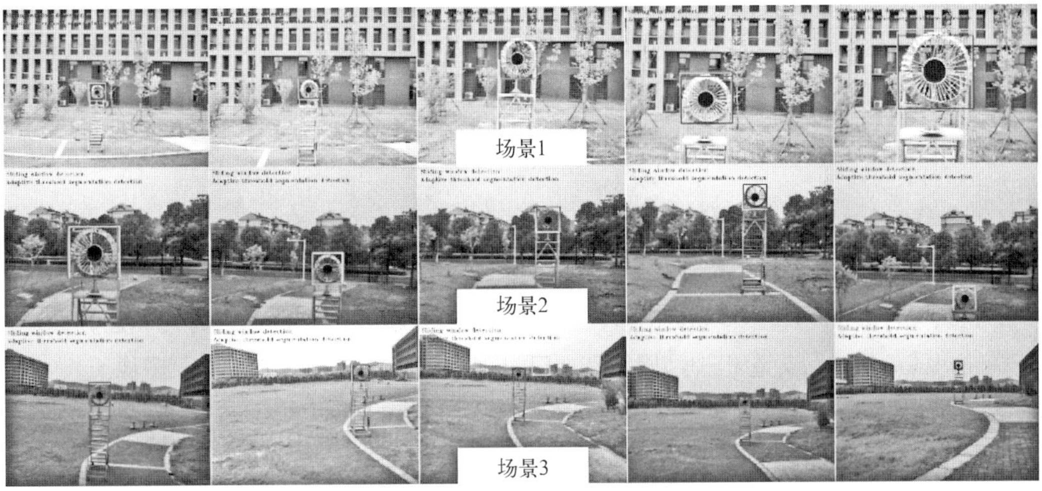

图 4.15　三个场景部分图像检测算法结果图

通过定量指标对算法的性能进行评估,包括算法处理结果的重叠率、算法的成功率以及算法对于每帧图像的处理耗时。检测算法处理结果的重叠率(IOU)为

$$\mathrm{IOU}=\frac{R_{\mathrm{ref}}\cap R_{\mathrm{detect}}}{R_{\mathrm{ref}}\cup R_{\mathrm{detect}}} \tag{4.27}$$

其中,R_{ref} 为人工标记的目标区域信息;R_{detect} 为检测算法得到的目标区域信息;$R_{\mathrm{ref}}\cap R_{\mathrm{detect}}$ 为两个区域的重叠面积;$R_{\mathrm{ref}}\cup R_{\mathrm{detect}}$ 为两个区域的合并面积。

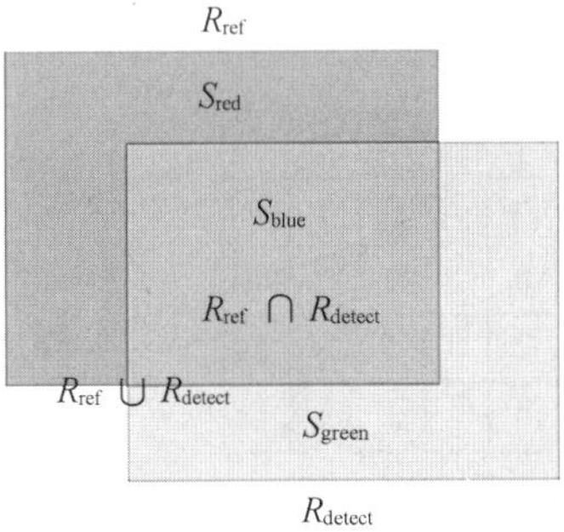

图 4.16　重叠率示意图

重叠率示意图见图 4.16,其中,S_{red} 为红色区域面积,S_{green} 为绿色区域面积,S_{blue} 为蓝色区域面积。

人工标记的目标区域面积 $S_{R_{\mathrm{ref}}}=S_{\mathrm{red}}+S_{\mathrm{blue}}$,检测算法得到的目标区域面积 $S_{R_{\mathrm{detect}}}=S_{\mathrm{green}}+S_{\mathrm{blue}}$,将上述面积代入到重叠率的计算公式中,得到重叠率的表达式为

$$\mathrm{IOU}=\frac{R_{\mathrm{ref}}\cap R_{\mathrm{detect}}}{R_{\mathrm{ref}}\cup R_{\mathrm{detect}}}=\frac{S_{\mathrm{blue}}}{S_{\mathrm{red}}+S_{\mathrm{green}}+S_{\mathrm{blue}}} \tag{4.28}$$

4.2.4　卷积神经网络及目标检测方法

为了提升算法的鲁棒性,同时保证检测算法的精度及实时性,通过对深度学习在目标检测中最常用的 CNN 结构展开阐述,引出目前基于 CNN 目标检测的主流方法,分析算法的优缺点,同时利用深度学习的方法进行目标检测算法的改进设计,采用级联的回归式 CNN 进行小目标情况下的检测,同时针对小目标检测失败的情况,研究分块检测算法,以提升目标检测算法的可靠性。

深度学习在图像处理领域一个重要的体现便是 CNN。CNN 由于其固有的特性可以获取更加鲁棒、更加抽象的图像特征，该特征广泛用于目标识别、目标检测以及目标跟踪等领域。本节对 CNN 的结构原理进行阐述，同时分析 CNN 在目标检测方面的具体应用方法。

1. CNN 的结构原理

CNN 是一种专门处理具有类似网络结构数据的神经网络方法，该网络存在着四种基本的运算操作，即卷积、探测、池化以及全连接。

卷积层(convolutional layer, Conv)：通过卷积核对输入图像数据进行卷积运算处理，其中卷积核中的参数为卷积神经网络需要通过训练获取得到的参数。输入图像 $I_{\text{con\_in}}$，尺寸为 $m \times n \times c$，卷积核 G_{kernel} 的尺寸为 $h \times h \times c$，卷积核的滑动步长 stride 为 $s \times s$，图像填充 $\text{Padding}_{\text{con}}$ 的大小为 p_{con}，填充后的图像为 $I_{\text{con\_pad}}$，尺寸为 $(m + 2p_{\text{con}}) \times (n + 2p_{\text{con}}) \times c$，卷积层运算过程如式(4.29)所示，结果如图 4.17 所示。

$$I_{\text{con\_out}}(i, j) = (I_{\text{con\_in}} * G_{\text{kernel}})(i, j) = \sum_{\alpha=1+(i-1)s}^{h+(i-1)s} \sum_{\beta=1+(i-1)s}^{h+(i-1)s} \sum_{\gamma=1}^{c} I_{\text{con\_pad}}(\alpha, \beta, \gamma) \cdot G_{\text{kernel}}(\alpha - (i-1)s, \beta - (i-1)s, \gamma) \tag{4.29}$$

其中，$I_{\text{con\_out}}$ 为卷积层输出图像，尺寸为 $[(m + 2p_{\text{con}} - h)/s + 1] \times [(n + 2p_{\text{con}} - h)/s + 1] \times 1$，卷积层运算用于仿射变换，具有三个特点：稀疏交互、参数共享以及局部连接性。

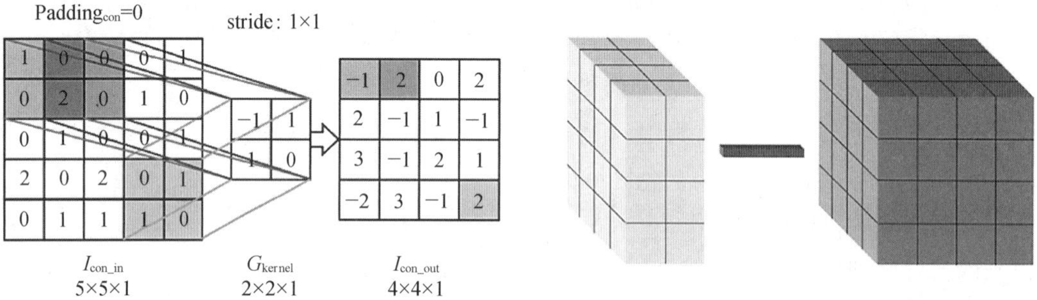

图 4.17　卷积层运算示意图

探测层：通常作为网络中的隐藏单元出现，用于对卷积后的结果进行非线性处理。整流线性单元(rectified linear unit, ReLU)是最常用的非线性处理方式。整流线性单元使用如下的激活函数：

$$g_{\text{relu}}(x) = \max\{0, x\} \tag{4.30}$$

整流线性单元易于优化，在负半轴定义域上输出为 0；正半轴为整流线性单元的激活区，激活区中的一阶导数均为 1，保持着较大且一致的梯度，避免了梯度消失和梯度爆炸的问题，同时简化了计算过程，没有复杂激活函数求导的影响，便于深度卷积网络的训练优化。通常所讲的卷积层包含了探测层，ReLU 函数及探测层运算示意如图 4.18 所示。

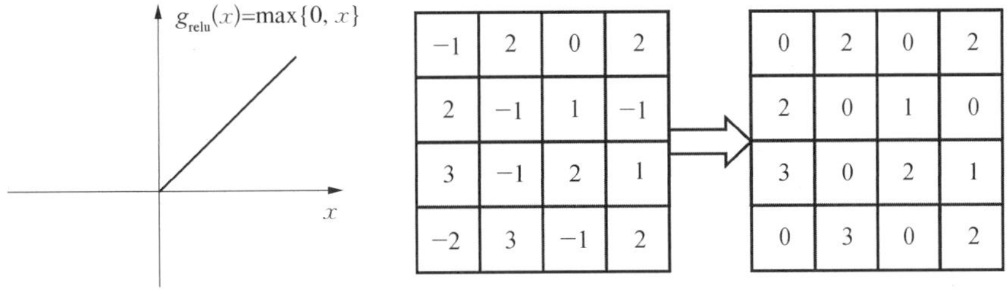

(a) ReLU函数　　　　(b) 探测层运算

图 4.18　ReLU 函数及探测层运算示意图

池化层(Pooling):通常以池化函数的形式呈现,使用某一位置的相邻输出的总体特征代替网络在该位置的输出,作为卷积神经网络的超参数。池化层可减小输出大小和降低过拟合,减少了后续层中的参数数量。常用的池化函数有最大池化(max pooling)以及均值池化(mean pooling)。最大池化是取局部邻域中最大值作为特征输出,均值池化是取局部邻域中所有值的平均值作为特征输出。输入图像 $I_{\text{pool\_in}}$,尺寸为 $m\times n\times c$,池化窗口的尺寸为 $k_{\text{pool}}\times k_{\text{pool}}$,池化窗口的滑动步长 stride 为 $s\times s$,图像填充 $\text{Padding}_{\text{pool}}$ 的大小为 p_{pool},填充后的图像为 $I_{\text{pool\_pad}}$,尺寸为 $(m+2p_{\text{pool}})\times(n+2p_{\text{pool}})\times c$,$I_{\text{pool\_out}}$ 为池化输出图像,尺寸为 $[(m+2p_{\text{pool}}-k)/s+1]\times[(n+2p_{\text{pool}}-k)/s+1]\times c$,最大池化层运算过程如图 4.19 所示。

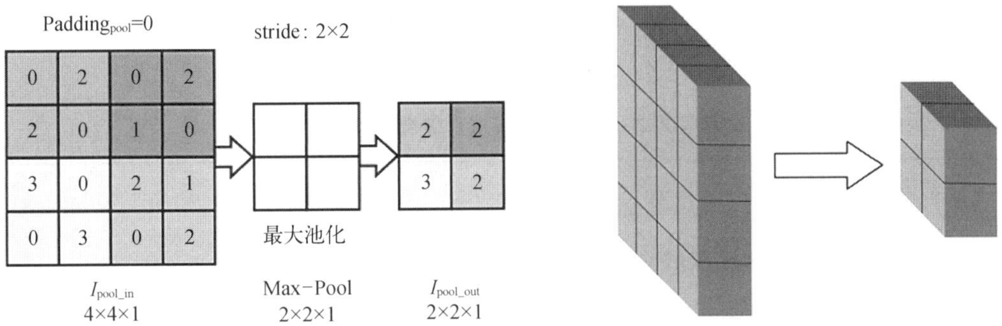

图 4.19　最大池化层运算示意图

全连接层(fully connected layer, FC):全连接层的每一个节点都与上一层的所有节点相连,可把前边提取到的特征进行综合。输入图像 I_{FC} 的尺度为 $m\times n\times c$,将输入图像 I_{FC} 按照行列通道的顺序拉伸为一维列向量 $I_{\text{FC\_in}}$,尺度为 $mnc\times 1$;全连接层的输出向量 $I_{\text{FC\_out}}$ 维度为 $q\times 1$,通过全连接参数矩阵 W_{FC} 获取全连接层的输出向量,其中 W_{FC} 为 $q\times mnc$ 的矩阵,运算过程图如图 4.20 所示。

$$I_{\text{FC\_out}}=W\cdot I_{\text{FC\_in}}\tag{4.31}$$

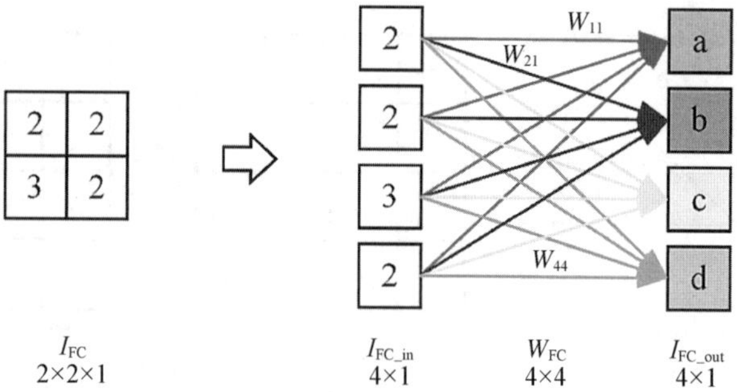

图 4.20 全连接层运算示意图

2. 基于 CNN 的目标检测方法

基于 CNN 的主流目标检测算法包含基于候选区域的 R－CNN、Fast R－CNN、Faster R－CNN 以及基于回归式的 SSD、YOLO 目标检测算法。其中基于回归式的目标检测算法相比基于候选区域的算法具有更高的实时性，其中 YOLO 目标检测算法采用网络分格的思想，网络为回归式卷积结构，YOLO 检测算法将网络划分为 $m \times m$ 的网格，且 m 取值为 7，划分的网格较为粗略，算法的实时性较高，但检测的目标区域精度较低且对于小目标检测精度及成功率较低。

表 4.3 显示了基于回归的主流深度学习目标检测算法在 Titan X 加速情况下的检测精度及检测速度。其中 YOLOv2 与 SSD500 的检测精度较高，检测速度一般，SSD500 仅为 19 帧/s，未能满足 50 Hz 的实时性要求；在普通 GPU 或嵌入式级别 GPU 上，算法的检测速度更难到达实时的程度。Tiny－YOLO 算法检测速度可达到 207 帧/s，具有良好的实时性。

表 4.3 主流深度学习目标检测算法评估表（运行平台：Titan X）

检测模型	训练数据集	测试数据集	检测精度	检测速度/（帧/s）
YOLOv1	VOC2007+2012	VOC2007	63.4	45
SSD300	VOC2007+2012	VOC2007	74.3	46
SSD500	VOC2007+2012	VOC2007	76.8	19
YOLOv2	VOC2007+2012	VOC2007	78.6	40
Tiny－YOLO	VOC2007+2012	VOC2007	57.1	207

4.3 目标跟踪算法

图像目标跟踪问题等价为在连续的图像帧之间，建立基于目标位置、速度、纹理、色彩、形状等相关特征的匹配问题；相较于目标检测算法，目标跟踪问题聚焦于目标区域的局部，而非全局图像，可大大提升目标图像区域定位的实时性。

4.3.1 目标跟踪算法的研究

目标跟踪算法的研究主要分为两个方向：一个是传统的目标跟踪[81,82]，包括特征提取、判别器分类、光流法、均值漂移[83,84]、粒子滤波、卡尔曼滤波等。另一个是深度神经网络目标跟踪算法[85]，如CNN和SVM使用深度神经网络提取特征然后使用SVM进行分类判断目标位置等。

1. 传统的目标跟踪方法

传统的目标跟踪方法主要使用手工特征，根据观测模型可分为生成式目标跟踪算法与判别式目标跟踪算法。

1）生成式目标跟踪算法

生成式目标跟踪算法将目标的表观特征通过生成模型进行描述，在目标局部区域采用搜索框的方式最小化重构误差，通过多次迭代求得目标的最终位置。代表性的生成式目标跟踪算法有光流法等。生成式目标跟踪算法完全利用目标自身的特征信息进行模型的建立，无法利用背景信息，在目标运动幅度较大、目标被遮挡的情况下容易跟踪失败。

2）判别式目标跟踪算法

判别式目标跟踪算法通过建立目标分类器的方式区分目标区域和非目标区域，在目标局部区域通过搜索框的方式，获取每个搜索框的目标区域置信度，置信度最大的搜索区域为目标区域，将新的跟踪区域的图像信息作为目标分类器的训练样本更新目标区域分类器。判别式目标跟踪算法考虑到了图像中的背景信息，相比生成式目标跟踪算法具有更强的鲁棒性。基于判别式的目标跟踪系统可拆分为运动模型模块、特征提取模块、分类器模块、模型更新模块以及总体后处理器模块五个模块。其中，运动模型模块负责在目标局部区域产生多个候选区域或者搜索框，常见的方法有滑窗法；特征提取模块负责将候选区域的图像信息抽象为更为鲁棒的特征信息，常见的特征表述方法有灰度像素值、哈尔特征、HOG特征等；分类器模块负责根据候选区域的特征判断该区域为目标区域的置信度，常见的方法有逻辑回归、岭回归[86,87]、SVM等；模型更新模块负责根据目标的当前区域信息更新目标分类器；总体后处理器模块负责将多个跟踪器的预测结果进行融合，提升目标跟踪算法的稳定性。

目前传统的目标跟踪算法已取得较大发展，但由于手工特征无法全面描述语义信息，因此在目标产生较为显著的外观变化时，传统目标跟踪算法的精度无法满足实际需求。

2. 深度神经网络目标跟踪算法

依托深度神经网络强大的语义信息提取能力及泛化能力，深度学习方向的视觉目标跟踪算法分为基于孪生网络、CNN和Transformer的目标追踪方法。

1）基于孪生网络的目标追踪

孪生神经网络（siamese neural network，SNN）来自目标识别方向，思想是两个相似的物体进行了相同的特征提取环节后得到的特征图应该近似，并且分布满足空间分布。与相关滤波跟踪的思想不同的是，孪生神经网络利用两个相同的子网络测量两个模板和搜索区域之间的相似性，通过将二者进行比较来识别目标及位置。由于孪生神经网络可以使用大型数据集对模型进行预训练，这在一定程度上缓解了目标跟踪中训练样本不足的问题。用于跟踪的 siamese 实例搜索（siamese instance search for tracking，SINT）是早期在离线阶段学习孪生网络匹配函数的尝试之一[88]，通过设计一个由两个相同的 CNN 组成的孪生架构学习一个匹配函数，在跟踪过程中对每一帧进行匹配并返回得分最高的区域作为预测位置。匹配函数的优势在于模型泛化能力更强，可以应用到新的目标跟踪任务中。而 SINT 实现了 2 帧/s 的跟踪速度，距离实时还很远。

全卷积孪生网络 SiamFC 使用对称的网络及互相关函数计算模板帧和搜索区域之间的相似性，来寻找最大响应位置并对其进行回归，显著提高了基于深度学习的跟踪算法的跟踪速度和准确度，之后相关深度学习跟踪器的方法也大多基于此进行改进与优化[89]。然而由于 SiamFC 只利用第一帧的目标作为匹配模板并且仅使用一个固定的尺度对目标进行框定，无法适应目标大的外观变化和复杂背景环境下的跟踪，为更好地解决这一问题，提出了 SiamRPN 算法，通过对目标检测领域中 Faster R－CNN 的锚框机制的运用，有效降低了目标尺度变化对跟踪性能的影响[90]。SiamRPN 由孪生网络和候选区域生成两个部分构成，其中，孪生网络用于两个分支的特征提取，候选区域生成用于判断是否为目标以及边界框回归。

SiamMASK 提出随着跟踪算法的改进大多分为两种思想，第一种是目标定位，第二种是定位成功时的边界框准确率，而 SiamRPN 效果好的原因就在于极大程度地利用了第二种思想[91]。但是它对目标旋转效果不好，而目标旋转后的预测框本质可以视为一种掩模（MASK）的近似，利用 MASK 跟踪才能达到边界框预测的精度上界。SiamMASK 对目标进行分割，使精度得到了很大的提升。SiamMASK 的思想使得跟踪领域的研究方向从检测跟踪（tracking by detection）过渡到了分割跟踪（tracking by segmentation）。孪生网络是一种类似于相关滤波的模板匹配思路，它使得跟踪发展到了端到端的网络训练方式，在保持相当高的实时性的同时满足了较高的精度，具有较大的潜力。

2）基于 CNN 的目标追踪

CNN 提取的特征具有很强的泛化能力和特征表述能力。然而由于视觉目标跟踪序列中有目标快速运动、遮挡、模糊等多种不确定性，仅使用 CNN 和简单的互相关难以很好地处理这些问题。近年来有多种算法将视觉目标跟踪算法与其他网络相结合，如 IoUNet（intersection over union network）、生成对抗网络（generative adversarial network，GAN）、图卷积等增强算法的鲁棒性和跟踪准确率。通过重叠最大化的精确跟踪（accurate tracking by overlap maximization，ATOM）算法结合了深度卷积网络和 IoUNet，深度卷积网络用于目标的粗略定位，IoUNet 用于精细目标定位和尺度估计[39]。缺少训练样本以及正负样本数量不平衡一直是目标跟踪存在的问题。因此,面对外观变化无法保证高准确率。为了实现高准确率基于对抗学习的视觉跟踪(visual tracking via adversarial learning, VITAL)方法将 GAN 引入至多域网络(multi-domain network, MDNet)中,该算法使用对抗网络令掩码包含目标最稳定的特征[92]。

CNN 是深度学习在计算机视觉领域引起热潮的源头之一,它拥有很多的变种与结合,如全卷积神经网络、孪生卷积网络、区域候选网络、分类网络、回归网络等。这些不同的变体在计算机视觉的各大方向都有着较为出色的成果,将这些成果移植到目标跟踪领域并进行落地是研究者的主体思路之一。

3)基于 Transformer 的目标追踪

Transformer 是一种特殊的注意力机制,由 Vaswani 等首次提出并应用于机器翻译任务[52]。2017 年由 Google 团队提出了一种全新的自注意力(self-attention)模型,Transformer 作为实例化的自注意力模型备受关注。Transformer 中的基本模块是自注意力和交叉注意力模块,堆叠在编码器和解码器中。最近,Transformer 已应用于多个视觉任务,如目标检测、目标实例分割、视频目标分割、行人识别等,并获得了不错的效果,证明了编码器解码器架构对于计算机视觉任务的有效性。因此,学者们将 Transformer 结构引入视觉目标跟踪中并做出了许多贡献。

用于跟踪的 Transformer 通常被用来预测辨别特征,以定位目标物体并回归其边界框。模板特征由编码器处理,而解码器使用交叉注意机制融合模板和搜索分支的特征以得到辨别能力较强的特征。TrDiMP 和 TransT 算法,都利用 Transformer 对模板和搜索区域之间的关系进行建模[93,94]。TrDiMP 分别在孪生网络的两个分支上应用编码器和解码器,以生成更具有判别性的特征。模板分支中的编码器接收来自之前帧的一组模板,并将它们聚合成信息量更大的新模板用于后续跟踪。在 TransT 算法中,采用了一个由多个子注意力和交叉注意力模块组成的特征融合网络,将融合特征输入到目标分类和回归分支中,预测目标的位置信息。STARK 模型通过对动态模板进行更新获得时间上下文信息,再使用 Transformer 对其进行集成,更好地捕获视频序列中全局特征的依赖关系,以提高特征表达的准确性[95]。

基于 Transformer 的目标跟踪算法虽然能够实现不错的跟踪效果,但是由于 Transformer 要对整个输入进行建模的特性导致训练成本较大,跟踪速度也难以达到实时性。并且当使用相对位置编码时,需要大量超参数设计,使用绝对位置编码时难以满足长度变化的输入序列。

4.3.2 目标跟踪算法的公开数据集

随着目标跟踪算法的发展完善,可以更好地对复杂问题下的目标进行跟踪,因此需要对跟踪算法从不同角度进行全面的性能评估,随之需要更全面、更大规模的视频跟踪数据集。为了适应目标跟踪算法的发展,逐渐发展出很多完善的大型公开数据集,下面对部分进行简单介绍。

1. OTB2013 数据集

OTB2013 数据集包含 50 个全标注的视频序列,如图 4.21 所示。由于跟踪效果受多因素的影响,为了更加全面地评估算法性能,该数据集引入 11 种挑战因素的标注,包括光照变化、尺度变化、遮挡、形变、运动模糊、快速移动、平面内旋转、平面外旋转、移出视野、背景杂乱、低分辨率,2015 年 OTB 被进一步扩展为 OTB100,由 100 个全标注的目标序列构成[96]。

图 4.21 OTB2013 数据集序列图

2. VOT 数据集

作为 VOT(visual object tracking)竞赛的数据集(图 4.22),VOT 数据集在每一年都发布新版本,每个版本包含不同数量的跟踪序列[97]。VOT2015－2020 是一系列使用旋转的包围框标记目标的跟踪数据集。每个视频都使用 6 个属性标注：遮挡、光照变化、目标运动、目标尺寸变化、相机运动和未分配。VOT2015 到 VOT2019 数据集使用三个指标对跟踪算法进行评估,包括准确性 A、鲁棒性 R 和期望平均重叠 EAO。其中,A 表示在成功跟踪期间,估计目标位置和实际包围框之间的 IoU 得分,数值越大,准确度越高。R 表示跟踪过程中丢失目标的次数,数值越大,说明稳定性越低。EAO 指标结合了每一帧的精确度和失败次数。

3. UAV123 数据集

UAV123 数据集由 123 段用无人机拍摄的高分辨率视频序列构成(图 4.23),总共超过 110 k 帧[98]。UAV123 包含三部分：第一部分包含 103 个用专业无人机在 5～25 m 高度跟随不同的目标拍摄的视频序列;第二部分包含 12 个由安装在低成本无人机上的普通摄像机拍摄的视频序列,这部分视频序列质量较差,噪声较大;第三部分包含由 UAV 模拟器得到的 8 个生成序列。UAV123 包含的挑战因素有横纵比变化、背景杂乱、摄像机运动、快速移动、完全遮挡、光照变化、低分辨率、移出视场、部分遮挡、相似目标、尺度变化和视角变化。其中一些长序列被分割为多个子序列,从而保证数据集的复杂度合理。

图 4.22　VOT 数据集部分序列图

图 4.23　UAV123 数据集部分序列图

4. LaSOT 数据集

LaSOT 数据集专注于长时跟踪，包含 123 个视频序列(图 4.24)，视频序列的长度平均在 2 500 帧，最长的包含 11 397 帧。其中目标类别共有 70 个，每个类别都包含 20 个视频序列[99]。每个序列被标记有 14 个属性，包括光照变化、完全遮挡、部分遮挡、变形、运动模糊、快速运动、尺度变化、相机运动、旋转、背景杂乱、低分辨率、视角改变、出视野以及纵横比变化。该数据集的评估由三个指标衡量，包括精确度、成功率和归一化精度。

图 4.24　LaSOT 数据集部分序列图

4.3.3　目标跟踪面临的挑战

目标跟踪面临诸多挑战，特别是对于运动目标而言。首先，目标物体本身可能会发生非刚性形变，这在快速运动场景中尤为明显。此外，目标的背景也可能发生显著变化，如车载摄像头拍摄的视频中。这就要求跟踪算法能够尽量滤除背景信息，专注于目标物体的变化。目标跟踪的主要挑战因素包括形变、背景杂乱、尺度变换、快速运动、平面内或平面外旋转以及目标遮挡等。

形变：在目标物体运动过程中，其形状发生非刚性变化，导致特征的变化。如果不加处理，这种变化会导致跟踪漂移现象，即模板逐渐偏向背景信息。通常的处理方法是通过模板更新来解决，可以选择连续更新或隔几帧更新。

背景杂乱：在背景与目标信息高度相似的情况下，加上噪声点的干扰，会极大地影响目标的判断。常见的解决方法是进行轨迹预测，跟踪目标受背景影响。

尺度变换：由景深变化导致目标在像素坐标系中的面积变化。为了实现精确跟踪，除了位置预测外，还需调整预测目标框的尺寸。通常做法是选择不同尺寸的目标区域，并求取最优预测框。

快速运动：目标在图像平面系统中的运动速度过快，导致无法实现跟踪。解决方法包括帧间差值法，通过识别快速运动物体周围像素变化最大的位置实现跟踪，或使用光流法找到相似特征点进行跟踪。

平面内或平面外旋转：目标在图像平面坐标中的旋转。平面内旋转指目标特征未消失，仅改变了角度。而平面外旋转表示目标在图像平面系统中，所有轴都在变化，对应世界坐标系中的六自由度变化会导致模板与待检测区域完全不相关，等同于完全遮挡现象，增加了跟踪难度。

目标遮挡：这是目标跟踪最具挑战性的因素之一，可分为部分遮挡和完全遮挡。对于完全遮挡，目前没有特别有效的解决方案，通常采用轨迹预测方法重新定位目标。针对部分遮挡，可以通过跟踪未被遮挡的部分或者检测观测模型的方法，增强遮挡鲁棒性。

在实际应用中，目标跟踪通常面临多种挑战因素的同时存在，使得算法需要同时应对多个问题，这也增加了该领域研究的难度。因此，目标跟踪算法仍在不断发展和改进中。

4.4 基于特征点拟合的尺度自适应跟踪算法

图像目标跟踪与图像目标检测问题类似，也是视觉领域研究的热点与难点。目标存在光照变化、背景复杂、被遮挡等各种情况，特别是运动状态不定，这些较多的因素等都会对目标的跟踪带来较大的影响[100]。针对加油锥套的自身特征，可采用传统方法与深度学习两种方式分别设计特征点检测器，根据检测的特征点通过拟合算法获取目标的图像尺寸信息，进而基于相关跟踪算法设计尺度适应的锥套目标跟踪算法。

4.4.1 目标跟踪算法结构

目标跟踪算法是利用了图像在时间上的连续性、空间上的相关性的特点，通过对前一帧目标所在图像区域进行跟踪模型的建立，对当前帧图像进行目标局部区域快速匹配、定位的过程。目前较为成熟的图像目标跟踪算法是目标相关跟踪算法，该算法具有较好的实时性及跟踪准确度。但是，当目标被遮挡后，目标跟踪模型的训练会引入大量的遮挡物干扰误差，污染跟踪模型，随着跟踪误差的积累，致使跟踪产生偏移甚至跟踪到错误的目标。同时，当目标在图像中发生较大的尺寸变化时，会存在跟踪窗口的尺寸与目标区域的实际尺寸不对应，导致跟踪误差的引入，污染跟踪模型。如何实现遮挡和尺寸变化情况下的跟踪？解决的方案一般为多尺度跟踪窗口选择置信度最高的尺度候选框作为跟踪目标区域。多尺度的选择直接影响了跟踪算法的精度，同时影响了跟踪算法的实时性。尺度选择越多，跟踪精度越高，但是跟踪耗时增加，降低了算法的实时性。

通过对加油锥套特征的分析，可以用锥套自身的内外圆形状特征弥补通用跟踪算法存在的遮挡及尺度问题。设计内外圆特征点提取算法，通过拟合特征点获取图像内外圆的尺寸参数，进而修正跟踪模型的跟踪误差。基于特征点的目标跟踪算法框架结构如图 4.25 所示。

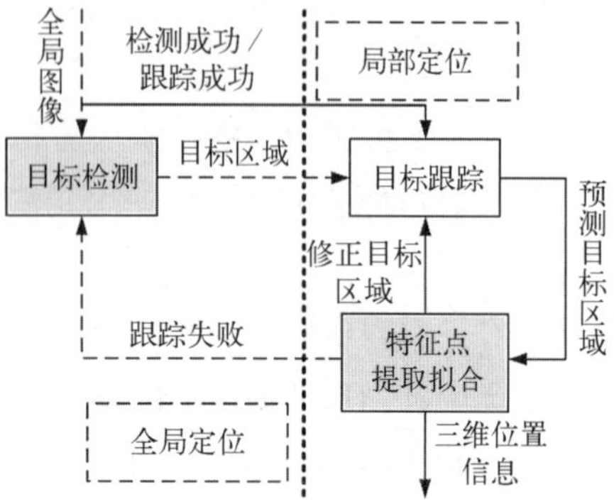

图 4.25　基于特征点的目标跟踪算法框架结构图

4.4.2　目标特征点提取方法示例

1. 基于极坐标系转换的特征点提取算法设计

边缘检测一直是图像处理中最为常见的操作处理，其中圆形目标的边缘检测较为复杂，并且在圆形目标被部分遮挡时，边缘检测更为复杂，容易引入遮挡部分产生的错误边缘，造成后续椭圆拟合的失败。为此将圆形边缘检测转换为直线边缘检测，同时对于遮挡产生的错误边缘可以进行有效的滤除。

目标检测的结果便是以圆形区域中心为目标区域中心进行选取，故目标检测的结果符合圆形边缘检测算法的条件。具体算法内容如下所述。

首先对检测到的目标区域进行图像的极坐标变换处理，将圆形目标转换为矩形目标。以目标检测区域的中心点作为极坐标系（r_{polar}，θ_{polar}）的原点，根据检测区域的宽和高（l_{obj_1}，w_{obj_1}）尺寸选择圆形感兴趣区域尺寸 $R_{polar} = \min\{l_{obj\_1}, w_{obj\_1}\}/2$，由图像坐标系坐标得到感兴趣区域中点的极坐标表示。根据极坐标到直角坐标系的转换公式将感兴趣区域中的点映射至直角坐标系，如图 4.26 所示。

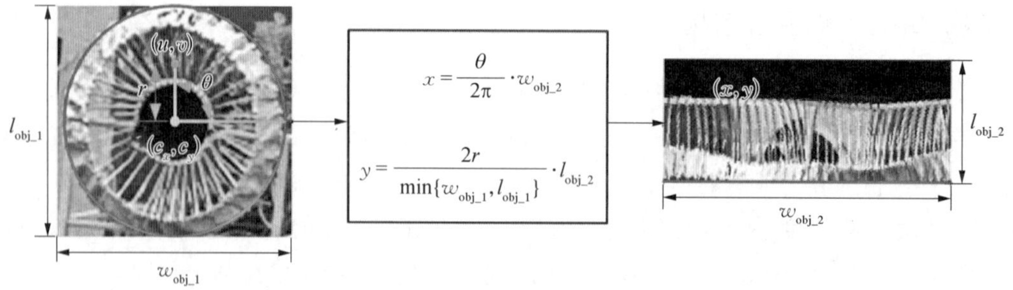

图 4.26　基于极坐标转换的图像变换结果

$$\begin{cases} r_{\text{polar}} = \sqrt{(u - c_x)^2 + (v - c_y)^2} & 0 \leqslant r_{\text{polar}} \leqslant R_{\text{polar}} \\ -\arctan\left(\dfrac{v - c_y}{u - c_x}\right), & (v - c_y) \leqslant 0\&(u - c_x) > 0 \\ \pi - \arctan\left(\dfrac{v - c_y}{u - c_x}\right), & (u - c_x) < 0 \\ 2\pi - \arctan\left(\dfrac{v - c_y}{u - c_x}\right), & (v - c_y) > 0\&(u - c_x) > 0 \\ 0, & (v - c_y) = 0\&(u - c_x) = 0 \\ \pi/2, & (v - c_y) < 0\&(u - c_x) = 0 \\ 3\pi/2, & (v - c_y) > 0\&(u - c_x) = 0 \end{cases}$$

$$\theta = \qquad (4.32)$$

$$x = \frac{\theta_{\text{polar}}}{2\pi} \cdot l_{\text{obj\_2}}, \quad y = \frac{r_{\text{polar}}}{R} \cdot w_{\text{obj\_2}} \qquad (4.33)$$

其中，$c_x = l_{\text{obj\_1}}/2$，$c_y = w_{\text{obj\_1}}/2$，$l_{\text{obj\_2}}$ 通常取值为 360，$w_{\text{obj\_2}}$ 通常取值为 150。

获取到矩形目标图像后，目标的边缘检测由圆形边缘检测转化为直线边缘检测。通过对极坐标转换后的图像进行水平边缘的提取得到如图 4.27 所示的检测结果。水平边缘提取算法采用图像卷积核 G_{kernel} 对原始图像进行卷积，获得水平边缘图像。

$$G_{\text{kernel}} = \begin{bmatrix} -1 & -2 & -1 \\ 0 & 0 & 0 \\ 1 & 2 & 1 \end{bmatrix} \qquad (4.34)$$

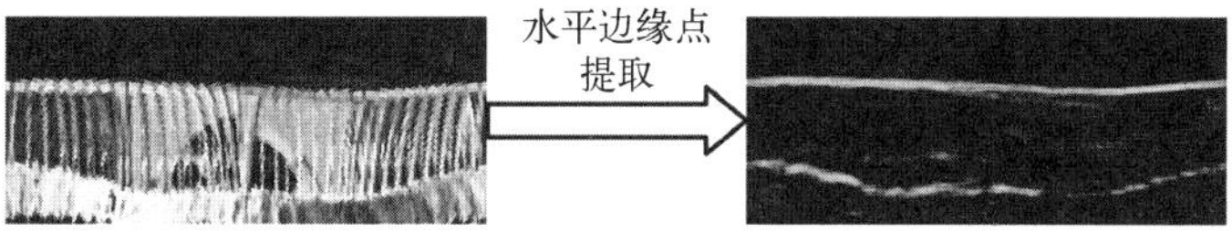

图 4.27　水平边缘点提取结果

获得水平边缘图像后，图像中存在噪声以及其他背景图像的干扰，导致获取的水平边缘图像中含有错误边缘点的干扰，通过阈值分割以及形态学处理等方式增强有效的边缘点，消除弱边缘点以及孤立的噪点边缘的干扰，如图 4.28 所示。

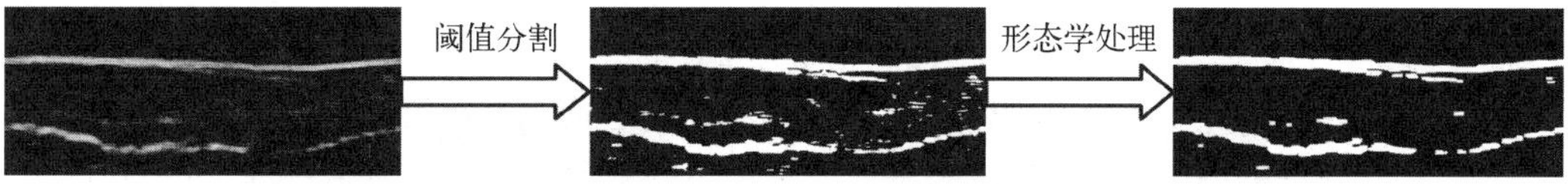

图 4.28　边缘点增强处理结果

逐列扫描获取满足第一级筛选条件的有效边缘点：将矩形图像按照纵轴尺寸分为内圆

区域与外圆区域。对于图像中的每列数据从上到下扫描内圆点、从下到上扫描外圆点，记录内外圆点的纵坐标数据（行数），按照上述扫描方式依次从左到右获取所有列对应的内外圆有效点数据，如图 4.29 所示。获取的内外圆点的数据集为 P_{in}、P_{out}，如式(4.35)所示：

$$
\begin{aligned}
P_{\text{in}} &= \left\{ p_i^{\text{in}} \mid p_i^{\text{in}}\ \text{有效}:\ \frac{1}{10}h_2 < p_i^{\text{in}} < \frac{9}{20}h_2;\ p_i^{\text{in}}\ \text{无效}:\ p_i^{\text{in}} = 0;\ i = 1,\ 2,\ \cdots,\ 360 \right\} \\
P_{\text{out}} &= \left\{ p_i^{\text{out}} \mid p_i^{\text{out}}\ \text{有效}:\ p_i^{\text{out}} > \frac{7}{10}h_2;\ p_i^{\text{out}}\ \text{无效}:\ p_i^{\text{out}} = h_2;\ i = 1,\ 2,\ \cdots,\ 360 \right\}
\end{aligned}
\tag{4.35}
$$

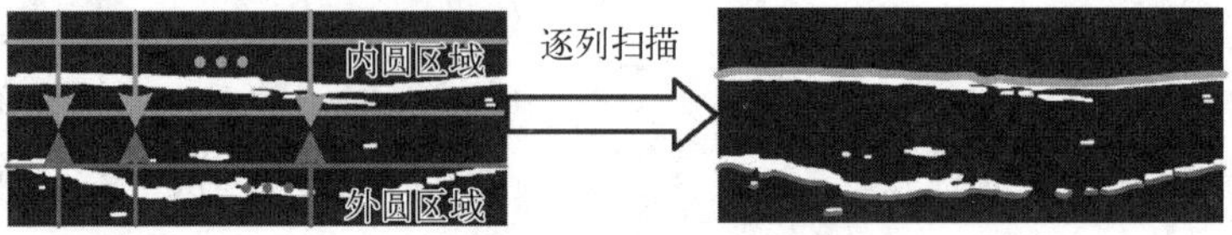

图 4.29　列扫描有效边缘点

通过逐列扫描获取到内外圆有效点中含有背景噪声产生的无效点，采用多级滑动窗口扫描法实现有效点的选取以及无效点的剔除。设计第一级滑动窗口：窗口尺寸为 6，滑动步长为 6，总计有 60 个滑动窗口；设计第二级滑动窗口：窗口尺寸为 36，滑动步长为 36，总计有 10 个滑动窗口。

第一级滑动窗口主要用于去除窗口内部的无效点数据，根据无效点数据与有效点数据差异较大的特点进行区分：根据滑动窗口内有效点数据 p_i^{in}、p_i^{out}，计算滑动窗口内有效点数据的均值 $\bar{p}^{\text{in}}$、$\bar{p}^{\text{out}}$，根据有效点数据与均值之间的差值关系判断当前有效点数据的有效性，通常 T_1 取值为 5：

$$
\begin{cases}
\mid p_i^{\text{in}} - \bar{p}^{\text{in}} \mid > T_1 \rightarrow p_i^{\text{in}}\ \text{无效},\ p_i^{\text{in}} = 0 \\
\mid p_i^{\text{out}} - \bar{p}^{\text{out}} \mid > T_1 \rightarrow p_i^{\text{out}}\ \text{无效},\ p_i^{\text{out}} = h_2
\end{cases}
\tag{4.36}
$$

第二级滑动窗口主要用于去除窗口内部的无效点数据以及根据相邻窗口间的数据变化关系去除无效的滑动窗口区域：与第一级滑动窗口类似，根据滑动窗口内有效点数据 p_i^{in}、p_i^{out}，计算滑动窗口内有效点数据的均值 $\bar{p}^{\text{in}}$、$\bar{p}^{\text{out}}$，根据有效点数据与均值之间的差值关系判断当前有效点数据的有效性；同时根据与当前窗口 w_{slide_i} 相邻的滑动窗口 w_{slide_i+1} 和 w_{slide_i-1} 之间的关系判断当前窗口是否为有效区域。最终根据两级滑动窗口的扫描与判断，剔除掉无效边缘点，获得内外圆的有效边缘点，如图 4.30 所示。

图 4.30　滑动窗口扫描有效边缘点

经过上述的逐列逐窗口扫描获取到极坐标转换后的内外圆边缘点，然后，进行极坐标逆变换，得到原始图像中的内外圆边缘点的坐标信息。如图 4.31 所示，为内圆边缘点的极坐标反变换恢复过程。

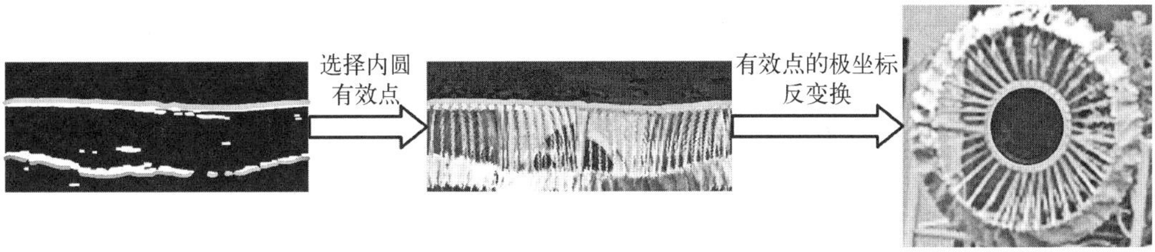

图 4.31　有效边缘点的复原处理

对于目标被遮挡的情况，遮挡物的存在导致图像中出现异常边缘值，通过有效内圆区域以及多级滑动窗口扫描法，获得最终有效的边缘值，通过对有效边缘点进行椭圆参数拟合，得到内圆参数，进而实现遮挡情况下的内圆边缘点的检测，如图 4.32 所示。

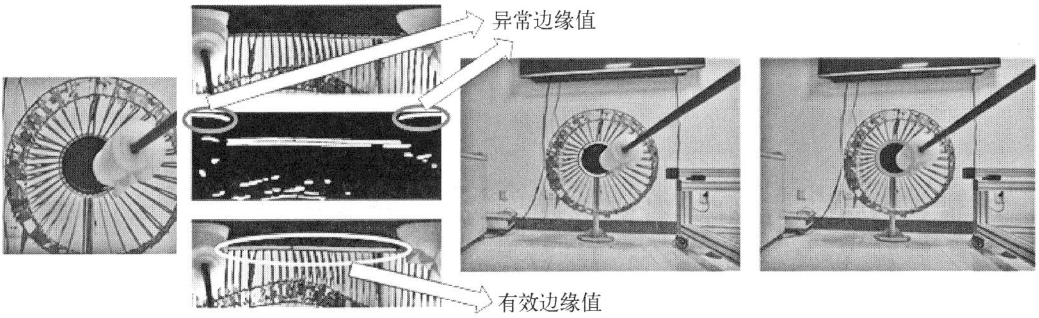

图 4.32　遮挡情况下的圆形目标边缘提取图

2. 基于最小二乘的椭圆参数拟合算法设计

锥套上的内圆加油口以及外圆伞布在图像中呈现椭圆的形状，可采用最小二乘椭圆拟合的方式对所有有效边缘点进行拟合，得到锥套目标的内外圆的参数信息。假设椭圆的标准参数为：椭圆中心点的坐标（x_{tc}，y_{tc}），椭圆的长半径和短半径（t_a，t_b）以及椭圆的偏转角 t_j；椭圆方程系数为 t_c、t_d、t_e、t_g、t_h，建立椭圆的一般方程为

$$x^2 + t_c xy + t_d y^2 + t_e x + t_g y + t_h = 0 \tag{4.37}$$

根据获取的有效边缘特征点坐标与椭圆一般参数方程，建立椭圆一般参数误差函数为

$$f = \sum_{i=1}^{N} \left(x_i^2 + t_c x_i y_i + t_d y_i^2 + t_e x_i + t_g y_i + t_h \right)^2 \tag{4.38}$$

由此可知，使误差函数取得极小值的参数为椭圆的一般参数，令误差函数对一般参数的偏

导数为0,得到如下的关系式:

$$\frac{\partial f}{\partial t_c}=\frac{\partial f}{\partial t_d}=\frac{\partial f}{\partial t_e}=\frac{\partial f}{\partial t_g}=\frac{\partial f}{\partial t_h}=0 \tag{4.39}$$

将式(4.38)代入式(4.39),得到如下所示的矩阵方程等式:

$$\begin{bmatrix} \sum_{i=1}^{N} x_i^2 y_i^2 & \sum_{i=1}^{N} x_i y_i^3 & \sum_{i=1}^{N} x_i^2 y_i & \sum_{i=1}^{N} x_i y_i^2 & \sum_{i=1}^{N} x_i y_i \\ \sum_{i=1}^{N} x_i y_i^3 & \sum_{i=1}^{N} y_i^4 & \sum_{i=1}^{N} x_i y_i^2 & \sum_{i=1}^{N} y_i^3 & \sum_{i=1}^{N} y_i^2 \\ \sum_{i=1}^{N} x_i^2 y_i & \sum_{i=1}^{N} x_i y_i^2 & \sum_{i=1}^{N} x_i^2 & \sum_{i=1}^{N} x_i y_i & \sum_{i=1}^{N} x_i \\ \sum_{i=1}^{N} x_i y_i^2 & \sum_{i=1}^{N} y_i^3 & \sum_{i=1}^{N} x_i y_i & \sum_{i=1}^{N} y_i^2 & \sum_{i=1}^{N} y_i \\ \sum_{i=1}^{N} x_i y_i & \sum_{i=1}^{N} y_i^2 & \sum_{i=1}^{N} x_i & \sum_{i=1}^{N} y_i & N \end{bmatrix} \begin{bmatrix} t_c \\ t_d \\ t_e \\ t_g \\ t_h \end{bmatrix} = \begin{bmatrix} -\sum_{i=1}^{N} x_i^3 y_i \\ -\sum_{i=1}^{N} x_i^2 y_i^2 \\ -\sum_{i=1}^{N} x_i^3 \\ -\sum_{i=1}^{N} x_i^2 y_i \\ -\sum_{i=1}^{N} x_i^2 \end{bmatrix} \tag{4.40}$$

简记为

$$AP=B \tag{4.41}$$

根据上述关系,获取到椭圆的一般参数 $P=A^{-1}B$,由椭圆一般参数与标准参数的关系式,可获得椭圆参数 $(x_{tc},\ y_{tc},\ t_a,\ t_b,\ t_j)$。

$$\begin{aligned} & x_{tc}=\frac{t_c t_g-2t_d t_e}{4t_d-t_c^2},\quad y_{tc}=\frac{t_c t_e-2t_g}{4t_d-t_c^2} \\ & t_a=\sqrt{\frac{-\det(M_0)}{\lambda_1\det(M)}},\quad t_b=\sqrt{\frac{-\det(M_0)}{\lambda_2\det(M)}} \\ & t_j=\frac{1}{2}\arctan\frac{t_c}{1-t_d} \\ & M_0=\begin{bmatrix} t_h & t_e/2 & t_g/2 \\ t_e/2 & 1 & t_c/2 \\ t_g/2 & t_c/2 & t_d \end{bmatrix},\quad M=\begin{bmatrix} 1 & t_c/2 \\ t_c/2 & t_d \end{bmatrix} \end{aligned} \tag{4.42}$$

其中,λ_1、λ_2 为 M 的特征值。

3. 基于CNN的锥套特征点提取算法设计

采用极坐标转换的方式获取锥套内外圆边缘点,该方法适合于锥套内外圆边缘成像清晰,且边缘处对比度较高的情况,但对于边缘模糊的情况检测效果较差,可以采用基于深度学习的方法对锥套内外圆特征点进行检测。

1）网络输入数据归一化处理

在空中加油对接过程中，锥套目标在图像中的尺寸变化较大，导致锥套内外圆特征点的分布范围变化较大，直接将锥套目标区域作为网络输入数据会导致模型训练易发散、难以收敛，检测的特征点精度较差。锥套的外形特征设计为标准锥套，以锥套内外圆点的分布结构作为特征点检测的参考模板，如图 4.33 所示。

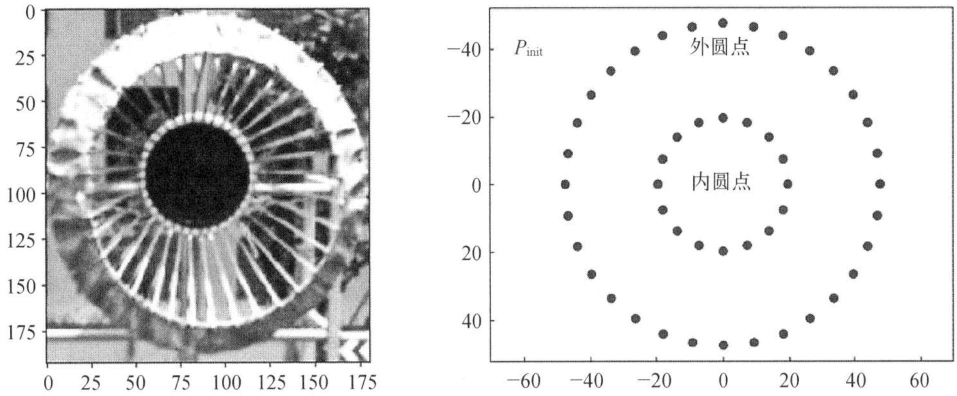

图 4.33　锥套实物以及标准特征点分布图

2）网络结构设计

考虑到空中加油的实时性要求，设计运算速度较快的浅层网络模型，实现锥套内外圆特征点的快速检测。CNN 的模型架构如下所述：特征点提取神经网络的输入为锥套目标区域图像，网络将输入图像归一化为 112×112×1 的图像，经过 8 个卷积层、4 个池化层以及 1 个全连接层的操作，输出为 96×1 的特征点定位结果，如表 4.4 所示。该 96 维的向量为 48 个特征点归一化后的图像坐标，通过尺度平移逆变换 S'、T' 得到原始图像中锥套的特征点图像坐标，其中前 16 个点为内圆特征点，后 32 个点为外圆特征点。

表 4.4　特征点检测网络结构

网络层数	类　型	核个数	尺寸/步长	输入数据尺寸	输出数据尺寸
1	Conv	64	3×3×1/1	112×112×1	112×112×64
2	Conv	64	3×3×64/1	112×112×64	112×112×64
3	Maxpool	—	2×2/2	112×112×64	56×56×64
4	Conv	128	3×3×64/1	56×56×64	56×56×128
5	Conv	128	3×3×128/1	56×56×128	56×56×128
6	Maxpool	—	2×2/2	56×56×128	28×28×128
7	Conv	256	3×3×128/1	28×28×128	28×28×256
8	Conv	256	3×3×256/1	28×28×256	28×28×256
9	Maxpool	—	2×2/2	28×28×256	14×14×256

续 表

网络层数	类　型	核个数	尺寸/步长	输入数据尺寸	输出数据尺寸
10	Conv	512	3×3×256/1	14×14×256	14×14×512
11	Conv	512	3×3×512/1	14×14×512	14×14×512
12	Maxpool	—	2×2/2	14×14×512	7×7×512
13	FC	—	—	7×7×512	96×1

3）网络损失函数设计

基于深度学习的神经网络的性能以损失函数进行评估，其中最常用的损失函数为均方差损失函数。定义特征点检测网络的输出值为 $Y=\{y_i \mid i=1, 2, \cdots, 96\}$，对应的真实值为 $\hat{Y}=\{\hat{y}_i \mid i=1, 2, \cdots, 96\}$。按照均方差损失函数的定义设计损失函数如式(4.43)所示：

$$C=\frac{\sum_{i=1}^{N}\left[\sum_{j=1}^{96}(y_j-\hat{y}_j)^2\right]}{N} \tag{4.43}$$

特征点检测网络输出值为锥套内外圆特征点的图像位置信息，将特征点之间的圆形关系作为损失函数的一部分，设计针对锥套特征点检测网络的损失函数如下：

$$C=\frac{\sum_{i=1}^{N}\left[\sum_{j=1}^{96}(y_j-\hat{y}_j)^2+\sum_{m=1}^{5}(e_{\text{in}}^m-\hat{e}_{\text{in}}^m)^2+\sum_{n=1}^{5}(e_{\text{out}}^n-\hat{e}_{\text{out}}^n)^2\right]}{N} \tag{4.44}$$

其中，e_{in} 为锥套内圆拟合的椭圆参数；e_{out} 为锥套外圆拟合的椭圆参数；$y_j(j=1, 2, \cdots, 96)$ 为网络输出的 48 个特征点坐标，带^的量表示期望的输出值，不带^的量表示当前网络的预测值。

4）模型训练

需要针对已经设计好的检测网络进行参数训练，具体的训练步骤如下所示：采用随机批梯度下降的方式训练网络参数，其中主要涉及的训练超参数包括批尺度 batch、训练动量 momentum、学习率 learning_rate、最大训练次数 max_batches 等，具体取值如表 4.5 所示。

表 4.5　特征点检测网络训练超参数表

超　参　数	参　数　值
batch	64
momentum	0.9
learning_rate	0.001
max_batches	1 000

通过 NVIDIA GTX 1080Ti 显卡对网络模型进行训练,训练耗时约 7 h,训练过程中的训练指标(损失函数)变化曲线如图 4.34 所示,最终训练样本的损失函数输出值降至 0.02,测试样本的损失函数为 0.01。

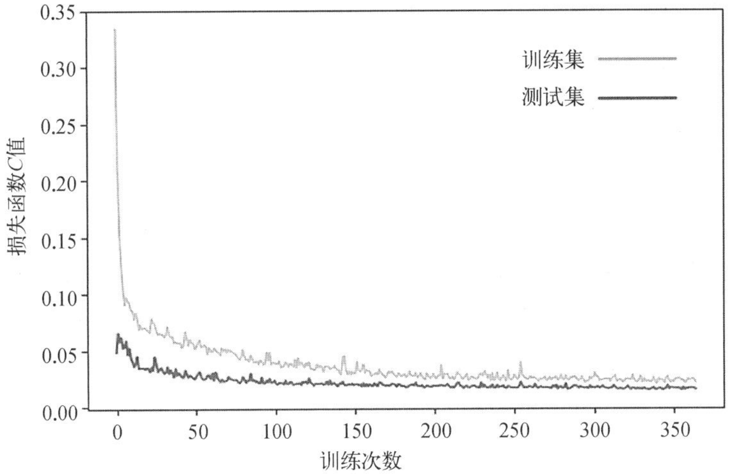

图 4.34　训练过程训练指标变化图

4.4.3　基于核相关与特征点检测的目标跟踪算法

目标跟踪的主要任务是对检测到的目标区域进行特征建模,通过跟踪模型预测目标在下一帧图像中的区域信息。目前常用的目标跟踪方法有相关跟踪算法以及基于深度学习的目标跟踪算法,其中相关跟踪算法的实时性较好,以下进行具体阐述。

1. 相关跟踪算法原理

相关跟踪算法是一种判别式的目标跟踪方法,根据当前帧目标区域训练目标跟踪判别器,对下一帧图像的对应局部区域进行目标区域定位,获得目标新的位置,以新的区域信息作为训练数据进行目标跟踪模型的更新。其中训练数据的生成以及目标跟踪模型的训练是该方法关键。相关跟踪算法通过参考循环矩阵快速求逆的特性,提升目标跟踪模型的训练以及检测速度。以下对其原理进行简要阐述。

1）相关跟踪模型的设计

相关跟踪算法采用的跟踪判别模型为线性模型,如式(4.45)所示,其中 $x \in \mathbf{R}^{n\times 1}$ 为输入量, $w_{\text{line}} \in \mathbf{R}^{n\times 1}$ 为判别模型的参数向量。

$$f(x) = w_{\text{line}}^{\mathrm{T}} x \tag{4.45}$$

针对该线性模型,设训练的样本数据集为 $(x_i,\ y_i)$,满足上述线性模型,通过计算式(4.46)得到线性判别模型的参数向量 w_{line}。

$$\min_{w_{\text{line}}} \sum_{i}^{n} (f(x_i) - y_i)^2 + \lambda_{\text{regular}} \| w_{\text{line}} \|^2 \rightarrow \min_{w} \| X_{\text{test\_in}} w_{\text{line}} - y_{\text{test\_out}} \|^2 + \lambda_{\text{regular}} \| w_{\text{line}} \|^2 \tag{4.46}$$

其中，$X_{test\_in} = [x_1, x_2, \cdots, x_n]^T$ 为样本数据集中输入数据的集合矩阵；$y_{test\_out} = [y_1, y_2, \cdots, y_n]^T$ 为样本数据集中输出数据的集合向量；n 为样本个数；$\lambda_{regular}$ 为正则项系数，防止判别模型的过拟合，提升泛化能力。

将式(4.46)对 w_{line} 求导等于0，得到参数向量 w_{line}：

$$
\begin{aligned}
& w_{line} = (X_{test\_in}^T X_{test\_in} + \lambda_{regular} I)^{-1} X_{test\_in}^T y_{test\_out} \\
& \xrightarrow{\text{实数域到复数域}} w_{line} = (X_{test\_in}^H X_{test\_in} + \lambda_{regular} I)^{-1} X_{test\_in}^H y_{test\_out}
\end{aligned} \tag{4.47}
$$

2）基于循环矩阵的加速训练

判别模型的参数向量 w_{line} 的计算需要对样本数据 X_{test_in} 进行求逆运算，随着样本数据集的增大，计算量骤增，严重影响跟踪算法的实时性。相关跟踪算法采用循环矩阵快速求逆的特性进行算法设计。根据跟踪初始帧的目标区域特征图作为训练样本数据 $x_{test1} = [x_1, x_2, \cdots, x_n]^T$，由训练样本数据 x_{test1} 循环移位生成训练样本集 $X_{test} = [x_{test1}, x_{test2}, \cdots, x_{testn}]$：

$$
X_{test} = \begin{bmatrix} x_1 & x_2 & \cdots & x_n \\ x_n & x_1 & \cdots & x_{n-1} \\ \vdots & \vdots & & \vdots \\ x_2 & x_3 & \cdots & x_1 \end{bmatrix} \tag{4.48}
$$

由循环矩阵的傅里叶对角化性质得 $X_{test} = F_{Fourier} \mathrm{diag}(\hat{x}_1) F_{Fourier}^H$。其中，$\hat{x}_1 = \mathcal{F}(x_1) = \sqrt{n} F_{Fourier} x_1$，$\hat{x}_1$ 为 x_1 的傅里叶变换，$\mathcal{F}(\cdot)$ 为傅里叶变换函数，$F_{Fourier}$ 为离散傅里叶矩阵，$w_{line} = e^{-2\pi i/n}$，

$$
F_{Fourier} = \frac{1}{\sqrt{n}} \begin{bmatrix} 1 & 1 & 1 & \cdots & 1 \\ 1 & w_{line}^1 & w_{line}^2 & \cdots & w_{line}^{n-1} \\ 1 & w_{line}^2 & w_{line}^4 & \cdots & w_{line}^{2(n-1)} \\ \vdots & \vdots & \vdots & & \vdots \\ 1 & w_{line}^{n-1} & w_{line}^{2(n-1)} & \cdots & w_{line}^{(n-1)^2} \end{bmatrix} \tag{4.49}
$$

根据上述对角化关系结合式(4.47)，得

$$
w_{line} = (X_{test}^H X_{test} + \lambda I)^{-1} X_{test}^H y_{out} = F_{Fourier} \mathrm{diag}\left(\frac{\hat{x}_1^*}{\hat{x}_1^* \odot \hat{x}_1 + \lambda} \right) F_{Fourier}^H y_{out} \tag{4.50}
$$

其中，$\hat{x}_1^*$ 为 $\hat{x}_1$ 的共轭向量；$\odot$ 为向量对应元素相乘；y_{out} 为期望输出向量。

由循环矩阵与向量乘积的性质，最终得到跟踪模型参数：

$$
\hat{w}_{line} = \frac{\hat{x}_1 \odot \hat{y}}{\hat{x}_1^* \odot \hat{x}_1 + \lambda} \tag{4.51}
$$

循环矩阵的引入使得跟踪模型参数 w_{line} 的求解由矩阵求逆转变为计算向量之间的点积运算,运算速度大大提升。上述描述的输入数据 x_{test1} 在线性可分的条件下可通过判别模型进行目标快速跟踪,针对输入数据无法用线性判别模型进行描述时,采用核函数的方式将低维数据映射到高维线性可分的空间。

存在非线性映射函数 $\phi(x_{\text{test1}}) \in \mathbf{R}^{m\times 1}$, $m \gg n$, 其中 $x_{\text{test1}} = [x_1, x_2, \cdots, x_n]^{\text{T}} \in \mathbf{R}^n$, 使得映射后的样本线性可分,由式(4.45),得到新空间下的线性判别分类器:

$$f(x_{\text{test1}}) = w_{\text{line}}^{\text{T}}\phi(x_{\text{test1}}) \tag{4.52}$$

得到参数 w_{line} 的优化求解目标:

$$w_{\text{line}} = \min_{w_{\text{line}}} \| \phi(X_{\text{test}})w_{\text{line}} - y \|^2 + \lambda \| w_{\text{line}} \|^2 \tag{4.53}$$

$$\Phi_x(X_{\text{test}}) = [\phi(x_{\text{test1}}), \phi(x_{\text{test2}}), \cdots, \phi(x_{\text{test}n})]^{\text{T}} \tag{4.54}$$

其中, $x_{\text{test2}} = [x_n, x_1, \cdots, x_{n-1}]^{\text{T}}$、$x_{\text{test}n} = [x_2, x_3, \cdots, x_1]^{\text{T}}$; $w_{\text{line}} \in \mathbf{R}^m$ 维度过高,难以求解,因而通过 $\Phi_x(X_{\text{test}})$ 线性组合表示 w_{line}, 即 $w_{\text{line}} = \Phi_x^{\text{T}}(X_{\text{test}})\alpha_{\text{line}}$, 可得到跟踪模型参数向量 α_{line}:

$$\alpha_{\text{line}} = (\Phi_x(X_{\text{test}})\Phi_x^{\text{T}}(X_{\text{test}}) + \lambda I)^{-1}y_{\text{out}} = (K_{\text{kernel\_}a}^{xx} + \lambda I)^{-1}y_{\text{out}} \tag{4.55}$$

其中, $K_{\text{kernel\_}a}^{xx} = \Phi_x(X_{\text{test}})\Phi_x^{\text{T}}(X_{\text{test}}) \in \mathbf{R}^{n\times n}$ 为训练样本自身的核矩阵,当核函数取高斯核函数时,矩阵 $K_{\text{kernel\_}a}^{xx}$ 为循环矩阵,其中, $K_{\text{kernel\_}a\_ij}^{xx} = \phi^{\text{T}}(x_i)\phi(x_j)$, 且 $K_{\text{kernel\_}a\_1:}^{xx} = \phi^{\text{T}}(x_1)\phi(x_1)$ 为 $K_{\text{kernel\_}a}^{xx}$ 的第一行向量,高斯核函数满足如下的关系:

$$\begin{aligned} K_{\text{kernel\_}a\_ij}^{xx} = K_{\text{kernel\_}a}^{xx}(x_i, x_j) &= \exp\left(-\frac{\| x_i - x_j \|^2}{\sigma^2}\right) \\ &= \exp\left(-\frac{\| x_i \|^2 + \| x_j \|^2 - 2x_i^{\text{T}}x_j}{\sigma^2}\right) \end{aligned} \tag{4.56}$$

$$\begin{aligned} K_{\text{kernel\_}a\_1:}^{xx} &= [K_{\text{kernel\_}a\_11}^{xx}, \cdots, K_{\text{kernel\_}a\_1n}^{xx}] \\ &= \left[\exp\left(-\frac{\| x_1 \|^2 + \| x_1 \|^2 - 2x_1^{\text{T}}x_1}{\sigma^2}\right), \cdots, \right. \\ &\quad \left. \exp\left(-\frac{\| x_1 \|^2 + \| x_n \|^2 - 2x_1^{\text{T}}x_n}{\sigma^2}\right)\right] \\ &= \exp\left(-\frac{(\| x_1 \|^2 + \| x_1 \|^2 - 2C(x_1)x_1)^{\text{T}}}{\sigma^2}\right) \\ &= \exp\left(-\frac{(\| x_1 \|^2 + \| x_1 \|^2 - 2\mathcal{F}^{-1}(\hat{x}_1^* \odot \hat{x}_1))^{\text{T}}}{\sigma^2}\right) \end{aligned} \tag{4.57}$$

跟踪模型参数向量 $\alpha_{\text{line}} \in \mathbf{R}^{n\times 1}$ 可以表示为

$$\alpha_{\text{line}} = \mathcal{F}^{-1}(\hat{\alpha}_{\text{line}}) = \mathcal{F}^{-1}\left(\frac{\hat{y}_{\text{out}}}{(\hat{K}^{xx}_{\text{kernel\_a\_1:}} + \lambda)^{*}}\right) \tag{4.58}$$

其中，$\hat{y}_{\text{out}}$ 为目标期望概率输出值。

3）基于循环矩阵的加速检测

针对跟踪当前帧目标区域的检测，核相关跟踪算法首先根据上一帧目标区域位置选择当前帧对应的区域作为待测试样本数据 $z_{\text{test1}} = [z_1, z_2, \cdots, z_n]^{\mathrm{T}}$，由测试样本数据 z_{test1} 循环移位生成测试样本集 $Z_{\text{test}} = [z_1, z_2, \cdots, z_n]^{\mathrm{T}}$。若线性判别模型为 $f(z_{\text{test}}) = \alpha^{\mathrm{T}}\boldsymbol{\Phi}_x(X_{\text{test}})\boldsymbol{\Phi}_x(z_{\text{test}})$，定义 $K^{xz}_{\text{kenal\_b}} = \boldsymbol{\Phi}_x(X_{\text{test}})\boldsymbol{\Phi}^{\mathrm{T}}_x(Z_{\text{test}}) \in \mathbf{R}^{n\times n}$ 为测试样本与训练样本之间的核矩阵，其中 $\boldsymbol{\Phi}_x(Z_{\text{test}}) = [\phi(z_1), \phi(z_2), \cdots, \phi(z_n)]^{\mathrm{T}}$，$K^{xz}_{\text{kenal\_b\_ij}} = \phi^{\mathrm{T}}(x_i)\phi(z_j)$，且 $K^{xz}_{\text{kenal\_b\_1}} = \boldsymbol{\Phi}_x(X_{\text{test}})\phi(z_1)$ 为 K^{xz} 的第一列向量。

高斯核函数满足如下的关系：

$$\begin{aligned} K^{xz}_{\text{kenal\_b\_ij}} &= K^{xz}_{\text{kenal\_b}}(x_i, z_j) = \exp\left(-\frac{\|x_i - z_j\|^2}{\sigma^2}\right) \\ &= \exp\left(-\frac{\|x_i\|^2 + \|z_i\|^2 - 2x_i^{\mathrm{T}}z_j}{\sigma^2}\right) \end{aligned} \tag{4.59}$$

$$\begin{aligned} K^{xz}_{\text{kenal\_b\_:1}} &= [K^{xz}_{\text{kenal\_b\_11}}, \cdots, K^{xz}_{\text{kenal\_b\_n1}}]^{\mathrm{T}} \\ &= \left[\exp\left(-\frac{\|x_1\|^2 + \|z_1\|^2 - 2x_1^{\mathrm{T}}z_1}{\sigma^2}\right), \cdots,\right. \\ &\quad \left.\exp\left(-\frac{\|x_n\|^2 + \|z_1\|^2 - 2x_n^{\mathrm{T}}z_1}{\sigma^2}\right)\right]^{\mathrm{T}} \\ &= \exp\left(-\frac{\|x_1\|^2 + \|z_1\|^2 - 2C(x_1)z_1}{\sigma^2}\right) \\ &= \exp\left(-\frac{\|x_1\|^2 + \|z_1\|^2 - 2\mathcal{F}^{-1}(\hat{x}_1^{*} \odot \hat{z}_1)}{\sigma^2}\right) \end{aligned} \tag{4.60}$$

得到测试样本集 Z_{test} 在跟踪模型参数 α_{line} 下的响应结果 $f_\alpha(Z_{\text{test}})$，实现了对于测试数据集的快速检测：

$$f_\alpha(Z_{\text{test}}) = (\alpha^{\mathrm{T}}_{\text{line}}\phi(X_{\text{test}})\phi(Z_{\text{test}})^{\mathrm{T}})^{\mathrm{T}} = (K^{xz}_{\text{kenal\_b}})^{\mathrm{T}}\alpha_{\text{line}} \tag{4.61}$$

综上所述，基于核相关的目标跟踪算法主要分为跟踪判别模型的训练以及通过判别模型进行目标区域的预测两大阶段。通过加入核函数以及循环矩阵的性质实现了两大阶段的快速运算，保证了算法的实时性以及可靠性。具体的算法处理过程如图 4.35 所示。

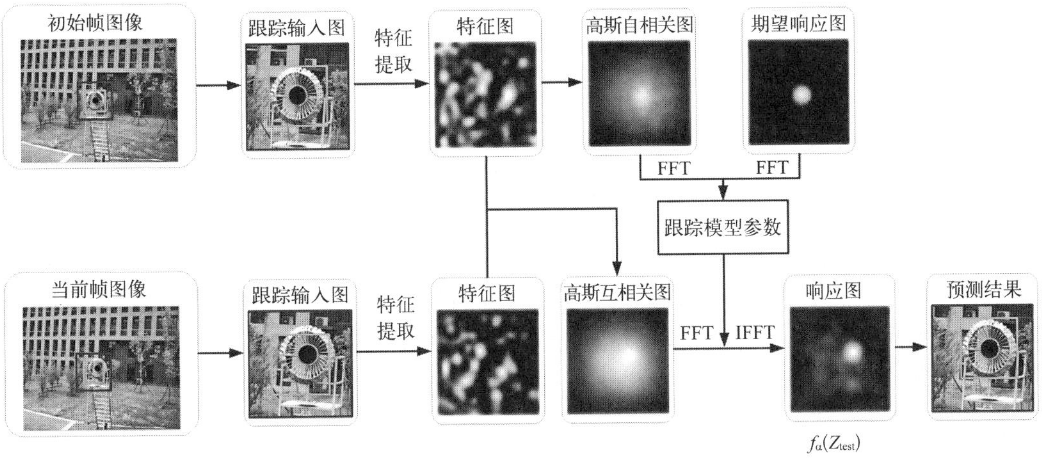

图 4.35　相关跟踪算法基本过程

2. 相关跟踪算法存在的问题

基于核相关的目标跟踪算法具有较高的鲁棒性和实时性，然而其存在如下两个方面的问题。

（1）核相关跟踪算法的判别跟踪模型采用线性模型，其模型参数 $\alpha \in \mathbf{R}^{n\times 1}$ 为固定尺寸，导致模型只能针对固定尺寸的数据输入进行跟踪处理，无法对多种分辨率的图像数据进行相关跟踪运算。核相关跟踪算法只能输出目标在下一帧中的位置变化，无法判断目标在图像中尺寸的改变。当目标在图像中发生大幅度的尺寸变化时，固定大小的跟踪窗口无法准确框选目标区域，导致输入数据存在失真问题，使得目标跟踪模型受到损坏。

（2）相关跟踪算法的跟踪模型参数 α 随着每次跟踪区域的更新而更新，算法中采用当前帧预测区域作为模型参数 α 的更新数据，尺度不能自适应的问题导致每次更新的数据中含有跟踪积累误差，使得最终模型参数 α 失效；同时，算法中没有设计跟踪失败的判断条件，对于长时间的目标跟踪，跟踪模型极易跟踪到错误的目标，严重影响跟踪算法的性能。

针对相关目标跟踪算法存在的问题，必须进一步设计尺度自适应目标相关跟踪算法，同时加入跟踪失败的判断指标，在保证相关跟踪算法实时性的基础上，解决上述相关跟踪算法存在的两大问题。

3. 尺度自适应锥套目标相关跟踪算法设计

在空中加油对接过程中，锥套目标在图像中的尺寸会发生较大的变化，因而对于跟踪的尺度自适应要求更为迫切。通过获取当前目标的图像区域尺寸位置信息，实时调整输入图像的分辨率，保证目标区域在图像中的尺寸满足跟踪窗口的尺度要求，实现跟踪的尺度自适应。

设输入的原始全局图像 I_{inital} 的分辨率为 $W \times H$，针对目标在跟踪初始帧中的区域位置，设置初始跟踪窗口 $R_{track}(x_0, y_0, w_0, h_0)$。设定全局图像缩放比例系数 $P_w=1$、$P_h=1$，对全局图像 I_{inital} 进行缩放操作，得到调整后的全局图像 I'_{inital}，其分辨率为 $W'\times H'$，同时对应的初始跟踪窗口 R_{track} 缩放为 $R_{zoom}(x'_0, y'_0, w'_0, h'_0)$：

$$I'_{inital}(x, y)=I_{inital}\left(\frac{x}{P_w}, \frac{y}{P_h}\right), \quad x\in[1, P_wW], y\in[1, P_hH]$$
$$x'_0=P_wx_0, \quad y'_0=P_hy_0, \quad w'_0=P_ww_0, \quad h'_0=P_hh_0 \tag{4.62}$$

将跟踪窗口 R_{zoom} 作为相关跟踪算法的初始化窗口，提取该区域的特征作为相关跟踪算法训练阶段的输入，经过前文获取跟踪的线性判别模型参数。对于下一帧输入的原始图像 I_{next}，进行分辨率修正操作，得到调整后的输入图像 I'_{next}：

$$I'_{next}(x, y)=I_{next}\left(\frac{x}{P_w}, \frac{y}{P_h}\right), \quad x\in[1, P_wW], y\in[1, P_hH] \tag{4.63}$$

将 R_{zoom} 在图像 I'_{next} 中对应的区域特征作为相关跟踪算法检测阶段的输入，根据模型参数以及检测算法获取到当前跟踪窗口 R_{zoom} 的跟踪响应图，由响应图中最大值位置获得目标区域的预测位置，得到当前预测跟踪窗口 R'_{next}：

$$x'_{next}=x'_0+\Delta x, \quad y'_{next}=y'_0+\Delta y, \quad w'_{next}=w'_0, \quad h'_{next}=h'_0 \tag{4.64}$$

得到的目标预测跟踪窗口 R'_{next} 仅仅做了位置的修正，没有根据当前的目标尺寸进行尺度适应。将当前图像 I'_{next} 与跟踪窗口 R'_{next} 按照比例系数进行反变换，得到原始图像 I_{next} 与对应的跟踪区域 R_{next}：

$$x_{next}=\frac{x'_{next}}{P_w}, \quad y_{next}=\frac{y'_{next}}{P_h}, \quad w_{next}=\frac{w'_{next}}{P_w}, \quad h_{next}=\frac{h'_{next}}{P_h} \tag{4.65}$$

针对原始图像 I_{next} 的目标区域 R_{next} 进行特征点检测算法处理，获取锥套内外圆特征点，由特征点根据最小二乘椭圆拟合方法计算锥套内外圆在图像中的尺寸及位置信息 $R_{obj}(x_{obj}, y_{obj}, w_{obj}, h_{obj})$。根据目标区域 R_{obj} 与 R'_{next} 的尺寸关系更新图像缩放比例系数：

$$P_w=\frac{w'_{next}}{w_{obj}}, \quad P_h=\frac{h'_{next}}{h_{obj}} \tag{4.66}$$

根据新的图像缩放比例系数对当前原始图像 I_{next} 以及拟合后的目标区域信息 R_{obj} 进行缩放操作，更新图像 I'_{next} 以及 R'_{next}：

$$I'_{next}(x, y)=I_{next}\left(\frac{x}{P_w}, \frac{y}{P_h}\right), \quad x\in[1, P_wW], y\in[1, P_hH] \tag{4.67}$$
$$x'_{next}=P_wx_{obj}, \quad y'_{next}=P_hy_{obj}, \quad w'_{next}=P_ww_{obj}, \quad h'_{next}=P_hh_{obj}$$

更新后的跟踪窗口 R'_{next} 结合了锥套目标特征点拟合的尺度以及位置信息。提取图像

I'_{next} 对应跟踪窗口 R'_{next} 的图像特征作为相关跟踪算法训练阶段输入更新模型参数。

在不改变跟踪窗口尺寸的条件下，通过改变输入图像的分辨率可实现锥套目标的尺度自适应跟踪。基于核相关与特征点检测的锥套目标跟踪算法(FP - CF 跟踪算法)流程如图 4.36 所示。

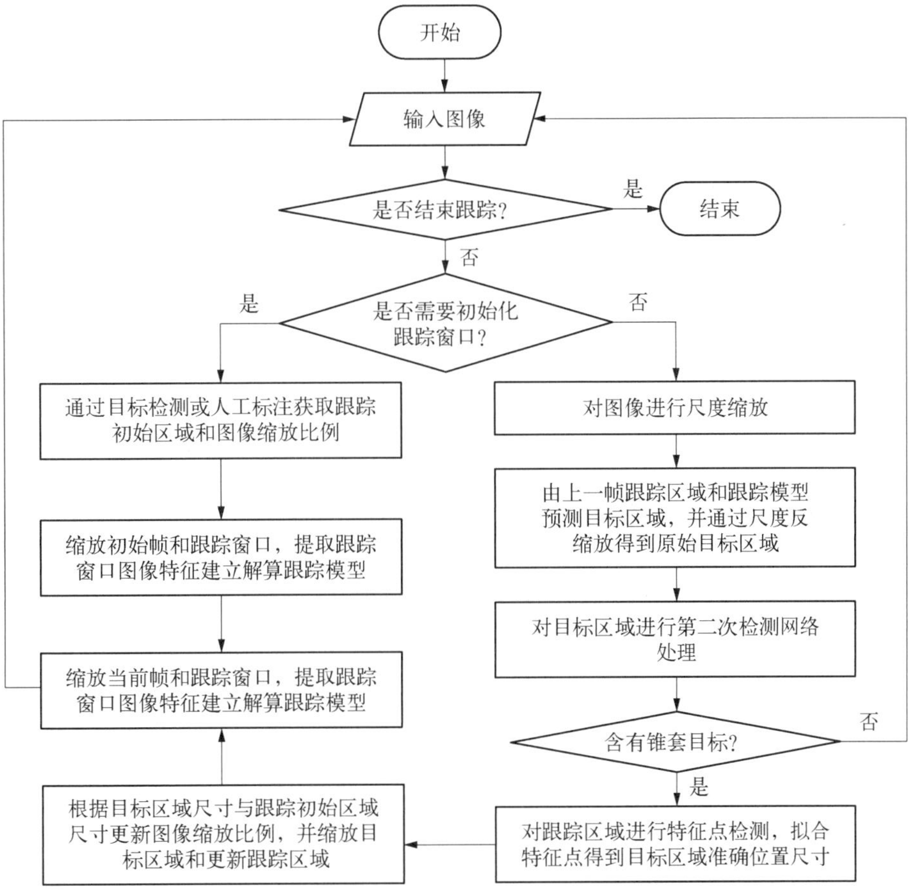

图 4.36　基于核相关与特征点检测的锥套目标跟踪算法流程图

习题

(1) 传统的目标检测技术包括三个阶段，请调研和分析三个阶段的核心区别？各阶段的算法精度有何差别？并分析其原因。

(2) 如何解决目标检测中密集遮挡问题？

(3) 请结合自身条件，配置目标检测算法，并下载 COCO128 val 数据集对算法进行验证。

第 5 章 视觉导航感知方法

导航结果包括载体的位置信息、速度信息等，不同系统的信息获取方式和解算方法有一定的差异。全景相机导航系统、多目相机导航系统的导航参数解算原理分别与单目视觉、双目视觉相似[101,102]，因此本章重点针对单目[103,104]、双目视觉[105]介绍导航参数解算方法[106]，同时介绍利用深度学习估计帧间运动以及基于深度学习自主进行图像匹配导航的方法。

5.1 基于单目视觉的位姿信息

位姿测量就是对目标在不同时间点的位置参数和姿态参数进行的测量，它是摄像测量学中的一个重要问题。位姿测量其实是测定两个空间坐标系之间相对的位移和旋转量。其中，“位”代表位置；“姿”表示姿态。一个目标的位姿实质上就是指目标坐标系（即目标所在的坐标系）在某个测量坐标系（世界坐标系或相机坐标系）下的位置和姿态。因此，测定某个目标的位姿就是求解该目标坐标系和其测量坐标系之间的关系，即求解两个坐标系间的三个相对位移量和三个相对旋转量。

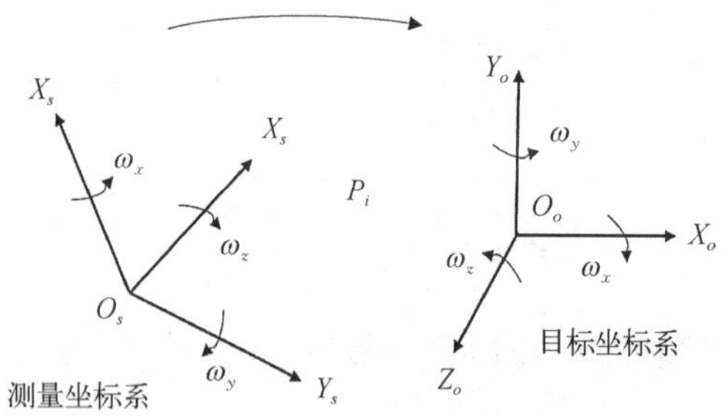

图 5.1 位姿参数示意图

设有测量坐标系及目标坐标系，见图 5.1。设任意一点 P_i 在这两个坐标系中的坐标分别为 p_{si} 和 p_{oi}，可用这一点在两个坐标系间的坐标变换描述两个坐标系之间的转换关系：

$$p_{si} = R_{so}p_{oi} + T_{so} \tag{5.1}$$

$$p_{oi} = R_{so}^{-1}(p_{si} - T_{so}) \tag{5.2}$$

其中，R_{so} 和 T_{so} 分别为测量坐标系到目标坐标系的旋转矩阵和位移矩阵。旋转矩阵是三角函数组合。目标坐标系按某一顺序分别绕三个坐标轴旋转，就达到三条坐标轴分别与测量坐标系对应的三条坐标轴方向一致的姿态，可以描述目标坐标系相对于测量坐标系的姿态。

对于旋转角具体定义形式及旋转次序的不同，得到的旋转矩阵也不尽相同。例如：三个轴的旋转顺序为先绕 Z 轴旋转 $-\psi$ 角，再绕 X 轴旋转 θ 角，最后绕 Y 轴旋转 γ 角。所对应的旋转矩阵为

$$
\begin{aligned}
R_{so} &= R_Y(\gamma)R_X(\theta)R_Z(-\psi) \\
&= \begin{bmatrix} \cos\gamma & 0 & -\sin\gamma \\ 0 & 1 & 0 \\ \sin\gamma & 0 & \cos\gamma \end{bmatrix} \begin{bmatrix} 1 & 0 & 0 \\ 0 & \cos\theta & \sin\theta \\ 0 & -\sin\theta & \cos\theta \end{bmatrix} \begin{bmatrix} \cos\psi & -\sin\psi & 0 \\ \sin\psi & \cos\psi & 0 \\ 0 & 0 & 1 \end{bmatrix}
\end{aligned} \tag{5.3}
$$

5.1.1 单目视觉运动信息的获取

当载体运动时，相机采集的图像会产生相应的位置和姿态变化，这些变换关系可以直观地从图像的匹配特征点变换关系中看到。在某些特定的条件下，会呈现出十分明显的规律性变换，这些图像的投影变换规律可通过匹配特征点在同一幅图像上的坐标连线描述，可以将其定义为特征点流信息，如图 5.2 所示。

图 5.2 三类典型运动下的特征点流变化示意图

由图 5.2 可知，保持相机 Y 轴方向不变，平移摄像头，产生的特征点变化连线均为朝一个方向的近似平行线；绕光轴 Z 旋转，产生的特征点流绕光轴旋转，近似于同心圆，且远离光轴的特征连线较长，越靠近光轴越短；沿光轴 Z 前后移动，产生的特征点流呈现为汇聚于轴心的射线。由此可见，特征投影点坐标的变换都包含了一定的运动信息。

结合对极几何关系，可从理论上根据特征点流的变换反解运动参数，具体流程如图 5.3 所示。

图像在进行多尺度特征提取之前，需要进行预处理，一般包括图像的平滑处理，常用方法有均值滤波、中值滤波、小波滤波等，通过图像滤波均可达到一定的去噪效果。多尺度局部特征的提取都是基于灰度图像，而相机采集到的大多是彩色图像，所以还要对图像进行灰度化处理。在经过初始匹配且匹配特征点数量大于一定阈值后，将利用 RANSAC 算法作为搜索引擎，以对极几何的对极线约束作为约束条件进行迭代计算，求得基础矩阵。获得基础矩阵 F 后，对原匹配点进行错误匹配点的剔除，保留属于内点的特征点；同

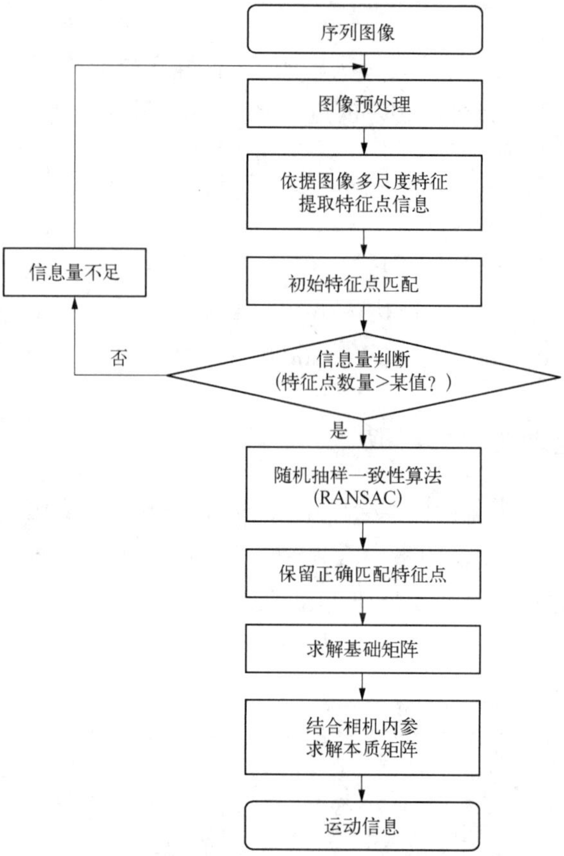

图 5.3　根据序列图像求解载体运动信息流程示意图

时，基础矩阵结合相机内参可进一步求得本质矩阵，并最终解算得到载体的运动信息。

1. 基于 RANSAC 的基础矩阵求解分析

由流程图 5.3 可知，在完成图像特征点的初始匹配后，需要求解基础矩阵，该过程可直观地理解为求解公式 $m'^{\mathrm{T}}_i F m_i = 0$ 解的过程。求解基础矩阵通常有 7 点法、8 点法、迭代算法、最小中值平方(least median of squares, LMedS)法和 RANSAC 算法等。根据计算的鲁棒性及准确性，本章采用 RANSAC 算法计算基础矩阵。该方法利用 RANSAC 作为搜索引擎，基于 7 点法的解算思想求解基础矩阵，具体过程如下。

(1) 将所有特征点进行归一化处理。

(2) 由于已知基础矩阵的自由度为 7，所以随机选取其中 7 组对应点，利用 7 点法求解 F 阵。

3×3 的 F 阵一般表示为

$$F = \begin{bmatrix} f_{11} & f_{12} & f_{13} \\ f_{21} & f_{22} & f_{23} \\ f_{31} & f_{32} & f_{33} \end{bmatrix} \tag{5.4}$$

由公式 $m_{\text{right\_}i}^{\mathrm{T}} F m_{\text{left\_}i} = 0$ 展开,可得

$$m_{\text{right\_}i}^{\mathrm{T}} F m_{\text{left\_}i} = \begin{bmatrix} x \\ y \\ 1 \end{bmatrix}^{\mathrm{T}} \begin{bmatrix} f_{11} & f_{12} & f_{13} \\ f_{21} & f_{22} & f_{23} \\ f_{31} & f_{32} & f_{33} \end{bmatrix} \begin{bmatrix} x' \\ y' \\ 1 \end{bmatrix} = 0 \tag{5.5}$$

若扩展到 n 组点匹配,可得到如下线性方程组:

$$A_{\text{set}} f_{\text{set}} = \begin{bmatrix} x'_1 x_1 & x'_1 y_1 & x'_1 & y'_1 x_1 & y'_1 y_1 & y'_1 & x_1 & y_1 & 1 \\ \vdots & \vdots & \vdots & \vdots & \vdots & \vdots & \vdots & \vdots & \vdots \\ x'_n x_n & x'_n y_n & x'_n & y'_n x_n & y'_n y_n & y'_n & x_n & y_n & 1 \end{bmatrix} f_{\text{set}} = 0 \tag{5.6}$$

利用 SVD 对 A_{set} 进行分解,得到两个对应零奇异值的向量 f_1 和 f_2, 两者张成 A_{set} 的零空间(null space)。然后利用 $\det(F) = 0$ 性质解出通解,以确定所要估计的基础矩阵。该三次方程通常可以得到 3 个解。

(3) 通过上述计算,若 F 阵有 3 个解,计算匹配点对应极线的距离小于设定阈值(像素)的点作为内点,以内点数最多的解作为基础矩阵。

(4) 由划为内点的点对重新估计基础矩阵 F, 用估计的 F 阵定义极线附近的搜索区域。

重复上述(2)~(4)步,进行反复迭代,直至特征点数目稳定为止,则得到最终的基础矩阵及内点信息。

由上述解算方法可知,理论上至少需要 7 个点,基础矩阵才能求解,即初始特征点数量必须大于等于 7。图像预处理中采用 RANSAC 算法计算调整特征点数量的多少可视实际情况而定。

2. 动态载体的运动信息求解分析

匹配图像的基础矩阵包含了相机的内、外参数,而本质矩阵只与相机外参有关,而与相机内参无关。结合本质矩阵利用 SVD 方法求解旋转矩阵 R 和位移矩阵 T 时,存在多对解,但只有一对 R 和 T 才是正确的解。由于需要对外部特征点进行环境构建,所以考虑采用实际物理成像的可实现性对解算结果进行剔除,即在前后两个相机坐标系中,特征点在相机坐标系下的 Z 轴坐标 z_{c1} 和 z_{c2} 必同为正,由此给出判别载体运动状态矩阵的选择判据:

(1) z_{c1} 和 z_{c2} 同号,根据针孔模型的坐标变换 $R(z_{c1} m_{c1}) + T = z_{c2} m_{c2}$, 两边同时叉乘 $T_{3\times1}$, 可得 $z_{c1}(E m_{c1}) = z_{c2}(T \times m_{c2})$, 可知: $(T \times m_{c2})^{\mathrm{T}}(E m_{c1}) > 0$。

(2) z_{c1} 和 z_{c2} 同为正,即任意平面上正确匹配点对应的空间特征点,利用两视几何空间投影点关系进行三维重构,需满足 $z_{c1} > 0$, $z_{c2} > 0$。

(3) 在利用上述两条件进行判断以后,通常还会留有两解,若解仍然不唯一,则可考虑序列图像连续变换的稳定性,通过求解出的角度、速度等实际物理变化约束对解算结果

进行判断,保留唯一正确解。

通过该方法在获得旋转矩阵 R 后,由于坐标变换具有不可逆性,假设仅绕 2 个轴,先绕 X 轴 θ, 再绕 Y 轴 γ 的欧拉角变换,则坐标转换矩阵可唯一确定如下:

$$R=\begin{bmatrix}\cos\gamma & 0 & -\sin\gamma\\ 0 & 1 & 0\\ \sin\gamma & 0 & \cos\gamma\end{bmatrix}\begin{bmatrix}1 & 0 & 0\\ 0 & \cos\theta & \sin\theta\\ 0 & -\sin\theta & \cos\theta\end{bmatrix} \tag{5.7}$$

通过反解式(5.7)即可求得相机运动的各姿态角变化。

在获得 R 的同时,也可以获得 t。

3. 借助于本质矩阵的自检方法研究

本节通过对实验数据的分析,介绍一种可在角度计算之前即对解算正确性进行自检的方法。

由第 2 部分对本质矩阵的分解性质可知,对 E 阵进行 SVD 时,理论上两个非零奇异值 $k_1=k_2$, 但通过实际数据验证表明,由于受到误差的影响,在实际实验过程中 k_1、k_2 并不精确相等,将摄像头固定在电动转台上,以绕 Y 轴 10°步长为标准进行实验,结果见表 5.1, 从角度为 55°~65°及 60°~70°处的数据可看到,角度解算明显有误,分析其对应的本质矩阵 SVD 的两奇异值,为了分析该差异的大小关系,选用 $(k_1-k_2)/k_1$ 对比方法观测误差差异。

表 5.1 角度解算及奇异值解算值

角度/(°)	ψ/(°)	θ/(°)	γ/(°)	k_1	k_2	$(k_1-k_2)/k_1$
0~10	0.640 4	−0.469 9	10.484 5	5.256 79	5.143 25	0.021 60
5~15	0.094 0	0.493 6	10.071	13.184 27	13.152 52	0.002 41
10~20	−0.049 6	−0.465 4	10.060 1	45.175 12	45.111 00	0.001 42
15~25	0.057 0	−0.521 9	10.096 3	22.016 39	21.956 03	0.002 74
20~30	−0.131 8	0.413 4	10.074 8	76.702 88	76.203 41	0.006 51
25~35	0.105 7	−0.501 8	10.232 7	17.512 71	17.446 33	0.003 79
30~40	0.235 2	−0.557	10.328 8	14.519 56	14.395 27	0.008 56
35~45	0.161 1	−0.699 4	10.317 1	14.670 28	14.604 68	0.004 47
40~50	0.219 7	−0.576 3	10.253 1	12.952 88	12.878 85	0.005 72
45~55	−0.048 4	−0.536 2	10.135 7	31.022 46	30.972 93	0.001 60
50~60	0.039 2	0.550 5	10.307 2	23.891 95	23.870 71	0.000 89
55~65	−1.262 5	0.797 7	6.315 8	19.040 32	18.195 49	0.044 37
60~70	−0.553 0	−1.248 4	10.776 4	21.413 81	20.656 53	0.035 36
65~75	0.509 4	0.660 8	10.300 3	5.865 07	5.791 96	0.012 47

对比一组绕 Y 轴旋转步长为 10°解算的数据的求解角度以及奇异值的两种不同差异比较方法如图 5.4 所示。

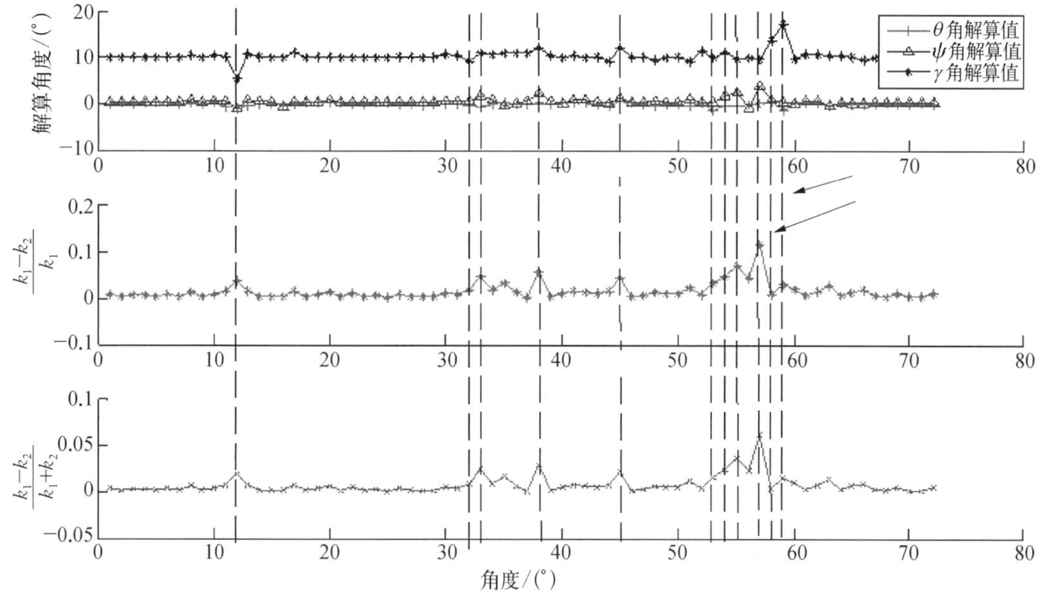

图 5.4　解算角度与奇异值误差分析比较图

由图 5.4 标注虚线处观察可知，当解算角度存在较大误差时，对 k_1、k_2 分别采用 $(k_1-k_2)/k_1$ 和 $(k_1-k_2)/(k_1+k_2)$ 计算得到的误差比值都较正解处的偏差大。但是如标注箭头所示的两处，当角度存在较大误差时，两奇异值的偏差却不大，可见，两奇异值误差较大时对应的角度解必为错解，而角度若存在误差，用奇异值偏差该种判定方法不一定能检测出角度存在偏差，此关系为充分不必要条件。

但是依据此方法，根据 E 阵的两个奇异值偏差，可设置如下条件进行检测：

$$(k_1-k_2)/k_1 < C_\alpha \tag{5.8}$$

C_α 为常数因子，可根据先验实验得到的统计规律而定，设为正确 E 阵的自检条件，从而确保后续角度计算的正确性，若 E 阵有误，则可提前判断角度解算为无效值。

5.1.2　姿态解算及误差分析

下面将通过实验数据，对本章通过图像匹配特征点求解运动信息的方法进行进一步介绍。具体实验步骤如下：

(1) 相机标定后，保持内参不变；

(2) 借助三轴旋转平台等工具用相机采集序列图像，截取其中的任意两帧作为对比图；

（3）根据选用的两帧图像进行处理，得到前后姿态变换；

（4）将解算结果与实际值进行对比。

实验中，采用 RANSAC 算法求解 F 阵的初始条件设置如下：阈值为 1 像素，置信值为 0.99。采用的序列图像大致可分为两类：一类只绕一个 X（Y 或 Z）轴旋转，即单独改变 θ（γ 或 ψ）；另一类绕 Z、X、Y 轴的顺序依次旋转，同时改变 ψ、θ、γ。

1. 姿态解算实验结果

首先，对只绕 Y 轴改变 5°和分别先后绕 Z、X、Y 轴改变 5°采集的图像进行匹配处理，初始匹配及采用 RANSAC 算法后的匹配效果图如图 5.5 所示。

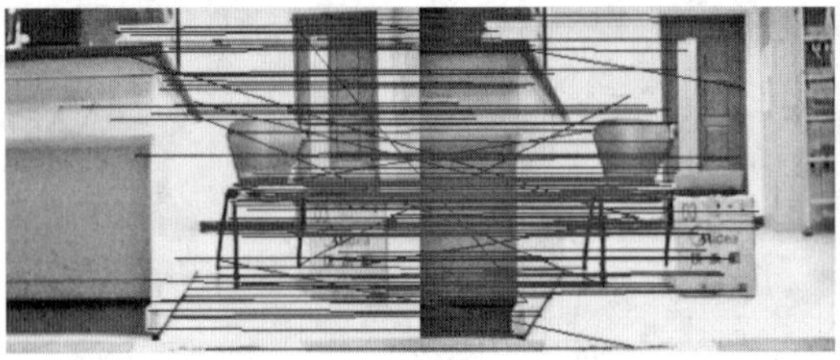

(a) 绕 Y 轴旋转5°初始匹配结果

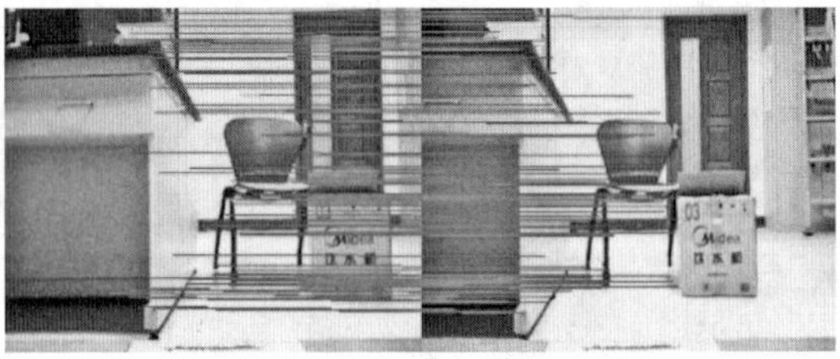

(b) 绕 Y 轴旋转5°采用RANSAC算法剔除错误匹配结果

(c) 先后绕 Z、X、Y 轴改变5°初始匹配结果

(d) 先后绕 Z、X、Y 轴改变5°采用RANSAC算法剔除错误匹配结果

图 5.5　特征点匹配结果示意图

图 5.5(a)、(c)为经过 SIFT 初始特征匹配的结果，图 5.5(b)、(d)是采用 RANSAC 算法精匹配后的结果。由对比可观测到，经过 RANSAC 算法处理后错误匹配明显减少，即通过采用 RANSAC 算法可以剔除部分错误匹配，但是仍然保留了部分错误信息，其产生的原因大致可分为两类。

（1）与对极几何约束所取的阈值大小有关。阈值越小，精度要求越高，得到的最终匹配点数量越少。

（2）在极少数情况下，由于考虑到对极几何约束实际是考察初始匹配点 m_{left} 产生的极线 l'_{epipolar} 是否经过 m_{right}，为一对多的情况，即错误匹配点仍有可能经过极线，从而导致错误匹配。

对上面的两幅对比图像进行计算的结果如表 5.2 所示。

表 5.2　绕 Y 轴和绕三个轴旋转解算结果表

实际角度	F 阵	解算结果（正解）	解算结果（冗余错误解）
$\psi_0=0^\circ$ $\theta_0=0^\circ$ $\gamma_0=5^\circ$	$\begin{bmatrix} 1.939\,301e-006 & -1.610\,439e-005 & 9.246\,239e-003 \\ 5.078\,778e-005 & -2.466\,93e-006 & 0.127\,400\,109\,8 \\ -0.014\,238\,113\,1 & -0.133\,469\,096\,6 & 1.000\,0 \end{bmatrix}$	$\psi=-0.051\,9^\circ$ $\theta=0.087\,1^\circ$ $\gamma=5.052\,2^\circ$	$\psi=-2.818\,4^\circ$ $\theta=9.802\,4^\circ$ $\gamma=-26.666\,2^\circ$
$\psi_0=5^\circ$ $\theta_0=5^\circ$ $\gamma_0=5^\circ$	$\begin{bmatrix} 6.546\,191e-006 & -6.247\,453e-005 & 9.547\,572e-003 \\ 6.279\,534e-005 & 4.991\,879e-006 & -0.010\,388\,845\,0 \\ -0.013\,740\,686\,4 & 6.452\,783e-003 & 1.000\,0 \end{bmatrix}$	$\psi=4.674\,2^\circ$ $\theta=5.250\,2^\circ$ $\gamma=5.376\,2^\circ$	$\psi=-6.559\,7^\circ$ $\theta=3.751\,7^\circ$ $\gamma=-14.418\,6^\circ$

由表 5.2 可见，在得到的最后两个解中有一个接近于实际转动角度。如果通过一系列的解中无法判断出哪个解为正解，只能选择接近已知真实转动情况的解作为替代。

根据已知转动情况，对单轴、双轴、三轴的运动分别进行姿态解算验证，如表 5.3 所示。

表 5.3　单轴、双轴、三轴运动解算结果表(单位：(°))

姿态角	单轴			双轴			三轴		
	ψ	θ	γ	ψ	θ	γ	ψ	θ	γ
运动值	0	0	5	5	5	0	5	5	5
解算角度	−0.051 9	0.087 1	5.052 2	5.029 0	4.835 4	−0.002 5	4.674 2	5.250 2	5.376 2
解算误差	−0.051 9	0.087 1	0.052 2	0.029 0	−0.164 6	−0.002 5	−0.325 8	0.250 2	0.376 2

分析表 5.3 可知，姿态解算与实际转动角度均基本一致，但是会存在一定误差。为了进一步分析姿态角度结果的精确性和误差特性，专门绕 Y 轴旋转 360°，按 5°、10°、15°、20°为步长选取图像，分析解算结果情况，将解算结果进行统计，如图 5.6 所示。

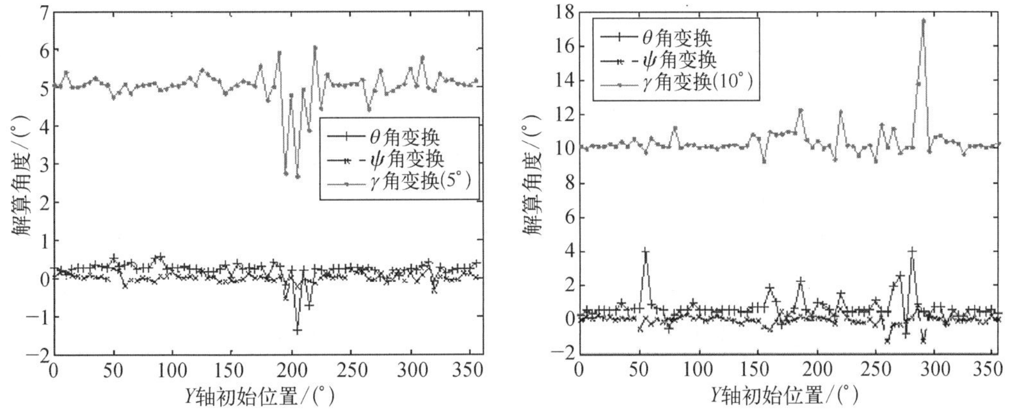

(a) γ角每5°作为差分解算结果　　(b) γ角每10°作为差分解算结果

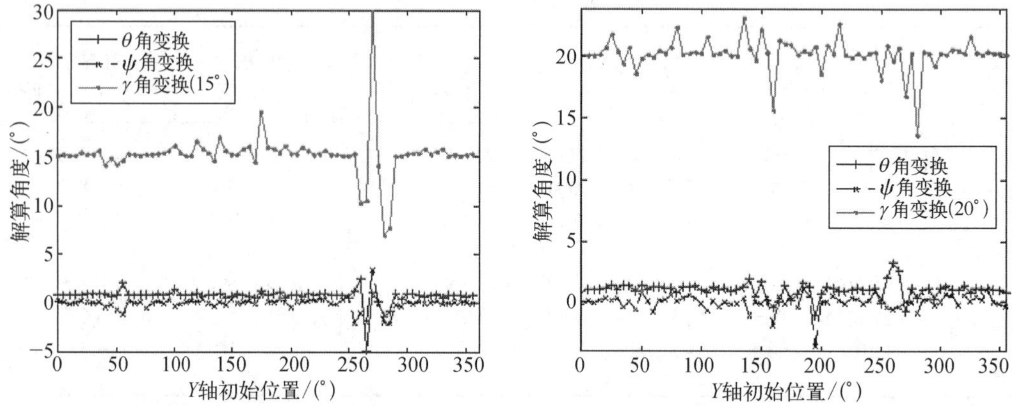

(c) γ角每15°作为差分解算结果　　(d) γ角每20°作为差分解算结果

图 5.6　绕一个轴旋转时各角度解算值统计分析图

从上述实验结果可以看出,解算结果大部分满足实际运动情况,即 ψ、θ 角度在 0°上下浮动,γ 角度分别在 5°、10°、15°、20°左右。但是从统计曲线看到,解算结果在多处出现对最终误差统计分析存在较大影响。下面对产生的误差进行具体分析讨论。

2. 角度解算误差的分析及其补偿研究

在上述实验数据的基础上,通过重复性的数据分析,得到上述图表中明显较大误差的原因大致有两种。

1) 错误匹配点造成的误差影响

错误匹配点包括采用 RANSAC 算法计算基础矩阵保留的匹配特征点内点中仍存在错误匹配点,也包括由于转台(与相机)本身固连部分进入视野造成的干扰。

以 5°步长测量的角度变化 195°~200°处为例,对特征点匹配信息处理前后对比如图 5.7(a)所示。左图由于抽屉本身的特征点相似度高,得到的 53 对匹配点中存在较多错误匹配,且屏幕下方由转台干扰引入较多的误差信息,解算误差大于 2°;右图是剔除图像底部干扰点后,再次采用 RANSAC 算法求解的基础矩阵,保留了 36 对特征点对,得到的匹配特征点及解算结果,准确性有明显提高,航向角度误差缩小到 0.1°以内;对于步长 10°的 55°~65°采集处,用相同的方法进行处理,解算结果也有明显的改善,如图 5.7(b)所示。

2) 环境图像信息不足造成的影响

某些特殊环境的图像信息量不足,可用匹配特征点少,将会导致该算法精度变差。以 10°步长的 280°~290°处为例,初次 RANSAC 迭代后角度解算结果 ψ = 0.153 645°、θ = 3.991 267°、γ = 9.768 458°,匹配点 55 对,误差较大,其中由于特征点相似度高存在大量错误匹配。在此基础上剔除错误匹配,再利用 RANSAC(阈值 1.0 像素,置信度 0.99)求解基础矩阵,保留 15 对正确匹配点如图 5.8 所示,但特征点过分集中于图像的中央,解算结果为 ψ = −5.996 43°、θ = 7.038 805°、γ = 12.395 957°,没有改善。或者通过改变 RANSAC 阈值提高匹配要求,阈值分别去 0.1 像素,0.2 像素,…,1.0 像素,但稳定性仍不高。同样对 285°~295°,

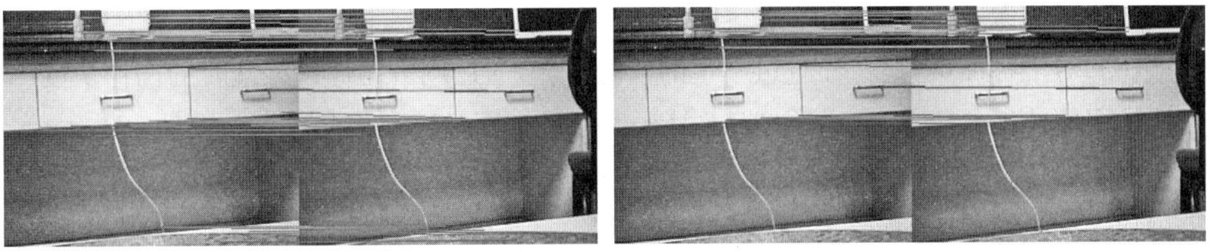

$\psi=-0.53015°$, $\theta=-0.16214°$, $\gamma=2.743304°$
(53对)

$\psi=0.11631°$, $\theta=0.23032°$, $\gamma=5.09407°$
(36对)

(a) 5°步长角度变化195°~200°处

$\psi=-0.96524°$, $\theta=-0.99533°$, $\gamma=5.51826°$
(50对)

$\psi=-0.27467°$, $\theta=0.51777°$, $\gamma=10.22336°$
(38对)

(b) 10°步长角度变化55°~65°处

图 5.7　由错误匹配点及由转台引入的错误匹配量剔除前后效果对比图

290°~300°进行了分析,也存在类似情形。通过分析发现其共同点都是,采用 RANSAC 算法计算的内点数少,即可利用的图像信息不仅特征点信息少,且特征点布局集中(少数情况下甚至会出现特征点少于 7 的情况,则 7 点法失效),从而导致数据可靠性不高。

图 5.8　280°~290°经过两次 RANSAC 特征点匹配结果

针对上述误差产生的原因,本章采用的提高解算准确度的途径如下。

(1) 改变 RANSAC 求解基础矩阵过程中的像素阈值,一般情况下,阈值越小解算结果越精确,但是特征点较少时(如小于 30 时),阈值导致特征点过少,从而不一定能提高解算精度。

(2) 在一次 RANSAC 求解基础矩阵的基础上剔除保留在内点中的错误匹配,再进行一次基础矩阵的解算,但是当第一次保留内点数较少时,再利用 RANSAC 计算基础矩阵对改进精确度无益。

(3) 对于特征点过少、信息量不足的情况,本节通过调节图像预处理时的图像灰度因子增加图像特征点信息,或者用 SURF 算子匹配丰富图像特征信息。

对图中解算误差较大处的结果分别进行处理,排除特征点过少导致算法失效的部分,得到相对正确的结果如图 5.9 所示。

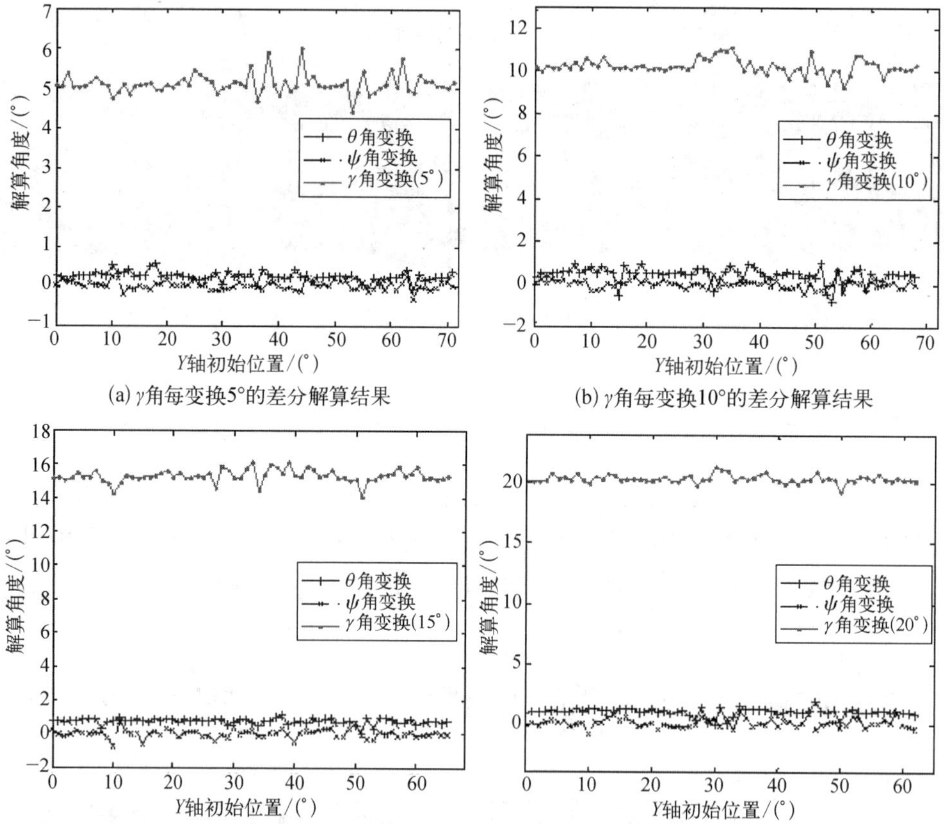

(a) γ角每变换5°的差分解算结果

(b) γ角每变换10°的差分解算结果

(c) γ角每变换15°的差分解算结果

(d) γ角每变换20°的差分解算结果

图 5.9　经过优化的绕一个轴旋转时各角度解算值统计分析图

由图 5.9 可见,经过处理后解算结果波动明显减小,更符合实际转动角度情况。将图 5.9 中处理过后的数据进行进一步统计分析,得到表 5.4 的误差统计表。

表 5.4　优化后的解算结果误差统计表(单位:(°))

步　长	ψ 解算结果		θ 解算结果		γ 解算结果	
	均值	方差	均值	方差	均值	方差
绕 Y 轴 5°	0.030 8	0.011 3	0.256 0	0.012 5	5.112 2	0.060 9
绕 Y 轴 10°	0.020 1	0.032 5	0.478 2	0.107 1	10.247 1	0.125 3

续 表

步 长	ψ 解算结果		θ 解算结果		γ 解算结果	
	均值	方差	均值	方差	均值	方差
绕 Y 轴 15°	0.034 8	0.056 7	0.769 0	0.026 0	15.295 9	0.140 1
绕 Y 轴 20°	0.103 5	0.131 3	1.015 2	0.098 6	20.358 5	0.103 4

根据表 5.4 的统计结果，发现解算角度平均值与转台实际转动角度仍有误差，通过 θ 可明显观察到，随着 γ 角步长以 5°增加，θ 角误差也以近似 0.25°增加，经过仔细分析可知，该类误差主要是由安装误差引起。由该类误差统计量可以求解相机坐标系与转台中心坐标系的偏移，即安装误差。

根据相机的安装误差对解算角度进行补偿，进一步分析 180°转角过程中，各步长角度(分别用 5°、10°、15°、20°)的累加结果，即例如：$\underbrace{\Delta\gamma_0 + \Delta\gamma_2 + \cdots + \Delta\gamma_i}_{180°/\text{step}}$。由于 20°步长累加到 160°~180°角度变换时图像特征点信息过少，算法失效，因此仅累加到 160°，可得表 5.5 结果。

表 5.5 用不同步长进行大角度误差的累积结果

步长/(°)	安装误差补偿前				安装误差补偿后				累加次数	补偿后每次计算最大误差/(°)
	ψ 累加和误差/(°)	θ 累加和误差/(°)	γ 累加和/(°)	γ 累加和误差/(°)	ψ 累加和误差/(°)	θ 累加和误差/(°)	γ 累加和/(°)	γ 累加和误差/(°)		
5	1.265 1	10.340 5	183.520 7	3.520 7	0.156 3	0.704 7	179.481 5	0.518 5	36	0.019 6
10	0.563 37	9.484 8	185.139 6	5.139 6	0.201 6	0.877 2	180.691 8	0.691 8	18	0.048 7
15	−0.228 0	9.296 0	182.834 7	2.834 7	−0.628 8	0.068 0	179.283 9	0.716 1	12	0.052 4
20	−0.407 5	8.246 8	163.600 6	3.600 6	−0.647 5	0.125 2	160.732 6	0.732 6	8	0.080 9

由表 5.5 可知，对安装误差进行补偿前各角度累加误差很大，补偿前 θ 角按照 5°步长叠加，最后的累加和误差超过 10°，γ 的累加和误差超过 3°，10°步长至 20°步长的累加均有此现象，由此可知随着累加误差的不断积累，可能导致角度信息的发散。但是，补偿后误差明显改善，总的累加和误差<1°，单步的计算误差<0.1°。且从数据中可发现补偿后的结果累加次数越高，平均每次最大累加误差反而越小，说明仍存在一定的标定误差，从统计学考虑，通过更多次数的统计，获得的误差平均值越接近于真实的误差值，可利用此思路进行更为精确的标定，从而补偿累加的随机误差。所以实际运用时，可以考虑通过提高标定精度，适当增大采样频率提高连续姿态变换的角度解算精度。

3. 安装误差补偿修正算法研究

若将相机固定安装在载体上可以采用前视的安装方法，如图 5.10 所示。

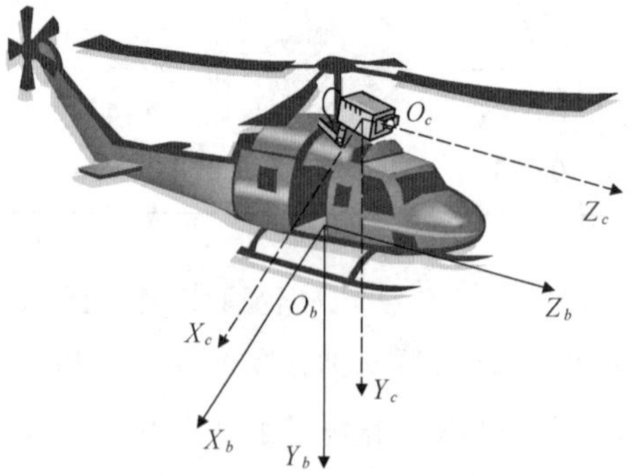

图 5.10　载体坐标系与相机坐标系捷联示意图

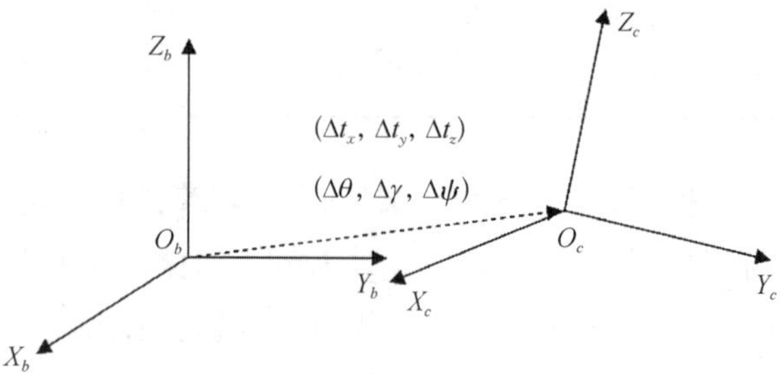

图 5.11　安装误差示意图

根据坐标变换具有不可逆性，按照如下方式定义旋转顺序及角度：先绕 Z 轴（角度 ψ），再绕 X 轴（角度 θ），最后绕 Y 轴（角度 γ），角度单位都采用度（°）。通常，相机光心与载体的中心不重合，即相机坐标系与载体坐标系并不完全重叠，所以将引入一定的安装误差，对运动信息解算存在一定的影响，安装误差可以通过图 5.11 进行描述。

（$\Delta\theta$, $\Delta\gamma$, $\Delta\psi$）是相机坐标系相对于载体坐标系 X、Y、Z 轴的角度误差，（Δt_x、Δt_y、Δt_z）为各轴向的位移误差。若相机光心与载体中心不重合，则存在安装误差，如图 5.11 所示，绕相对于载体坐标系 X、Y、Z 轴角度误差（$\Delta\theta$、$\Delta\gamma$、$\Delta\psi$），位移误差（Δt_x、Δt_y、Δt_z）。

在获得相机坐标系的运动方程即旋转矩阵和位移矩阵后，需对安装误差进行修正补偿，根据空间一点在不同坐标系下的坐标位置关系，可利用如下步骤对安装误差进行修正。

（1）某一时刻空间中一点从相机坐标系到载体坐标系的坐标转换关系为

$$\begin{bmatrix} x_{b1} \\ y_{b1} \\ z_{b1} \end{bmatrix} = R_c^b \begin{bmatrix} x_{c1} \\ y_{c1} \\ z_{c1} \end{bmatrix} + \begin{bmatrix} \Delta t_x \\ \Delta t_y \\ \Delta t_z \end{bmatrix} \tag{5.9}$$

其中，R_c^b 为相机坐标系到载体坐标系的变换矩阵，参照式（5.7），其具体形式为

$$R_c^b = \begin{bmatrix} \cos\Delta\gamma\cos\Delta\psi + \sin\Delta\gamma\sin\Delta\theta\sin\Delta\psi & -\cos\Delta\gamma\sin\Delta\psi + \sin\Delta\gamma\sin\Delta\theta\cos\Delta\psi & -\sin\Delta\gamma\cos\Delta\theta \\ \cos\Delta\theta\sin\Delta\psi & \cos\Delta\theta\cos\Delta\psi & \sin\Delta\theta \\ \sin\Delta\gamma\cos\Delta\psi - \cos\Delta\gamma\sin\Delta\theta\sin\Delta\psi & -\sin\Delta\gamma\cos\Delta\psi - \cos\Delta\gamma\sin\Delta\theta\cos\Delta\psi & \cos\Delta\gamma\cos\Delta\theta \end{bmatrix} \tag{5.10}$$

（2）某一时刻与下一时刻空间中一点在前后两个相机坐标系下的转换关系为

$$\begin{bmatrix} x_{c1} \\ y_{c1} \\ z_{c1} \end{bmatrix} = R_{c2}^{c1} \begin{bmatrix} x_{c2} \\ y_{c2} \\ z_{c2} \end{bmatrix} + \begin{bmatrix} t_x \\ t_y \\ t_z \end{bmatrix} \tag{5.11}$$

其中，R_{c2}^{c1} 为求解的相机旋转矩阵；$[t_x \quad t_y \quad t_z]^{\mathrm{T}}$ 为求解的相机平移量。

（3）某一时刻空间中一点从载体坐标系到相机坐标系的坐标转换关系为

$$\begin{bmatrix} x_{c2} \\ y_{c2} \\ z_{c2} \end{bmatrix} = R_b^c \begin{bmatrix} x_{b2} \\ y_{b2} \\ z_{b2} \end{bmatrix} - \begin{bmatrix} \Delta t_x \\ \Delta t_y \\ \Delta t_z \end{bmatrix} \tag{5.12}$$

其中，R_b^c 为载体坐标系到相机坐标系的变换矩阵，满足 $R_c^b R_b^c = I$。

（4）利用上述步骤(1)～(3)，可得

$$\begin{bmatrix} x_{b1} \\ y_{b1} \\ z_{b1} \end{bmatrix} = R_c^b \left\{ \begin{bmatrix} r_{11} & r_{12} & r_{13} \\ r_{21} & r_{22} & r_{23} \\ r_{31} & r_{32} & r_{33} \end{bmatrix} \left[R_b^c \begin{bmatrix} x_{b2} \\ y_{b2} \\ z_{b2} \end{bmatrix} - \begin{bmatrix} \Delta t_x \\ \Delta t_y \\ \Delta t_z \end{bmatrix} \right] + \begin{bmatrix} t_x \\ t_y \\ t_z \end{bmatrix} \right\} + \begin{bmatrix} \Delta t_x \\ \Delta t_y \\ \Delta t_z \end{bmatrix} \tag{5.13}$$

经化简，可得最终的安装误差修正公式：

$$\begin{bmatrix} x_{b1} \\ y_{b1} \\ z_{b1} \end{bmatrix} = R_c^b \begin{bmatrix} r_{11} & r_{12} & r_{13} \\ r_{21} & r_{22} & r_{23} \\ r_{31} & r_{32} & r_{33} \end{bmatrix} R_b^c \begin{bmatrix} x_{b2} \\ y_{b2} \\ z_{b2} \end{bmatrix} + \left(I - R_c^b \begin{bmatrix} r_{11} & r_{12} & r_{13} \\ r_{21} & r_{22} & r_{23} \\ r_{31} & r_{32} & r_{33} \end{bmatrix} \right) \begin{bmatrix} \Delta t_x \\ \Delta t_y \\ \Delta t_z \end{bmatrix} + \begin{bmatrix} t_x \\ t_y \\ t_z \end{bmatrix} \tag{5.14}$$

5.1.3 基于视觉光流的载体速度获取方法

光流描述了图像中像素随时间的变化情况，是视觉图像中物体运动的表现形式之一，它通过分析图像序列中像素的运动求解速度场。光流通过图像亮度模式在时间上的变化，反映图像中物体的运动规律。光流场中包含了物体运动的速度信息，可被用于运动目标检测、目标跟踪、图像分割等领域。

光流法通常满足下面两个基本假设：相邻帧之间的亮度恒定；相邻视频帧的取帧时间连续，或相邻帧之间物体的运动比较“微小”。

光流方程是描述图像亮度模式随时间变化的数学模型。假设在时刻 t 时，图像上位于位置 x, y 的灰度值为 $f(x, y, t)$，在经过 $\mathrm{d}t$ 后，该点 $p(x, y)$ 运动到新的位置 $p(x + \mathrm{d}x, y + \mathrm{d}y)$，该点灰度值记为 $f(x + \mathrm{d}x, y + \mathrm{d}y, t + \mathrm{d}t)$。根据图像灰度一致性假设，即图像中该点运动后到达位置的灰度值等于运动前位置的灰度值，则有

$$f(x + \mathrm{d}x, y + \mathrm{d}y, t + \mathrm{d}t) = f(x, y, t) \tag{5.15}$$

从而可以推导出光流方程可以表示为

$$f_{\mathrm{grad}x}u_{\mathrm{vel\_}x} + f_{\mathrm{grad}y}v_{\mathrm{vel\_}y} + f_{\mathrm{grad}t} = 0 \tag{5.16}$$

其中，$f_{\mathrm{grad}x} = \frac{\partial f}{\partial x}$；$f_{\mathrm{grad}y} = \frac{\partial f}{\partial y}$；$u_{\mathrm{vel\_}x} = \frac{\partial x}{\partial t}$；$v_{\mathrm{vel\_}y} = \frac{\partial y}{\partial t}$；$f_{\mathrm{grad}t} = \frac{\partial f}{\partial t}$。

从光流基本约束方程可以看出，$f_{\mathrm{grad}x}$、$f_{\mathrm{grad}y}$ 分别为 x 轴和 y 轴方向上的图像梯度。$f_{\mathrm{grad}t}$ 为时间方向的梯度。该光流方程中有两个变量 $u_{\mathrm{vel\_}x}$、$v_{\mathrm{vel\_}y}$，它们分别表示像素点在 x 轴和 y 轴方向上的速度分量，而基本等式只有一个方程，无法求出唯一解，这就是光流计算基本等式的孔径问题。为了求解出唯一解 $u_{\mathrm{vel\_}x}$ 和 $v_{\mathrm{vel\_}y}$，必须附加另外的约束条件。根据约束条件的不同，就生成了不同的光流估计算法，通常可以根据光流估计原理，将光流方法分为以下三类。

1. 基于匹配的方法

基于匹配的方法通过在连续帧之间寻找相似性估计光流，例如：Lucas－Kanade 方法是一种局部匹配方法，它假设在一个小的图像窗口内，光流场是恒定的。通过最小化图像亮度误差，求解该窗口内的光流向量；Horn－Schunck 方法是一种全局匹配方法，它通过引入平滑性约束，将光流场求解转化为全局能量最小化问题。

2. 基于梯度的方法

基于梯度的方法利用图像亮度对位置的梯度信息求解光流，例如：Nagel－Schreckenberg 方法通过求解图像亮度的梯度与光流场的散度之间的方程，得到光流场；基于稀疏表示的光流方法将光流场表示为稀疏向量的线性组合，通过求解稀疏表示问题得到光流场。

3. 深度学习方法

采用深度学习方法可以估计光流。深度学习方法通过学习大量标记数据，自动提取图像特征，从而实现光流场的精确估计，例如：FlowNet 是一种基于卷积神经网络的端到端光流估计方法，它通过学习图像像素之间的对应关系，直接输出光流场；PWC－Net 在 FlowNet 的基础上，引入了金字塔式网络结构，可以提高光流估计的精度。

5.1.4 视觉图像匹配的载体绝对位置确定

当图像匹配得到对应的特征点对后，可以采用 PnP 法求解得到载体的位置，PnP 法是求解 3D－2D 点对运动的方法，描述了已知 n 个 3D 空间点及其投影位置时，估计相机的位置和姿态的方法。

PnP 问题的求解可以采用直接线性变换的方法，步骤如下。

考虑一空间点 P，它的齐次坐标是 $P(X, Y, Z, 1)^{\mathrm{T}}$，投影到图像 I_1 中的特征点为 $x_{\mathrm{feature\_1}} = (u_{\mathrm{feature\_1}}, v_{\mathrm{feature\_1}}, 1)^{\mathrm{T}}$。相机外参矩阵 $C_{\mathrm{cam}} = [R \mid T]$，其包含了旋转与平移信息。将其展开：

$$s\begin{bmatrix} u_{\text{feature\_1}} \\ v_{\text{feature\_1}} \\ 1 \end{bmatrix} = \begin{bmatrix} t_1 & t_2 & t_3 & t_4 \\ t_5 & t_6 & t_7 & t_8 \\ t_9 & t_{10} & t_{11} & t_{12} \end{bmatrix} \begin{bmatrix} X \\ Y \\ Z \\ 1 \end{bmatrix} \tag{5.17}$$

消去 s，得到两个约束：

$$u_{\text{feature\_1}} = \frac{t_1X + t_2Y + t_3Z + t_4}{t_9X + t_{10}Y + t_{11}Z + t_{12}}, \quad v_{\text{feature\_1}} = \frac{t_5X + t_6Y + t_7Z + t_8}{t_9X + t_{10}Y + t_{11}Z + t_{12}} \tag{5.18}$$

为简化表示，定义 C_{cam} 的行向量为

$$\vec{t}_1 = (t_1, t_2, t_3, t_4), \quad \vec{t}_2 = (t_5, t_6, t_7, t_8), \quad \vec{t}_3 = (t_9, t_{10}, t_{11}, t_{12}) \tag{5.19}$$

于是有 $\vec{t}_1^{\text{T}}P - \vec{t}_3^{\text{T}}Pu_1 = 0$，$\vec{t}_2^{\text{T}}P - \vec{t}_3^{\text{T}}Pv_1 = 0$。

假设共有 N 个特征点，可以得到如下线性方程组：

$$\begin{bmatrix} P_1^{\text{T}} & 0 & -u_1P_1^{\text{T}} \\ 0 & P_1^{\text{T}} & -v_1P_1^{\text{T}} \\ \vdots & \vdots & \vdots \\ P_N^{\text{T}} & 0 & -v_NP_N^{\text{T}} \\ 0 & P_N^{\text{T}} & -v_NP_N^{\text{T}} \end{bmatrix} \begin{bmatrix} \vec{t}_1 \\ \vec{t}_2 \\ \vec{t}_3 \end{bmatrix} = 0 \tag{5.20}$$

由于 t 共 12 维，最少通过 6 对匹配点即可实现矩阵 C_{cam} 的线性求解。当匹配点数大于 6 时，也可以使用 SVD 等方法对超定方程求最小二乘解。

PnP 问题还可以采用最小化重投影误差法解算。根据已知的三维空间点 (X, Y, Z) 和对应的二维图像点 (u, v)，建立相机投影方程，表示三维点在相机坐标系下的投影位置。构建优化目标函数，即重投影误差，该误差是实际观测到的二维图像点与通过相机投影方程计算得到的投影点之间的距离。通常采用欧氏距离进行测度。使用最小化优化算法（如 L－M 算法，高斯-牛顿算法等）对目标函数进行优化，找到使重投影误差最小的相机位姿参数，进而得到载体的绝对位置。

5.2 基于双目视觉的三维感知信息

人类通过双眼观察其自身所处的环境，以获取大量环境信息，尤其是双眼同时观察同一区域时，可以估计环境深度，完成三维环境感知以辅助自身运动。通过模仿人类感知三维环境的方式，使用两个单目光学相机组成双目立体视觉系统，可以进行三维环境感知[107]。双目立体视觉系统[108]中，相机成像模型描述了图像像素点位置和其对应的三维空间点位置的对应关系，其模型参数可通过相机标定过程获得，通过两

个相机拍摄同一区域场景，利用立体匹配算法计算双目捕获的两幅图像中像素点的对应关系，根据相机成像模型以及双目测量模型计算像素点深度，可完成三维环境深度估计。

立体匹配是寻找同一物体在双目相机其中一个相机所成像点，在另外一个相机中所成对应像点的过程，是立体视觉的重要部分，其匹配的准确度直接影响深度估计的精确度，但是通常立体匹配算法难以兼顾准确性和实时性，所以研究准确、快速的立体匹配算法具有重要意义。

本节将在双目相机成像模型的基础上，介绍双目相机三维环境感知原理。为提升立体匹配算法的抗噪性能和准确性，针对立体匹配算法中的匹配代价计算、匹配窗口生成、视差优化等问题，介绍了基于可信度的局部立体匹配方法[109]。

5.2.1 双目三维感知基本原理

1. 基于双目立体视觉的三维感知原理

针孔模型描述了三维世界中的点和单个相机图像像素点之间的对应关系，Z_c 取任意值该式都是成立的，这代表的物理意义是，三维世界中的点和光心相连形成的光路，相交于图像平面形成图像坐标系下的坐标点，以该点为起点，以光路为方向射向物理世界点的射线上的任意一点，均可以投影到相同的像素点上，所以单个相机在静止状态下，无法利用仅有的二维像素坐标信息和内参数矩阵完成三维感知，即无法计算像素点所对应的三维世界中点的坐标。

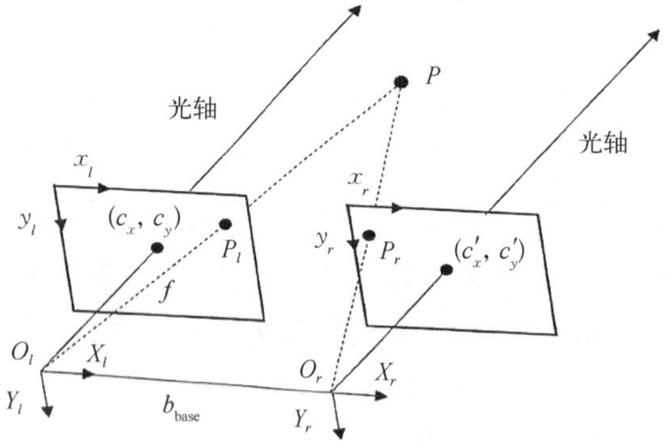

图 5.12 双目相机深度感知原理示意图

如图 5.12 所示，使用左右放置、光轴平行的两个单目相机构建的双目相机[110]，可计算场景深度。两个单目之间的距离称为基线 b_{base}，双目相机的基线通常固定。设三维空间中一点 P，在左相机成像面投影于点 P_l，在右相机投影于点 P_r，在 O_lPO_r 平面构成一个三角形，P_lP 射线和 P_rP 射线相交于点 P，两条射线互为约束，解决了尺度的问题。

若理想条件下，左右相机的光轴平行，两个成像平面水平平行，那么同一空间点 P 在左右图像中所成的像将只在横坐标上有区别，即 P_l 和 P_r 在像素坐标系下纵坐标相同，横坐标不同。在真实双目立体视觉系统中，光轴往往难以绝对平行，左右成像面也很难满足绝对平行，会存在微小夹角，上述假设难以成立。如果上述假设不能成立，那么在左右图像寻找像素点对应关系的过程会从简单的一维搜索变成复杂的二维搜索，因此，需要引入立体校正算法，对左右相机所成的原始图像进行校正以降低匹配算法的复杂性。

双目立体视觉利用两台摄像头对空间中的点进行投影和像点解算，确定空间点坐标，从而进行后续载体位姿的推算。

相机图像坐标系以图像左上角为坐标原点，x、y 方向分别是该坐标系的横纵坐标轴。世界坐标系同相机图像坐标系下对应的空间同一点之间的投影关系为[111]

$$Z_c\begin{bmatrix}u\\v\\1\end{bmatrix}=\begin{bmatrix}\dfrac{f}{\mathrm{d}x} & 0 & u_0 & 0\\ 0 & \dfrac{f}{\mathrm{d}y} & v_0 & 0\\ 0 & 0 & 1 & 0\end{bmatrix}\begin{bmatrix}R & T\\ 0^{\mathrm{T}} & 1\end{bmatrix}\begin{bmatrix}X_w\\Y_w\\Z_w\\1\end{bmatrix} \tag{5.21}$$

其中，$\dfrac{f}{\mathrm{d}x}$、$\dfrac{f}{\mathrm{d}y}$ 是相机的尺度因子，u_0、v_0 是相机的主点，这四个变量为相机内参数；R 为旋转正交阵；T 为位移矩阵。

通过第 2 章相机标定，可以获得双目左右相机的内参数矩阵和左右相机之间的旋转矩阵 R 和位移矩阵 $T=[t_x,\ t_y,\ t_z]^{\mathrm{T}}$，将左右相机各旋转 $R/2$，左右相机各自的旋转矩阵用 R_{left}、R_{right} 表示，此时左右相机成像平面平行，但仍不满足行对准，因此还需构建由三个正交的单位向量组成的水平校正矩阵 R_{rect}。

立体校正原理如图 5.13 所示，图中 p 为特定点，Π 为特定的平面，设 $R_{\mathrm{rect}}=[e_x,\ e_y,\ e_z]^{\mathrm{T}}$，以基线左右两目位移矩阵方向，构建一个单位向量 e_x；以主光轴方向，和 e_x 做叉积，可构造与 e_x 正交的单位向量 e_y；e_x 与 e_y 做叉积，可构造与 e_x、e_y 均正交的单位向量 e_z。这三个向量两两正交，组成水平校正矩阵 R_{rect}，其构造方程如下所示：

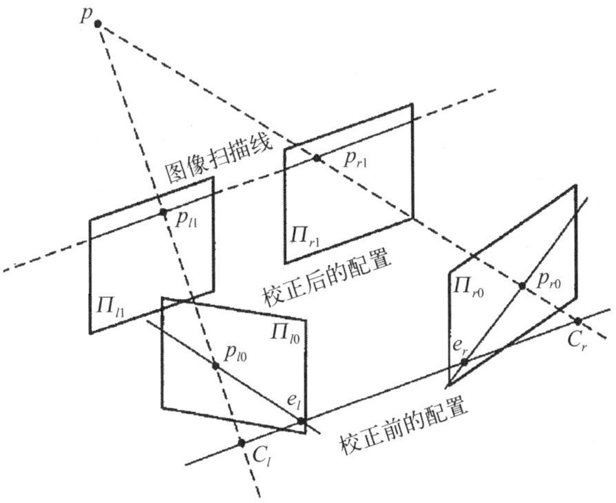

图 5.13　立体校正示意图

$$\begin{cases} e_x = \dfrac{T}{\| T \|} \\ e_y = \dfrac{[-t_y \quad t_x \quad 0]^{\mathrm{T}}}{\sqrt{t_y^2 + t_x^2}} \\ e_z = e_x \times e_y \end{cases} \tag{5.22}$$

旋转矩阵 R_{left}、R_{right} 及水平校正矩阵 R_{rect} 可得左右目各自的校正矩阵。校正矩阵可以使得左右相机所成图像行对准。

$$\begin{cases} R_{\text{left-}c} = R_{\text{left}} \times R_{\text{rect}} \\ R_{\text{right-}c} = R_{\text{right}} \times R_{\text{rect}} \end{cases} \tag{5.23}$$

双目立体视觉三维感知步骤如图 5.14 所示，其中通过离线方式进行相机标定以获取相机的内参数和左右相机的 R、T 矩阵。在已知标定参数后，双目相机实时获取左右图像，经过图像畸变校正、滤波去噪等图像预处理后，左右图像分别使用各自的立体校正矩阵进行变换，得到行对准的左右图像。通过立体匹配方法，找到左右图像的像素对应关系，求取视差，最后利用三维世界坐标点和左相机间的投影关系，完成三维世界坐标的计算，到此整个双目立体视觉三维感知完成。

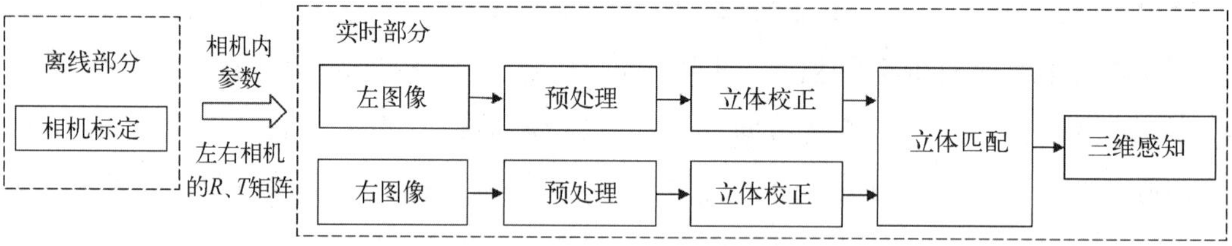

图 5.14　双目立体视觉三维感知步骤

2. 基于双目相机的三维感知误差分析

由双目深度测量模型可知，影响深度值 Z_{depth} 计算的有三个参数，分别是焦距 f、左右目基线距离 b_{base} 和由立体匹配计算得出的视差 d_{para}，其中 f 和 b_{base} 通过离线标定获得，均是固定值参数，而 d_{para} 由实时计算获得，深度测量的误差是随着视差计算的误差变化而变化的。为描述视差变化对深度变化产生的影响，分析公式的微分形式：

$$\Delta Z_{\text{depth}} = -\frac{b_{\text{base}} f}{d_{\text{para}}^2} \Delta d_{\text{para}} \tag{5.24}$$

视差 d_{para} 可描述为

$$d_{\text{para}} = \frac{b_{\text{base}} f}{Z_{\text{depth}}} \tag{5.25}$$

将式(5.25)代入式(5.24)中,可得

$$\Delta Z_{\text{depth}} = -\frac{Z_{\text{depth}}^2}{f b_{\text{base}}} \Delta d_{\text{para}} \tag{5.26}$$

可以看出,在使用双目相机进行深度测量时,参数f和b_{base}固定,Δd_{para}受传感器自身和所使用的立体匹配算法影响,由于ΔZ_{depth}和Δd_{para}变化趋势相反,所以两者异号。若在测量过程中,由算法导致的Δd_{para}一定,那么测量误差与测量深度的平方成正相关,即随着测量深度的增大,测量误差增大且越来越快。同时可知,视差和深度成反比,在测量距离较近的时候,由距离引起的视差变化大,在距离远的时候反之。由算法导致的视差测量误差会随着测量距离的增大而增大,如果想降低误差,可以增大基线或者焦距。所以在基线一定的情况下,根据对测量误差和测量精度的要求,双目测量的深度是有限制的,即双目立体感知存在局限性。

5.2.2 自适应窗口的立体匹配算法

立体匹配是寻找双目左右图像中对应点的过程,是双目立体视觉中的核心问题,其匹配准确度对深度估算的准确度有着重要影响。立体匹配算法可以分为局部立体匹配算法和全局立体匹配算法。全局立体匹配算法通过优化全局能量函数确定图像中像素的差异,通常是复杂的并且计算量非常大。局部立体匹配算法基于支持窗口相似性确定像素的差异,通常对计算复杂度和存储需求要求较低,易于实现且实时性好,在实际使用中应用广泛。

传统的局部立体匹配初始代价计算方法多基于像素灰度值及几何位置信息,如灰度差绝对值和、灰度差平方和、自适应权重(adaptive support-weight, ASW)以及归一化交叉相关(normalization cross correlation, NCC)等几种主要算法,但是一旦图像受外部光照变化影响出现辐射度失真时,基于以上算法的图像匹配准确度会显著降低。Census 变换采用与邻域灰度值的大小关系作为相似度测量,因此对光照偏差具有较强的鲁棒性,但是 Census 变换严重依赖中心像素值,当中心像素受到噪声污染时,其匹配准确度会降低。

为增强立体匹配抗噪性能并提升匹配准确度,介绍一种基于自适应窗口的改进 AD Census 变换及视差优化立体匹配算法,算法包括以下 4 个部分,即匹配代价计算、代价聚合、视差计算与优化、视差提精。在匹配代价计算方面,使用绝对差(absolute differences, AD)和 Census 变换结合,这种 Census 改进型有着更好的稳健性和匹配精度;在代价聚合方面,使用自适应窗口大小进行聚合,此方法优于固定窗口大小聚合;在视差计算方面,使用 WTA(winner-take-all)策略生成初始视差图;在视差优化与改进方面,通过迭代区域投票、插值、左右一致性检测和子像素增强减小视差误差,增强视差精度。

1. 匹配代价计算方法

传统 Census 变换尽管提高了匹配算法对光照的鲁棒性,但是其严重受中心像素值影响,并且变换丢失了大量原图像素值的信息,导致在视差不连续区域及纹理较少区域错误匹配率较高。AD 是一种高效的相似性度量函数,但易于受到光照影响,可以将两者结合构成初始代价函数,提升算法性能。在视差 d_{para} 下,按照 RGB 三通道计算,AD 的匹配代价计算为

$$C_{ad} = \frac{1}{3}\sum_{i=R,G,B} |I_{li}(p_{centre}) - I_{ri}(p_{centre} + d_{para})| \tag{5.27}$$

传统 Census 变换的基本原理是使用选定匹配窗口内的中心像素 p_{centre} 和除 p_{centre} 点以外的像素 q 顺序进行比较,若 q 灰度值大于 p 记为 1,否则记为 0,由此按位连接组成的序列作为中心点的 Census 序列。变换后使用汉明距离计算相似度,汉明距离越小,相似度越高。为减小干扰噪声对匹配准确度的影响,使用窗口内所有像素的平均值代替中心像素 p_{centre},以提高算法鲁棒性。

$$T(p) = \bigotimes_{q \in N_p} \xi[\bar{I}(p), I(q)] \tag{5.28}$$

$$\xi[\bar{I}(p), I(q)] = \begin{cases} 0, & I(q) \leqslant \bar{I}(p) \\ 1, & I(q) > \bar{I}(p) \end{cases} \tag{5.29}$$

N_p 表示支持窗口内除 p 点外的像素点的集合,$\otimes$表示按位连接。得到 Census 序列 $T(p)$ 后,使用汉明距离计算对应窗口的相似度。左窗口序列 $C_l(P)$ 和右窗口序列 $C_l(P + d_{para})$ 的汉明距离,即 Census 变换的初始匹配代价计算为

$$\begin{gathered} C_{census}(p, d) = \text{Hamming}[T_l(p), T_r(p + d_{para})] \\ d_{para} \in [d_{para\min}, d_{para\max}] \end{gathered} \tag{5.30}$$

其中,$d_{para\min}$、$d_{para\max}$ 分别为 d_{para} 的最小值和最大值。

AD 与 Census 联合初始匹配代价计算为

$$C_{join}(p, d_{para}) = \rho(C_{census}(p, d_{para}), \lambda_{census}) + \rho(C_{ad}(p, d_{para}), \lambda_{ad}) \tag{5.31}$$

2. 基于自适应窗口的代价聚合

为了实现精确的局部立体匹配,每个像素的聚合窗口大小非常重要,窗口大小决定了参与聚合的像素范围。在低纹理区域,需要大窗口引入更多图像信息,提高匹配精度;在高纹理区域,需要小窗口保护边缘特性,避免引入过多视差不连续区域。理想情况下聚合窗口应只包含与中心像素相同深度的相邻像素,由于没有先验视差信息,算法只能利用原始图像中的像素信息构建聚合区域。根据图像中具有相似颜色的像素来自相同图像结构的假设,图像中像素点可根据颜色和几何距离对相邻像素进行相似性判断,从而进行扩展以形成自适应聚合窗口。结合双臂长阈值和双色彩阈值的判断准则

对自适应聚合窗口臂长进行限制,可得到更准确的聚合窗口。

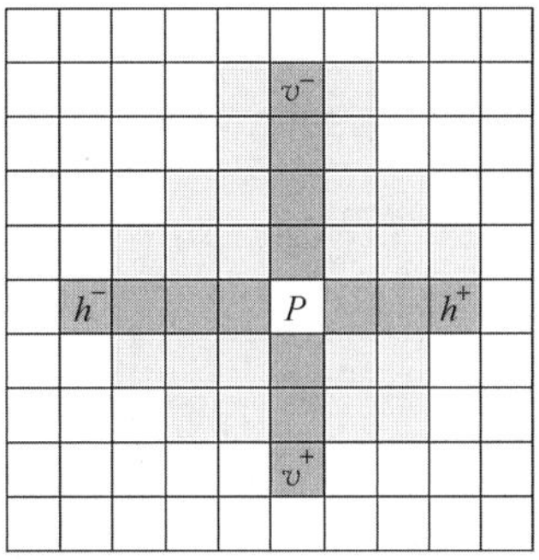

图 5.15　自适应聚合窗口生成示意图

自适应窗口的设计关键是为每个像素 P 确定水平臂长和垂直臂长。设 $H_{\text{arm}}(p)$ 为水平臂长，$V_{\text{arm}}(p)$ 为垂直臂长，它们共同定义像素 P 的局部支撑骨架,根据臂长判定准则,自适应地生长四个臂长,以准确地构建局部图像结构。分别使用 $\{h^-, h^+, v^-, v^+\}$ 表示左、右、上、下四个臂长的长度，如图 5.15 所示。

以左臂为例,双臂长阈值,双色彩阈值的判断准则如下:

$$D_c(p_{\text{left}}, p_{\text{now}}) < \tau_{\lambda 1},\ D_c(p_{\text{left}}, p_{\text{left}} + (1, 0)) < \tau_{\lambda 1} \tag{5.32}$$

$$D_s(p_{\text{left}}, p_{\text{now}}) < L_{\text{threshold\_1}} \tag{5.33}$$

$$D_c(p_{\text{left}}, p_{\text{now}}) < \tau_{\lambda 2},\ \text{if } L_{\text{threshold\_2}} < D_s(p_{\text{left}}, p_{\text{now}}) < L_{\text{threshold\_1}} \tag{5.34}$$

$$\tau_{\lambda 1} > \tau_{\lambda 2},\ L_{\text{threshold\_1}} > L_{\text{threshold\_2}} \tag{5.35}$$

$$D_c(p_{\text{left}}, p_{\text{now}}) = \max |I_i(p_{\text{left}}) - I_i(p_{\text{now}})|,\ i = \text{R, G, B} \tag{5.36}$$

$$D_s(p_{\text{left}}, p_{\text{now}}) = |p_{\text{left}} - p_{\text{now}}| \tag{5.37}$$

其中，p_{now} 表示当前像素；p_{left} 表示向左延伸的最大像素；$\tau_{\lambda 1}$ 和 $\tau_{\lambda 2}$ 表示颜色阈值；$L_{\text{threshold\_1}}$ 和 $L_{\text{threshold\_2}}$ 表示距离阈值；D_s 表示像素间的空间距离；D_c 表示色彩空间距离,使用 R、G、B 三个分量上的最大差值表示。通过限制 p_{left}、p_{now} 及 p_{left} 与其前一像素 $p_{\text{left}} + (1, 0)$ 之间的颜色差异,保证聚合区域的边缘特性。$L_{\text{threshold\_1}}$ 在数值上大于 $L_{\text{threshold\_2}}$，$L_{\text{threshold\_1}}$ 描述了更长的臂长以使窗口包含足够的像素,保证无纹理区域的匹配精度。当臂长超过 $L_{\text{threshold\_2}}$ 时,计算 D_c 时将使用更严格的阈值 $\tau_{\lambda 2}$，以确保臂长仅延伸到色彩非常相似的区域图案。

根据以上判定准则,可得 p_{now} 的十字交叉区域:

$$\begin{cases} H_{\text{arm}}(p_{\text{now}}) = \{(x, y) \mid x \in [x_p - h^-, x_p + h^+], y = y_p\} \\ V_{\text{arm}}(p_{\text{now}}) = \{(x, y) \mid x = x_p, y \in [y_p - v^-, y_p + v^+]\} \end{cases} \tag{5.38}$$

沿垂直方向,对 $V_{\text{arm}}(p_{\text{now}})$ 中每个像素进行水平臂长 $H_{\text{arm}}(p_{\text{now}})$ 求解,联合所有 $H_{\text{arm}}(p_{\text{now}})$ 可得垂直自适应聚合区域 $U_{V_{\text{arm}}}(p_{\text{now}})$；对 $H_{\text{arm}}(p_{\text{now}})$ 中每个像素进行垂直臂长 $V_{\text{arm}}(p_{\text{now}})$ 求解,联合所有 $V_{\text{arm}}(p_{\text{now}})$ 可得垂直自适应聚合区域 $U_{H_{\text{arm}}}(p_{\text{now}})$。

$$\begin{cases} U_{V_{\text{arm}}}(p_{\text{now}}) = \bigcup\limits_{q \in V_{\text{arm}}(p_{\text{now}})} H_{\text{arm}}(q) \\ U_{H_{\text{arm}}}(p_{\text{now}}) = \bigcup\limits_{q \in H_{\text{arm}}(p_{\text{now}})} V_{\text{arm}}(q) \end{cases} \tag{5.39}$$

对于代价聚合部分,对称地考虑左图像素 p_{now} 生成的聚合区域 $U_{\text{arm}}(p_{\text{now}})$，以及在视差

d_{para} 下右图对应像素聚合区域 $U_{arm}(p_{now}+d_{para})$，结合两个区域构成左右联合代价聚合区域，联合区域及归一化匹配代价计算方法如式(5.40)所示，N_{arm} 为聚合区域的像素总个数。

$$\begin{cases} U_{arm}(p_{now}) = \begin{Bmatrix} (x,\ y) \mid (x,\ y) \in U_{arm}(p_{now}), \\ (x - d_{para},\ y) \in U_{arm}(p_{now},\ d_{para}) \end{Bmatrix} \\ \overline{E}_d(p_{now}) = \dfrac{1}{N_{arm}} \sum\limits_{s \in U_d(p_{now})} C(s,\ d_{para}) \end{cases} \tag{5.40}$$

为获取稳定的聚合值，进行 4 次迭代聚合计算。对于第一次和第三次聚合，首先进行水平聚合然后进行垂直聚合，对于第二次和第四次聚合，切换聚合方向：首先是纵向聚合，然后是水平聚合。对于每个像素，通过改变聚合顺序可改变聚合区域，在迭代过程中可以减少深度不连续处的误差。

图 5.16(a)为使用初始匹配代价所得视差图，图 5.16(b)为通过自适应窗口聚合算法所得视差图。通过对比两幅视差图可知，经过自适应窗口聚合算法后所得的视差图的图像噪声明显减小，不同物体的边界更明显，同一深度平面计算所得视差值更统一，尤其是图 5.16(b)中物体边缘更加清晰，说明使用自适应窗口进行匹配代价聚合后，计算所得视差值在深度不连续区域的匹配误差明显减小。

(a) 初始视差图

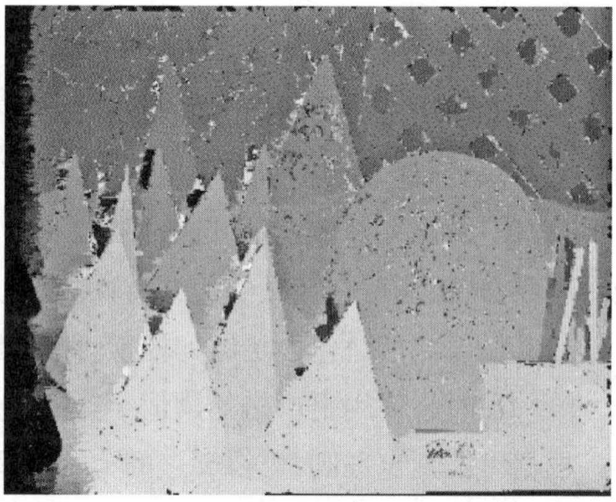

(b) 自适应窗口聚合算法视差图

图 5.16　自适应窗口的代价聚合算法效果图

3. 视差选择与基于可信度的视差优化

为进一步避免错误匹配，在代价聚合前，使用基于半全局匹配方法的多方向扫描线优化器进行优化，之后采用 WTA 策略取视差区间内匹配代价最小点为 p 点的初始视差。

$$d_p^0 = \arg \min_{0 \leq d_{para} \leq d_{para\max}} \overline{E}_d(p) \tag{5.41}$$

在初始视差图中，遮挡区域和深度不连续处易出现异常值，使用左右一致性检测出异常点，根据对极几何原理，异常点被进一步分类为遮挡点和错误匹配点。检测到的异常值应使用邻域内的视差值代替。

$$d_{\text{paral}}(p) = d_{\text{parar}}\{p - [d_{\text{paral}}(p), 0]\} \tag{5.42}$$

其中，d_{paral}、d_{parar} 分别表示左侧和右侧的视差值。

采用一种基于可信度的区域投票策略进行优化，对于每个像素的初始视差值可信度由邻域可鉴别性决定，纹理丰富区域可信度较高，反之，可信度较低。在初始匹配代价求解过程中，利用 AD 的匹配代价，计算每个像素点的匹配代价峰值比，即匹配代价最小值和次小值的比值。

$$\text{Conf}_{\text{rate}}(x, y) = \left(1 - \frac{\min\limits_{d} C_{\text{ad}}(x, y, d_{\text{para}})}{\min\limits_{d \neq D_{ad}(x, y)} C_{\text{ad}}(x, y, d_{\text{para}})}\right) \times 100 \tag{5.43}$$

利用左右一致性检测，当该像素满足检测要求时，增加一个常量，否则减小一个常量。增量表达式、可信度融合值及可信度图如式(5.44)所示：

$$\begin{cases} \Delta\text{Conf}(x, y) = \begin{cases} c_f, & d_{\text{paral}}(p) = d_{\text{parar}}\{p - [d_{\text{paral}}(p), 0]\} \\ -c_f, & \text{否则} \end{cases} \\ \text{Conf}(x, y) = \text{Conf}_{\text{rate}}(x, y) + \Delta\text{Conf}(x, y) \end{cases} \tag{5.44}$$

构建具有 $d_{\text{paramax}} + 1$ 个区段的视差直方图 H_p，统计聚合区域中所有可信度高于阈值的像素点视差值，使用出现频率最高的视差值以代替异常点视差值，然后对遮挡点和错误匹配点采用不同的插值处理：如果 P 是遮挡点，则选择具有最低视差值的像素进行插值，因为 P 最可能来自背景；否则选择具有最相似颜色的像素进行插值，最后采用亚像素求解生成最后深度图，如图 5.17 所示。

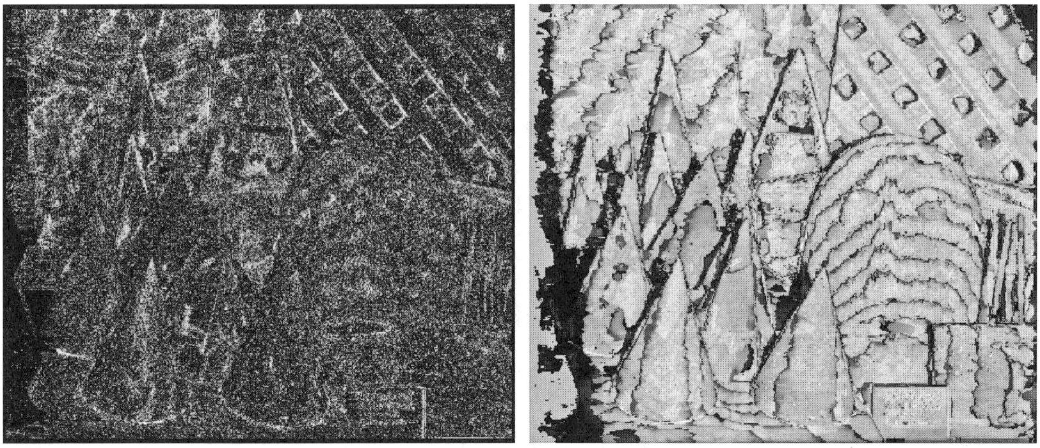

(a) 初始可信度图　　(b) 融合后可信度图

图 5.17　可信度示意图

由图 5.18 可知，经过扫描线优化获得未进行可信度优化的视差图，通过左右一致性检测判定，视差图中仍存在立体匹配有误的区域，包括匹配错误的点和被遮挡点。由图中的优化过程可以看出，通过可信度区域投票及插值优化后，匹配错误的区域基本消失，被遮挡像素的错误匹配明显减少，说明该优化算法的有效性。

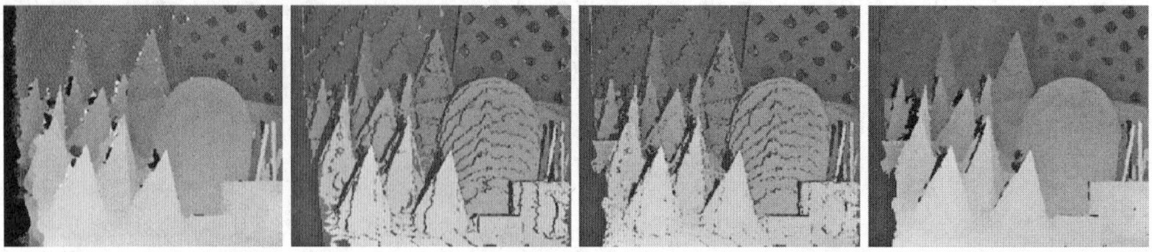

(a) 扫描线优化　(b) 左右一致性检测　(c) 可信度区域投票　(d) 插值优化

图 5.18　视差优化过程示意图

5.2.3　基于双目立体视觉的三维环境感知方法

为测试本节介绍的立体匹配算法的有效性和准确性，采用 Middlebury 图像数据集测试分析。Middlebury 立体视觉图像数据集是国际公认的计算机立体视觉评估数据集，其提供双目相机原始左右图像和标准视差图，同时还介绍匹配算法准确度评价方法以衡量算法性能。本节介绍的立体匹配算法使用 Middlebury 标准图像集中的 Tsukba、Teddy 和 Cones 三幅基准彩色图像进行评测，其视差搜索范围分别为 0~15 像素、0~59 像素、0~59 像素，其余测试参数均按照测试平台要求设置，实验结果如图 5.19 所示。

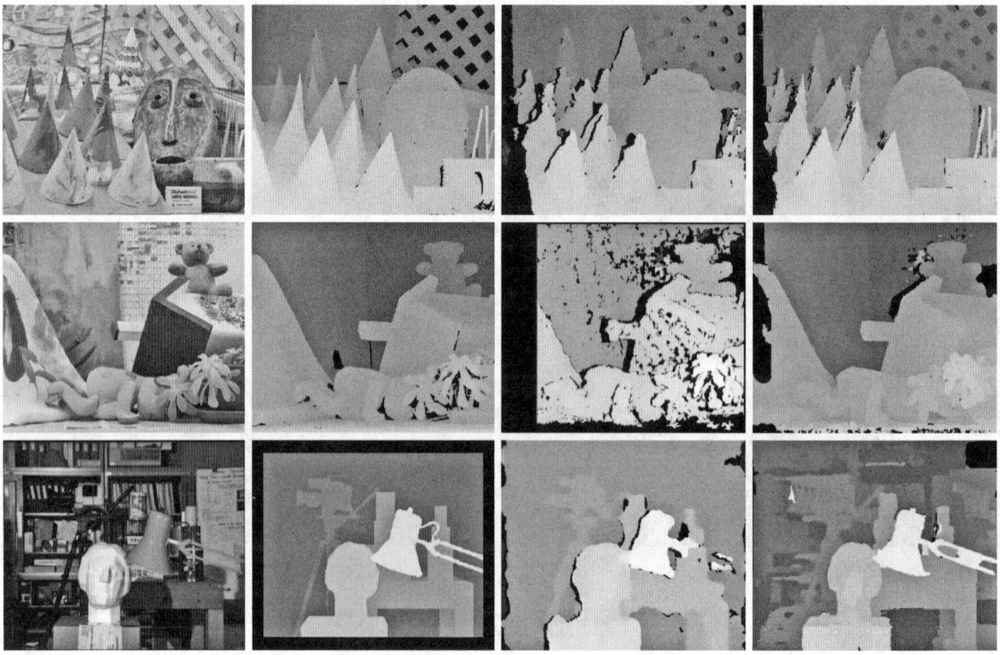

(a) 原始左视图　(b) 真值图　(c) SGBM算法　(d) 本节算法

图 5.19　基于基准图像的实验结果

从图 5.19 中可以看到，相较于半全局立体匹配（semi global block matching, SGBM）算法，本节算法所得视差图在物理轮廓边缘更接近真值图，视差图中噪声点少，被遮挡引起的视差计算错误区域明显减少，但是在第三行 Tsukuba 测试图中，由于优化过程使用了线性扫描优化器，所以视差图存在一定的"拖尾"效应。

在表 5.6 中，n-occ 表示非遮挡区域误匹配像素比，all 表示全区域误匹配像素比，Avg 表示测试平均误匹配像素比，这三个参数均通过误匹配像素比衡量立体匹配算法性能，参数数值越小就表明误匹配像素越少，正确匹配率越高，立体匹配算法性能更好。由表中最后一列所示的测试平均匹配误差百分比对比可知，本节介绍的算法图像匹配误差率低于经典全局立体匹配算法，即图割（graph cut, GC）算法和动态规划（dynamic programming, DP）算法，尤其在视差搜索范围较大的 Teddy 和 Cones 测试图上。

表 5.6　基于 Middlebury 标准图像的匹配误差百分比

算　法	Tsukuba（测试 1）		Teddy（测试 2）		Cones（测试 3）		Avg
	n-occ	all	n-occ	all	n-occ	all	
本节算法	3.31	3.93	8.81	18.04	4.32	16.82	9.2
GC	1.94	4.12	16.5	25	7.7	18.2	12.24
DP	4.12	5.04	14.0	21.6	10.5	19.1	12.39

为进一步衡量算法所生成的视差图质量，需要衡量算法所生成视差图中的噪声大小，峰值信噪比（peak signal to noise ratio, PSNR）是一种评价图像的客观标准，它是原图像与被处理图像之间的均方误差相对于信号最大值平方的对数值，单位为 dB，其数值越大表示失真越小，计算公式如下：

$$\mathrm{PSNR} = 10\lg\left(\frac{\mathrm{MAX}_I^2}{\mathrm{MSE}}\right) \tag{5.45}$$

$$\mathrm{MSE} = \frac{1}{mn}\sum_{i=0}^{m-1}\sum_{j=0}^{n-1}\| I(i, j) - K(i, j) \|^2 \tag{5.46}$$

其中，MAX_I 表示信号最大值；MSE 表示当前图像和参考图像所有像素值的均方误差。

实验中将标准数据集提供的真值图像作为参考图像，分别将所述算法所得视差图与 SGBM 算法所得视差图作为当前图像，计算 PSNR 值，结果如表 5.7 所示。

表 5.7　优化效果 PSNR 指标对比结果

算　法	Tsukuba（测试 1）	Teddy（测试 2）	Cones（测试 3）	Avg
本节算法/dB	16.88	18.50	13.96	16.45
SGBM/dB	13.41	10.48	13.00	12.30

由表 5.7 可知，对比经典 SGBM 算法，本节算法平均 PSNR 值为 16.45 dB，高于 SGMB 算法的 12.30 dB，说明本节算法结果在图像失真及噪声水平低于 SGBM 算法，所得视差图更平滑，质量更好。

5.3 基于深度学习的运动解算方法

伴随着信息化、智能化时代的推进，以深度学习为代表的 AI 技术深入发展，各种飞行器在军事救灾、工业生产、日常生活等领域的应用日益增多，这对飞行器的自主性提出更高的要求。精确的导航系统可以为飞行器提供精准有效的导航数据，便于飞行器实现自主飞行以及精确打击。近年，数字图像处理技术伴随着计算机的高速发展，取得了巨大进步，同时各类图像传感器在成像范围和成像精度方面都在改进中，这使得图像导航技术逐步应用于航空航天、汽车自动驾驶等军事、工业生产以及生活领域。

图像导航通过飞行器携带的图像传感器获取飞行器飞行时刻对应的数字图像，因此在图像导航过程中，飞行器不依赖与外部进行信息交互，具有较高的自主性和安全性。图像导航的主要流程是通过对飞行器获取的实时图像和飞行器中的预存图像进行匹配，获取实时图像和预存图像之间的位移和旋转关系，继而得到飞行器当前时刻的姿态信息；其核心技术是图像匹配算法。具体流程如图 5.20 所示。基于特征和基于图像灰度信息的匹配算法是图像匹配算法中常用的两类算法。基于图像灰度信息的匹配算法在飞行器图像传感器获取图像的过程中，实时图像会受到光照变化、旋转、云层遮挡以及传感器的内部参数等因素的影响，造成图像的灰度差异，以至于图像匹配误差过大，无法用于修正惯性导航系统(inertial navigation system, INS)的误差。基于特征的匹配算法，需要选择合适的图像特征，然后对提取的图像特征进行匹配，确定两张图片之间的位置关系，最后得到图像导航参数。因此，在图像匹配的过程中，选择稳定的图像特征才能提高图像导航的精度。

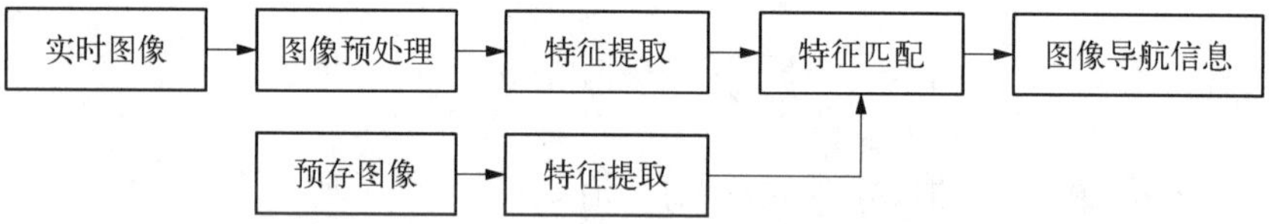

图 5.20 图像匹配流程示意图

基于特征的图像匹配算法包括基于点特征、线特征以及组合特征等传统的图像匹配算法。这类图像匹配算法是基于特征算子，在数字图像中寻找满足算子的像素点或像素点集，作为图像特征，此类算法依赖于特征算子的复杂程度以及数字图像的成像结果。若简化特征算子会导致提取的图像特征过多，复杂化特征算子会增加算法的计算量，从而降低算法的实时性；在实际飞行器图像传感器的成像过程中，会产生大量的冗余特征，不仅增大硬件的工作负担，影响匹配效率，而且容易产生错误的匹配结果，造成导航误差。随着导航精度要求的提高,数字图像的分辨率逐步提高,但是图像的数据量与信息量也随之增大,这就要求图像匹配算法在保证准确性的同时还要保证算法的实时性达到飞行器自主导航的要求。

随着深度学习兴起并快速发展,如 VGG16[112]、GoogleNet[113]、LSTM[114]、YOLO[115]等优秀的网络模型在图像目标检测、图像识别等领域有着广泛的应用。深度学习主要通过卷积运算、归一化运算、激活运算以及池化运算等操作对数字图像进行处理,并对标签化或无标签的数据集进行训练,得到图像与特征之间的函数,从而实现图像的特征提取。相比于传统的图像特征提取,大批量的卷积核计算可以提取图像中不同尺度的信息,卷积层可以更好地去除图像的冗余信息,更加有效地提取图像中的有效特征。通过不同形式的数据增强提高数据集的可靠程度,同时调节超参数使得梯度下降更稳定,从而提高模型在各个场景下的泛化能力。深度学习的发展不仅有利于图像的特征提取,并且深度学习通过训练得到端到端的函数对于图像导航有着重要的研究价值。传统的图像导航是在图像匹配的基础上,对图像匹配得到的信息进行进一步处理,从而得到图像导航参数。通过深度学习算法,将实时图像与预存图像作为输入,通过训练具有标签值的数据得到导航参数预测的网络,直接输出图像导航需要的导航参数,这类端到端的深度学习网络可以简化图像导航的步骤,提高导航系统的效率,同时可以利用大量数据的训练提高网络的准确性和适用性。

对于面向图像导航的图像匹配算法,基于深度学习的图像特征提取和图像匹配算法具有很高的研究价值。即使数字图像处理技术在目前已经取得了很大程度的发展,但在图像匹配导航的要求下,有着更高的性能要求。

5.3.1 基于深度学习的图像特征提取方法

深度学习作为机器学习的重要分支,依靠计算机的计算能力获得强大的学习能力,CNN 是深度学习在数字图像处理领域的重要工具。将数字图像看成矩阵,通过对图像大量计算获取图像矩阵中的规律。虽然每个 CNN 结构不同,但是每个网络结构都是由基础网络层组合而成的。

图像的语义分割是计算机视觉中一个重要的研究方向,根据图像的像素信息所表现出来的特征将图像分割为几个区域,使得每个图像区域的像素信息在某一个方向表现出相似性,同时每个区域之间都有着明显的差别,例如,将图像中的背景和物体的区域分离出来就是简单的语义分割,随着深度学习的兴起,语义分割技术也逐渐成熟,并且应用到目标检测[116]、自动驾驶等领域,在识别高分辨率卫星图像[117]中的复杂目标信息中也有着重要作用。

U - Net[118]是基于深度学习进行图像语义特征提取的重要方法,该网络可以通过较少的训练图像获得较为精确的分割结果。U - Net 使用一种称为重叠标签(overlap-tile)的策略,使得任意大小输入的图像都可以获得一个无缝分割,同时使用了加权的损失函数,使得网络更加重视边缘像素的学习。使用 U－Net 进行语义特征提取的效果图如图 5.21 所示。

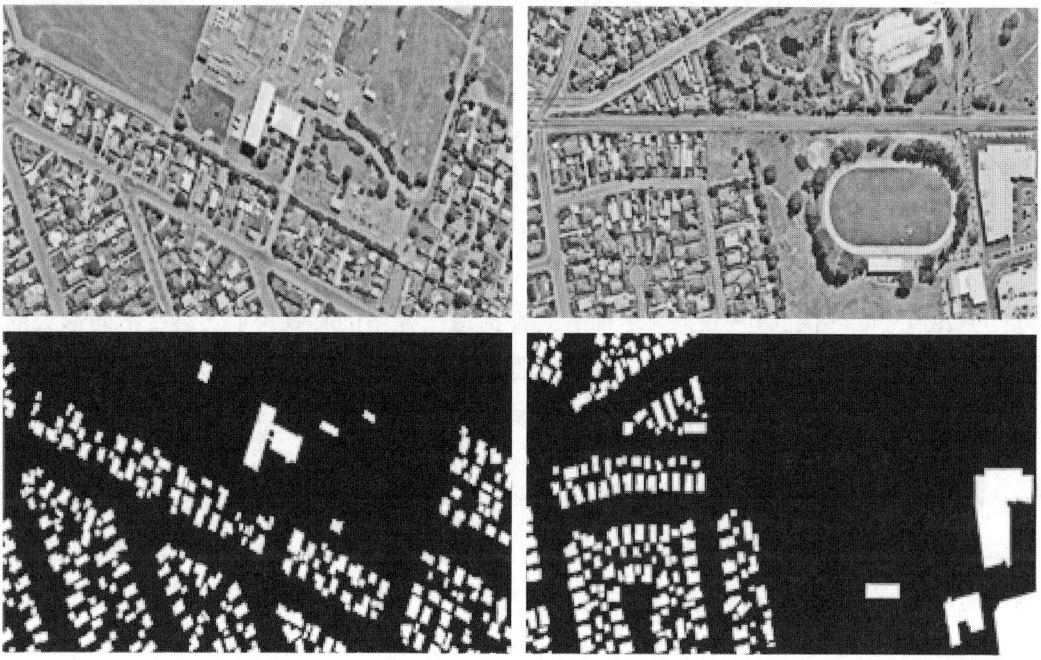

图 5.21　使用 U－Net 进行语义特征提取的效果图

从图 5.21 中可以看出 U－Net 可以有效地检测出图像中的语义分割特征，在图像导航领域可以运用于异源图像的匹配。但是在实际应用中，完成语义特征提取后仍然需要对整个图像进行计算，在一定程度上并没有改变由图像尺寸造成的影响算法实时性的弊端，所以仍然需要其他特征用于提高算法的实时性。

实验图像来自 FLIR_ADAS 数据集，数据集中可见光图像的尺寸为 384×384 像素，红外图像的尺寸为 256×256 像素，为了测试 U－Net 网络的分割效果，图像在输入网络之前尺寸需要保持一致，因此可见光图像尺寸也调整为 256×256 像素。

实验采用均交并比（mIoU）作为分割精度的评价指标，均交并比是指正确分割区域与整体区域的比值，通过计算正确的正样本与正确的正样本、错误的正样本、错误的负样本之和的比值得到。均交并比的计算公式为

$$\mathrm{mIoU}=\frac{1}{k_{\mathrm{category}}}\sum_{i=1}^{k}\frac{\mathrm{TP}}{\mathrm{TP}+\mathrm{TN}+\mathrm{FN}} \tag{5.47}$$

其中，k_{category} 为类别数；TP 为分类正确的正样本；TN 为分类错误的正样本；FN 为分类错误的负样本。

均交并比表示了正确分割样本与整体区域的比值，均交并比值越大说明分割结果越精确。在实验图像数据中，选取的四组可见光图像、红外图像原图，以及两者分别对应的语义分割结果如图 5.22 和图 5.23 所示。

(a) 可见光原始图像　(b) 红外原始图像　(c) 可见光图像语义分割结果　(d) 红外图像语义分割结果

图 5.22　第一组示例图像原始图像及语义分割结果

(a) 可见光原始图像　(b) 红外原始图像　(c) 可见光图像语义分割结果　(d) 红外图像语义分割结果

图 5.23　第二组示例图像原始图像及语义分割结果

第一组示例图像为在光线充足环境下的建筑物场景,第一组图像原始图像和语义分割结果如图 5.22 所示。

图 5.22(a)为第一组图像中的可见光原始图像,图 5.22(b)为第一组图像中的红外原始图像,图 5.22(c)为第一组图像中可见光图像的语义分割结果,图 5.22(d)为第一组图像中红外图像的语义分割结果。在图 5.22(c)、(d)中黑色区域为分割目标中的建筑(building)部分,灰色区域为分割目标中的窗户(window)部分,其余为背景(background)部分。其中,第一组图像中可见光图像的语义分割精度为 88.01%,红外图像的语义分割精度为 73.19%。

第二组示例图像表示在夜视环境下的建筑物场景,第二组图像原始图像和语义分割结果如图 5.23 所示。

图 5.23(a)为第二组实验图像中的可见光原始图像,图 5.23(b)为第二组实验图像中的红外原始图像,图 5.23(c)为第二组实验中可见光原始图像的语义分割结果,图 5.23(d)为第二组实验中红外图像的语义分割结果。图 5.23(c)、(d)中黑色区域为分割目标中的建筑(building)部分,灰色区域为分割目标中的窗户(window)部分,其余为背景(background)部分。其中,第二组图像中可见光图像的语义分割精度为 80.61%,红外图像的语义分割精度为 78.63%。

第三组示例图像表示在强光环境下行驶中的车辆场景,第三组图像原始图像和语义分割结果如图 5.24 所示。

(a) 可见光原始图像　(b) 红外原始图像　(c) 可见光图像语义分割结果　(d) 红外图像语义分割结果

图 5.24　第三组示例图像原始图像及语义分割结果

图 5.24(a)为第三组图像中的可见光原始图像,图 5.24(b)为第三组图像中的红外原始图像,图 5.24(c)为第三组图像中可见光图像的语义分割结果,图 5.24(d)为第三组图像中红外图像的语义分割结果。图 5.24(c)、(d)中黑色区域为分割目标中的车辆(car)部分,灰色区域为分割目标中的窗户(window)部分,其余为背景(background)部分。其中,第三组图像中可见光图像的语义分割精度为 79.35%,红外图像的语义分割精度为 80.92%。

第四组示例图像表示在强光环境停靠的车辆场景,第四组图像原始图像和语义分割结果如图 5.25 所示。

(a) 可见光原始图像　(b) 红外原始图像　(c) 可见光图像语义分割结果　(d) 红外图像语义分割结果

图 5.25　第四组示例图像原始图像及语义分割结果

图 5.25(a)为第四组图像中的可见光原始图像,图 5.25(b)为第四组图像中的红外原始图像,图 5.25(c)为第四组图像中可见光图像的语义分割结果,图 5.25(d)为第四组图像中红外图像的语义分割结果。图 5.25(c)、(d)中黑色区域为分割目标中的车辆(car)部分,灰色区域为分割目标中的窗户(window)部分,其余为背景(background)部分。其中,第四组实验中可见光图像的语义分割精度为 78.62%,红外图像的语义分割精度为 81.73%。

表 5.8 统计了四组示例图像中可见光图像及红外图像的语义分割精度,由于红外图像的成像特性决定了红外图像中纹理特征少以及边缘不明显,所以在正常光线下,对红外图像的语义分割精度明显低于对可见光图像的语义分割精度。第二组图像是第一组图像中相同建筑在夜视环境下的成像,对比两组图像的语义分割精度可知,可见光图像的语义分割精度降低,红外图像的语义分割精度却有所提高。这是因为夜视环境下光线变弱,所以可见光图像边缘不易辨识,语义分割精度自然受到影响。建筑在夜晚与空气的温度差

异比白天更大，所以红外图像中建筑物的边缘更加明显，语义分割结果得到改善。

表 5.8　示例图像语义分割精度统计表

	第一组图像	第二组图像	第三组图像	第四组图像
可见光图像语义分割精度/%	88.01	80.61	79.35	78.62
红外图像语义分割精度/%	73.19	78.63	80.92	81.73

第三组图像和第四组图像为强光条件下车辆的可见光图像和红外图像，由于光照强烈，所以两组图像中可见光图像都有所失真，导致可见光图像的语义分割精度降低。在相同条件下，红外图像中车辆的结构信息得到保留，所以第三组和第四组图像中，红外图像的语义分割精度比可见光图像更高。

对 FLIR_ADAS 数据集中的 1 000 组可见光及红外图片按照 8∶2 的比例分为训练集和测试集，对分割网络进行训练并测试，在 200 组测试图像的语义分割结果中，每 10 组抽取一组图像的语义分割精度数据统计如图 5.26 所示。图 5.26 中，第 1 组至第 10 组表示的是正常日光环境下算法对可见光图像及红外图像的语义分割精度，其中可见光图像的语义分割精度平均为 83.48%，红外图像的语义分割精度平均为 76.24%，在正常光照条件下，对可见光图像的语义分割结果优于红外图像的语义分割结果，这是因为可见光图像结构清晰、信息丰富，更利于网络进行识别分割。

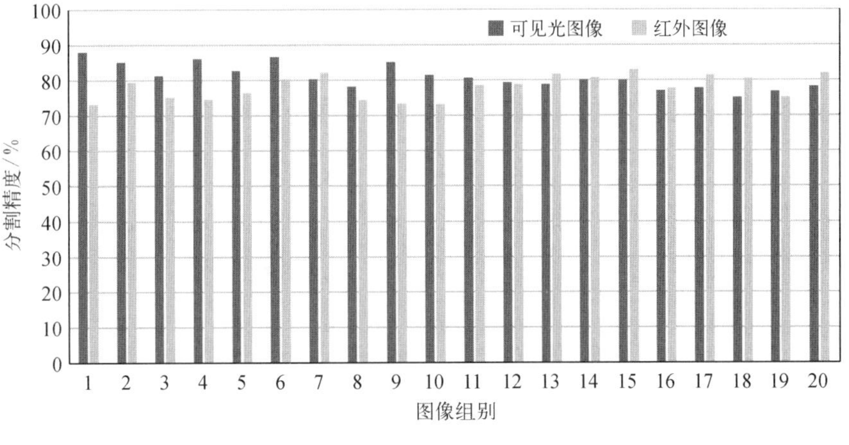

图 5.26　语义分割精度数据统计图

图 5.26 中，第 11 组至第 20 组表示的是夜视环境、强光环境等非正常光照条件下的分割结果，其中可见光图像的语义分割精度平均值为 78.36%，红外图像的语义分割精度平均值为 79.96%。对非正常光照条件下的红外图像具有比可见光图像较好的分割结果，这是因为在非正常光照环境中，可见光图像受到光照条件的影响会出现成像失真的现象，而红外图像受热辐射而成像，更完整地保留了场景中的信息。语义特征提取实验的结果表明其可完成

对同一场景下的红外图像与可见光图像的分割,取得较为接近的分割结果,以进行匹配。

5.3.2 基于端到端导航全参数网络的运动解算方法

飞行器坐标系的运动可以看成刚体运动,结合刚体的运动特点,可以将飞行器坐标系下的运动看成平移运动和旋转运动的结合。假设飞行器坐标系初始运动的位置向量为 $r_{\text{start}} = (x_{4D}, y_{4D}, z_{4D})^{\mathrm{T}}$,终点的位置向量为 $r_{\text{end}} = (x'_{4D}, y'_{4D}, z'_{4D})^{\mathrm{T}}$,则飞行器坐标系的运动方程为

$$r_{\text{end}} = Rr_{\text{start}} + T \tag{5.48}$$

其中,R 为飞行器坐标系旋转运动矩阵;T 为飞行器坐标系位移矩阵。

式(5.48)表示了飞行器坐标系运动的过程,飞行器坐标系的运动是先进行旋转运动,再进行平移运动,这个与实际运动过程不符,真实情况下飞行器坐标系在飞行过程中平移运动和旋转运动是同时发生的。

针对上述问题,引入四维空间齐次坐标,即将三维空间扩充至四维空间,假设三维空间的点为 (x_{4D}, y_{4D}, z_{4D}),扩充的四维空间的点为 $(x'_{4D}, y'_{4D}, z'_{4D}, w'_{4D})$,则三维空间点和四维空间点的对应关系如式(5.49)所示:

$$x_{4D} = \frac{x'_{4D}}{w'_{4D}},\ y_{4D} = \frac{y'_{4D}}{w'},\ z_{4D} = \frac{z'_{4D}}{w'_{4D}},\ \lambda_{4D} = w'_{4D} \tag{5.49}$$

其中,$\lambda_{4D} \neq 0$。

三维空间变换到四维空间的本质是将三维空间的点变换到四维空间的多条直线中,设 $\lambda_{4D} = 1$,可以将三维空间的点映射到四维空间中的点,从而进行运动方程的求解。假设飞行器坐标系四维空间运动的初始点为 $r_{\text{start4}} = (x_{4D}, y_{4D}, z_{4D}, w_{4D})$,终点为 $r_{\text{end4}} = (x'_{4D}, y'_{4D}, z'_{4D}, w'_{4D})$,则飞行器坐标系的运动方程如式(5.50)所示:

$$r_{\text{end4}} = C_{\text{cam}}(R, T)\, r_{\text{start4}} \tag{5.50}$$

其中,外参矩阵 $C_{\text{cam}}(R, T)$ 为飞行器坐标系运动方程的运动状态变化矩阵,可以表示为

$$C_{\text{cam}}(R, T) = \begin{bmatrix} p_{11} & p_{12} & p_{13} & p_{14} \\ p_{21} & p_{22} & p_{23} & p_{24} \\ p_{31} & p_{32} & p_{33} & p_{34} \\ p_{41} & p_{42} & p_{43} & p_{44} \end{bmatrix} \tag{5.51}$$

将式(5.49)代入式(5.50)中,可以得到四维空间中对应的点的坐标方程为

$$\begin{cases} x'_{4D} = p_{11}x_{4D} + p_{12}y_{4D} + p_{13}z_{4D} + p_{14}w_{4D} \\ y'_{4D} = p_{21}x_{4D} + p_{22}y_{4D} + p_{23}z_{4D} + p_{24}w_{4D} \\ z'_{4D} = p_{31}x_{4D} + p_{32}y_{4D} + p_{33}z_{4D} + p_{34}w_{4D} \\ w'_{4D} = p_{41}x_{4D} + p_{42}y_{4D} + p_{43}z_{4D} + p_{44}w_{4D} \end{cases} \tag{5.52}$$

结合三维空间和四维空间的转化关系，通常设 $w_{4D} = w'_{4D} = \lambda_{4D} = 1$，由此，式(5.52)可以化简为

$$\begin{cases} x'_{4D} = p_{11}x_{4D} + p_{12}y_{4D} + p_{13}z_{4D} + p_{14} \\ y'_{4D} = p_{21}x_{4D} + p_{22}y_{4D} + p_{23}z_{4D} + p_{24} \\ z'_{4D} = p_{31}x_{4D} + p_{32}y_{4D} + p_{33}z_{4D} + p_{34} \end{cases} \tag{5.53}$$

同时，为保证 $w'_{4D}v = 1$，可以求得 $p_{41} = p_{42} = p_{43} = 0$，$p_{44} = 1$，由此可以得到四维空间内飞行器坐标系的运动方程：

$$\begin{bmatrix} x'_{4D} \\ y'_{4D} \\ z'_{4D} \\ w'_{4D} \end{bmatrix} = \begin{bmatrix} \begin{bmatrix} p_{11} & p_{12} & p_{13} & p_{14} \\ p_{21} & p_{22} & p_{23} & p_{24} \\ p_{31} & p_{32} & p_{33} & p_{34} \\ 0 & 0 & 0 & 1 \end{bmatrix} \end{bmatrix} \begin{bmatrix} x_{4D} \\ y_{4D} \\ z_{4D} \\ 1 \end{bmatrix} \tag{5.54}$$

同时，假设位移矩阵和旋转矩阵如式(5.55)所示：

$$\begin{cases} T = [p_{14}, p_{24}, p_{34}]^{\mathrm{T}} = [t_x, t_y, t_z]^{\mathrm{T}} \\ R = \begin{bmatrix} p_{11} & p_{12} & p_{13} \\ p_{21} & p_{22} & p_{23} \\ p_{31} & p_{32} & p_{33} \end{bmatrix} \end{cases} \tag{5.55}$$

则飞行器坐标系四维空间内的运动状态矩阵可以表示为

$$C_{\mathrm{cam}}(R, t) = \begin{bmatrix} R & T \\ 0 & 1 \end{bmatrix} \tag{5.56}$$

当飞行器坐标系绕 X 轴旋转，并且做关于 X 方向的位移时，旋转矩阵和位移矩阵可以表示为

$$\begin{cases} T_x = [t_x, 0, 0]^{\mathrm{T}} \\ R_x = \begin{bmatrix} 1 & 0 & 0 \\ 0 & \cos\theta & \sin\theta \\ 0 & -\sin\theta & \cos\theta \end{bmatrix} \end{cases} \tag{5.57}$$

同理可以推导出飞行器坐标系绕 Y 轴旋转且做关于 Y 方向的位移时以及飞行器坐标系绕 Z 轴旋转且做关于 Z 方向的位移时，可以得到对应的飞行器坐标系运动状态矩阵的参数为

$$\begin{cases} T_y = [0, t_y, 0]^{\mathrm{T}} \\ R_y = \begin{bmatrix} \cos\gamma & 0 & -\sin\gamma \\ 0 & 1 & 0 \\ \sin\gamma & 0 & \cos\gamma \end{bmatrix} \end{cases} \text{和} \begin{cases} T_z = [0, 0, t_z]^{\mathrm{T}} \\ R_z = \begin{bmatrix} \cos\psi & -\sin\psi & 0 \\ \sin\psi & \cos\psi & 0 \\ 0 & 0 & 1 \end{bmatrix} \end{cases} \tag{5.58}$$

可以按照 X、Y、Z 的顺序将式(5.57)和式(5.58)进行运动的合成,从而得到飞行器坐标系通用的运动状态矩阵。合成的方式为

$$C_{\text{cam}}(R, T) = C_{\text{cam}}(R_z, t_z)C_{\text{cam}}(R_y, t_y)C_{\text{cam}}(R_x, t_x) \tag{5.59}$$

飞行器坐标系运动的同时,飞行器坐标系的点也进行相应的运动,同时在飞行器图像导航领域,可以将飞行器坐标系近似看成相机坐标系,由此可以将飞行器坐标系的运动看成相机坐标系的运动。

假设序列图像是飞行器平稳飞行状态下获取的,相机正对地面,并且相机内参已知。同时假设某一时刻序列图像在像素坐标系下的匹配点为 (u_{m1}, v_{m1}) 和 (u_{m2}, v_{m2}),则有

$$\begin{cases} Z_{\text{cm1}}\begin{bmatrix} R_{m1} & T_{m1} \\ 0 & 1 \end{bmatrix}^{-1}\begin{bmatrix} u_{m1} \\ v_{m1} \\ 1 \end{bmatrix} = \begin{bmatrix} \frac{1}{\mathrm{d}x} & 0 & u_0 \\ 0 & \frac{1}{\mathrm{d}y} & v_0 \\ 0 & 0 & 1 \end{bmatrix}\begin{bmatrix} f & 0 & 0 & 0 \\ 0 & f & 0 & 0 \\ 0 & 0 & 1 & 0 \end{bmatrix}\begin{bmatrix} X_{m1} \\ Y_{m1} \\ Z_{m1} \\ 1 \end{bmatrix} \\ Z_{\text{cm2}}\begin{bmatrix} R_{m2} & T_{m2} \\ 0 & 1 \end{bmatrix}^{-1}\begin{bmatrix} u_{m2} \\ v_{m2} \\ 1 \end{bmatrix} = \begin{bmatrix} \frac{1}{\mathrm{d}x} & 0 & u_0 \\ 0 & \frac{1}{\mathrm{d}y} & v_0 \\ 0 & 0 & 1 \end{bmatrix}\begin{bmatrix} f & 0 & 0 & 0 \\ 0 & f & 0 & 0 \\ 0 & 0 & 1 & 0 \end{bmatrix}\begin{bmatrix} X_{m2} \\ Y_{m2} \\ Z_{m2} \\ 1 \end{bmatrix} \end{cases} \tag{5.60}$$

可以得到式(5.61):

$$\begin{bmatrix} u_{m1} \\ v_{m1} \end{bmatrix} = \frac{Z_{\text{cm2}}}{Z_{\text{cm1}}}\begin{bmatrix} R_{m1} & T_{m1} \\ 0 & 1 \end{bmatrix}\begin{bmatrix} R_{m2} & T_{m2} \\ 0 & 1 \end{bmatrix}^{-1}\begin{bmatrix} u_{m2} \\ v_{m2} \end{bmatrix} \tag{5.61}$$

根据已知结论,两个坐标系变换矩阵的乘积仍为坐标系变换矩阵,可化简得

$$\begin{bmatrix} u_{m2} \\ v_{m2} \\ 1 \end{bmatrix} = \lambda_{\text{nonzero}}\begin{bmatrix} R_m & T_m \\ 0 & 1 \end{bmatrix}\begin{bmatrix} u_{m1} \\ v_{m1} \\ 1 \end{bmatrix} \tag{5.62}$$

其中,λ_{nonzero} 为尺度变换系数,从公式推导中可以发现,尺度系数为相机坐标系下对应的尺度信息的比值。

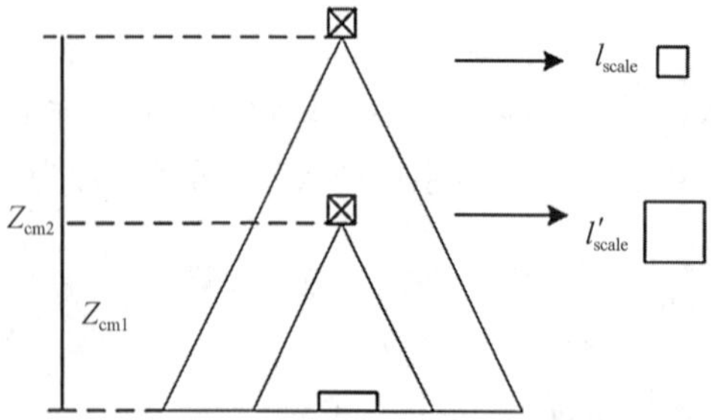

图 5.27 尺度变化系数示意图

如图 5.27 所示,当飞行器高度发生变化时,图像中同一物体的尺度会由 l_{scale} 变为 l'_{scale},变化关系可以记作:

$$\lambda_{\text{nonzero}} = \frac{l'_{\text{scale}}}{l_{\text{scale}}} \tag{5.63}$$

由图形学基本知识，可得

$$Z_{\mathrm{cm1}}=\frac{1}{\lambda_{\mathrm{nonzero}}}Z_{\mathrm{cm2}} \tag{5.64}$$

其中，Z_{cm1}、Z_{cm2} 表示不同的高度。

由此可得，尺度变换系数 $\lambda_{\mathrm{nonzero}}$ 可由图像中相同物体的尺度变化获得；同时由式(5.64)可知，当已知初始状态的高度 Z_{cm0} 和序列图像的尺度变化系数时，可以求得飞行器任意时刻的飞行高度。

综合式(5.63)和式(5.64)可知，可以由序列图像的匹配点和相同物体的尺度变化，通过方程组的解算，得到相应的飞行器状态变化矩阵。在飞行器搭载了三维深度相机的情况下，可以由三维匹配点进行导航参数的解算。

由于序列图像与飞行器的飞行状态存在一定的数学关系，从而可以通过深度学习的方法实现图像到导航信息从端到端的回归。

导航参数预测网络的网络结构主要分为两部分：特征提取模块与参数解算模块，网络框架示意见图 5.28。

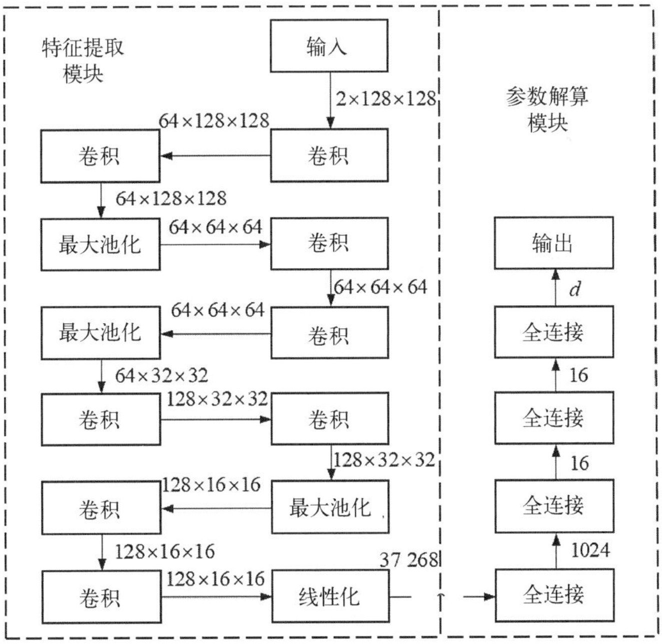

图 5.28 导航参数预测网络的网络结构

在图 5.28 中，左侧虚线框内是算法的特征提取网络，右侧虚线框内是全连接层的参数预测网络。特征提取模块主要为 8 层卷积层，在每个卷积层之后加入了归一化层，用于归一化数据，在批归一化操作之后采用了 ReLU 激活层进行非线性化，另外第 2、4、6 层后为最大池化层；参数解算模块为 4 层全连接层，将最后一个卷积层输出的 37 268 个元素转化成的一维向量，经过 4 层全连接层，输出神经元数量分别为 1 024、16、16、d，同时在线性化与第一层全连接层之间添加随机丢弃层（dropout layer），用于防止网络的过拟合。

网络模型的训练数据为

$$X_{\text{all}} = \{(X_{\text{in\_}i},\ y_{\text{lable\_}i}),\ i = 1,\ 2,\ \cdots,\ n\} \tag{5.65}$$

其中，$X_{\text{in\_}i} \in \mathbf{R}^{C_m \times h \times w}$ 表示输入图像，C_m 表示通道数，$h \times w$ 表示图像尺寸；$y_{\text{lable\_}i}$ 表示数据标签。

导航参数预测网络的预测过程可被定义为

$$M_{\text{neural}}(X_{\text{in\_}i};\ \Theta):\ \mathbf{R}^{C_m \times H \times W} \to L_{\text{set}} \tag{5.66}$$

其中，M_{neural} 是导航参数预测神经网络模型；Θ 是网络模型的参数；L_{set} 是预测标签集合。

首先定义飞行器只在 x 方向上发生位移，可以将飞行器的运动状态定义为前进、静止和后退三种。当飞行器静止时，不需要外部数据的输入，可以设置其位移量为 0，所以可以将运动状态分为前进和后退两种。当导航参数预测网络输出单一的 x 方向上的位移时，输出向量的维度为 1，而这里定义输出向量的维度为 3，如式(5.67)所示：

$$\{s_{\text{xp}},\ s_{\text{xb}},\ \Delta x\} \tag{5.67}$$

其中，s_{xp} 表示飞机前进状态的置信度；s_{xb} 表示飞机后退状态的置信度；Δx 表示位移的变化量。

可以将飞行器的状态预测作为分类任务，使用交叉熵的损失函数，将位移变化量预测作为回归任务，使用 L_1 损失函数，其中 s_{xi} 表示 i 时刻飞行器真实的运动类别对应的置信度，具体损失函数的表达式如下：

$$\text{Loss}_{\text{classification}} = \lg\left(\frac{\exp(s_{xi})}{\exp(s_{\text{xpi}}) + \exp(s_{\text{xbi}})}\right) \tag{5.68}$$

$$\text{Loss}_{\text{regression}} = \sum_{i=i}^{n}(|\ x_{\text{in\_}i} - \hat{x}_{\text{in\_}i}\ |) \tag{5.69}$$

$$\text{Loss} = \text{Loss}_{\text{classification}} + \text{Loss}_{\text{regression}} \tag{5.70}$$

得到损失函数之后，模型的参数可表示为

$$\hat{\Theta} = \arg\min_{\Theta}(\text{Loss} + \sigma_{\text{regular}} \| \Theta \|) \tag{5.71}$$

其中，$\hat{\Theta}$ 是经过训练的网络模型参数；Θ 是训练前的参数；模型中可训练参数约为 3 400 万个。$\sigma_{\text{regular}} \| \Theta \|$ 是正则化项，σ_{regular} 是正则化参数，本节算法采用正则化对抗网络模型过拟合现象。

基于序列图像的导航参数预测网络，将对应的序列图像作为输入，通过深度学习网络得到导航参数结果，输出飞行器的导航参数，从而实现图像到导航信息端到端的回归。

习题

（1）简述单目视觉的基本概念，以及单目视觉的导航参数解算原理。

（2）对比单目视觉，简述双目视觉的导航参数解算原理。

（3）结合对人工智能和深度学习的了解，探讨深度学习解算视觉导航参数的方法以及可能的改进方向。

（4）结合基准图和视觉图像序列图，分析基于景象匹配的PnP位置解算方法，并进行实验验证。

第6章 基于视觉的多信息融合导航方法

每种类型的导航系统都有其独特的优势，也存在其自身的不足。为此，本章在对常用的几种导航系统进行简要介绍的基础上，以卡尔曼滤波和因子图为代表，说明卡尔曼滤波、扩展卡尔曼滤波、因子图理论及其应用，介绍基于扩展卡尔曼滤波方法的视觉/惯性组合导航方法，以及基于因子图的多源信息融合方法。

6.1 常用导航系统

现有载体中的导航传感器十分丰富，可以获取比较多的导航信息，如视觉导航、惯性导航、卫星导航、里程计导航、激光雷达导航、超宽带(ultra wide band, UWB)导航等诸多信息。下面仅以惯性导航系统、卫星导航系统、轮式里程计导航系统为例介绍部分常用的导航系统。

6.1.1 惯性导航系统

惯性导航系统是一种不依赖于外部信息，也不向外部辐射能量的自主式导航系统，其利用陀螺仪和加速度计测量载体的加速度和角速度，并实时解算载体的速度、位置及姿态。惯性导航系统在运行过程中既不会接收外部信号，也不会向外辐射电磁波。高隐蔽性、全天候、快速响应的特性使惯性导航系统在飞机、舰船、火箭和战略武器中起到了核心的作用。同时惯性导航系统也在逐步走向民用，在海底勘探、地下开发、隧道施工、机器人技术等新的国民经济应用场景下发挥了巨大作用。

惯性导航系统的基本工作原理以牛顿力学定律为基础，通过测量载体在惯性参考系的加速度，将它对时间进行积分，并把它变换到导航坐标系中，就能够得到在导航坐标系中的速度、偏航角和位置等信息。惯性导航属于推算导航方式，即从一已知点的位置根据连续测得的载体航向角和速度推算出其下一点的位置，因而可连续测出载体的当前位置。惯性导航系统中用陀螺仪形成一个导航坐标系，使加速度计的测量轴稳定在该坐标系中，并给出航向和姿态角；用加速度计测量载体的加速度，经过对时间的一次积分得到速度，速度再经过对时间的一次积分即可得到位移。

在国内外的惯性导航系统发展历史中，惯性导航技术的发展与应用意义重大。在第二次世界大战时期,德国科研学者冯·布劳恩率先设计出了 V-2 型火箭,它的成功发射打开了"惯性导航技术"这一新兴的领域。1970 年 4 月,美国宇航局的"阿波罗 13 号"载人飞船在任务过程中发生严重爆炸,之后凭借备用的捷联导航系统安全返回地面,至此惯性导航技术的发展迈上了新的台阶并愈发成熟。国内的惯性技术起步艰难,进入 2000 年以后,以我国的"神舟"飞船为首的航天事业广泛应用了捷联惯性导航技术,捷联惯性导航技术在战略武器和运载火箭等国防领域发展成了中坚力量。

惯性导航技术已经成为现代高科技战争中的一项重要支撑技术,受到来自全国各地的关注。惯性导航系统是随着惯性传感器(陀螺仪和加速度计)技术的发展而兴起的一门导航技术,它有许多优点,如其完全自主、不受任何干扰、隐蔽性强、输出信息量大、输出信息实时性强等,这使得其在军事领域和许多民用领域都得到了广泛的应用。现代战争所面临的电磁环境日益复杂,对惯性导航技术的依赖和要求也越来越高。而惯性导航系统的主要缺点是定位误差会随着长时间工作而增大,要减小积累误差就必须提高惯性传感器的精度,而这以高昂的成本为代价。在满足长航时、远距离的精确导航与制导要求这方面惯性导航系统表现欠佳。

惯性导航系统根据原理不同可分为平台惯性导航系统和捷联惯性导航系统两类。前者将惯性敏感器件安装在机械平台上,建立惯性坐标系;后者则将其直接安装于载体本身,建立导航坐标系。前者的结构一般较复杂,体积庞大,低灵活性大大限制了应用场景,后者利用数学计算平台取代了传统的机械结构物理平台,大大简化了系统结构。捷联惯性导航解算平台原理图见图 6.1。体积小、成本低、便于安装、灵活更新等诸多优点,使得捷联惯性导航系统脱颖而出,在 21 世纪后广泛取代了平台惯性导航系统。

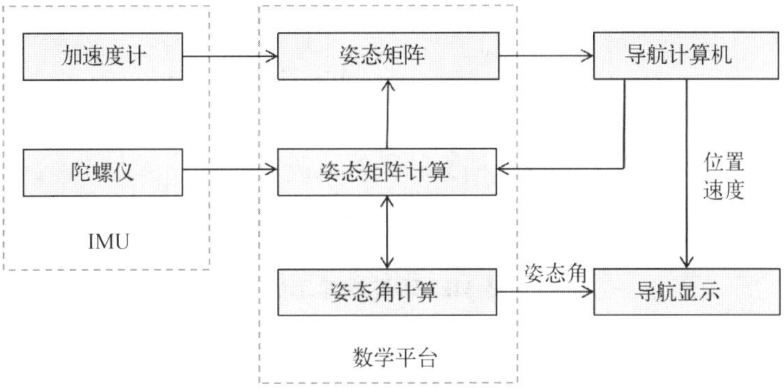

图 6.1　捷联惯性导航解算平台原理图

惯性传感器能够测量的载体包括线加速度、角加速度在内的六自由度运动信息,通过解算可以获得载体姿态、速度、位置信息。惯性传感器误差主要包括:

(1) 零偏误差。零偏误差是指惯性器件静止时的输出值不为零,它主要包括零偏值、零偏稳定性、零偏重复性以及零偏敏感性。零偏重复性可以利用初始对准进行消除,零偏稳定性则与传感器自身特性有关。

(2) 标度因数误差。标度因数指惯性器件输入变化量同输出变化量的比值,标度因

数误差则会导致信号转换时产生测量偏差,其表达式为

$$\begin{bmatrix} x_o \\ y_o \\ z_o \end{bmatrix} = \begin{bmatrix} k_x & 0 & 0 \\ 0 & k_y & 0 \\ 0 & 0 & k_z \end{bmatrix} \begin{bmatrix} x_i \\ y_i \\ z_i \end{bmatrix} \tag{6.1}$$

其中, x_i、y_i 和 z_i 是三个敏感轴的输入信息; x_o、y_o 和 z_o 是输出信息; k_x、k_y 和 k_z 为各个敏感轴的标度因数。

(3) 安装误差。惯性器件可以测量空间三个垂直方向上的线速度和角速度,因此理想情况下器件三轴应相互垂直,但实际组装时无法保证,导致其输出不能代表载体真正的运动状态。安装误差可以表示为

$$\begin{bmatrix} x_o \\ y_o \\ z_o \end{bmatrix} = \begin{bmatrix} 1 & k_{yx} & k_{zx} \\ k_{xy} & 1 & k_{zy} \\ k_{xz} & k_{yz} & 1 \end{bmatrix} \begin{bmatrix} x_i \\ y_i \\ z_i \end{bmatrix} \tag{6.2}$$

其中, k_{xy} 为敏感轴 x 轴上的输入对 y 轴输出的影响分量; k_{xz} 为敏感轴 x 轴上的输入对 z 轴输出的影响分量; k_{yz} 为敏感轴 y 轴上的输入对 z 轴输出的影响分量; k_{yx} 为敏感轴 y 轴上的输入对 x 轴输出的影响分量; k_{zx} 为敏感轴 z 轴上的输入对 x 轴输出的影响分量; k_{zy} 为敏感轴 z 轴上的输入对 y 轴输出的影响分量。

综合以上几种误差,惯性传感器的误差可以表示成

$$\begin{bmatrix} x_o \\ y_o \\ z_o \end{bmatrix} = \begin{bmatrix} k_x & k_{yx} & k_{zx} \\ k_{xy} & k_y & k_{zy} \\ k_{xz} & k_{yz} & k_z \end{bmatrix} \begin{bmatrix} x_i \\ y_i \\ z_i \end{bmatrix} + \begin{bmatrix} b_x \\ b_y \\ b_z \end{bmatrix} \tag{6.3}$$

其中, b_x、b_y 和 b_z 分别代表三个敏感轴上的零偏值。

某微机电系统(micro-electro-mechanical system, MEMS)陀螺速率标定结果见表 6.1。

表 6.1 某 MEMS 陀螺速率标定结果

敏感轴	输入/((°)/s)	输出/((°)/s)		
		x 轴	y 轴	z 轴
x 轴	10	10.799 2	1.283 9	1.394 9
	30	30.672 7	2.314 3	1.233 8
	60	60.493 4	3.459 0	1.038 2
	−10	−9.344 3	0.347 2	1.597 7
	−30	−29.262 9	−0.194 2	1.828 3
	−60	−59.208 0	−1.021 8	2.190 1

续 表

敏感轴	输入/((°)/s)	输出/((°)/s)		
		x 轴	y 轴	z 轴
y 轴	10	0.402 9	10.840 1	1.394 8
	30	−0.384 8	30.754 3	1.133 9
	60	−1.503 2	60.489 3	0.140 8
	−10	1.132 9	−9.560 6	1.638 7
	−30	2.025 2	−29.440 8	2.193 0
	−60	3.283 4	−59.584 6	2.318 4
z 轴	10	0.832 4	0.434 9	11.137 3
	30	0.377 9	0.672 2	31.016 4
	60	−0.446 5	0.543 3	61.495 5
	−10	0.902 8	1.045 7	−9.483 8
	−30	1.183 9	10.199 3	−29.531 1
	−60	1.084 4	1.039 0	−59.421 9

由数据可以计算出陀螺仪误差模型公式为

$$\begin{bmatrix} x_{og} \\ y_{og} \\ z_{og} \end{bmatrix} = \begin{bmatrix} 0.9999 & -0.0001 & -0.0145 \\ -0.0045 & 1.0006 & -0.0045 \\ 0.0137 & 0.0061 & 0.9996 \end{bmatrix} \begin{bmatrix} x_{ig} \\ y_{ig} \\ z_{ig} \end{bmatrix} + \begin{bmatrix} -0.0023 \\ -0.0009 \\ 0.0016 \end{bmatrix} \tag{6.4}$$

其中，x_{ig}、y_{ig} 和 z_{ig} 是三个敏感轴的陀螺仪输入信息；x_{og}、y_{og} 和 z_{og} 是陀螺仪输出信息。

表 6.2 为某 MEMS 加速度计六位置标定结果，其中 g 为重力加速度。

表 6.2　某 MEMS 加速度计六位置标定结果

标定轴	输入	输出/(m/s^2)		
		x 轴	y 轴	z 轴
x 轴	+g	9.787 7	0.294 3	0.123 9
	−g	−9.934 5	−0.128 8	0.035 8
y 轴	+g	−0.294 3	9.892 4	0.087 4
	−g	0.102 3	−9.781 5	0.098 5
z 轴	+g	−0.059 6	0.107 3	9.913 9
	−g	−0.082 1	0.029 0	−9.734 34

最终可以计算出加速度计误差模型公式为

$$\begin{bmatrix} x_{oa} \\ y_{oa} \\ z_{oa} \end{bmatrix} = \begin{bmatrix} 1.003\,7 & -0.005\,8 & -0.007\,6 \\ -0.004\,2 & 1.003\,4 & 0.000\,6 \\ 0.008\,1 & -0.006\,2 & 0.999\,8 \end{bmatrix} \begin{bmatrix} x_{ia} \\ y_{ia} \\ z_{ia} \end{bmatrix} + \begin{bmatrix} -0.000\,5 \\ 0.015\,2 \\ -0.000\,6 \end{bmatrix} \tag{6.5}$$

其中，x_{ia}、y_{ia} 和 z_{ia} 是三个敏感轴的加速度计输入信息；x_{oa}、y_{oa} 和 z_{oa} 是加速度计输出信息。

在低纹理、运动模糊或存在遮挡的情况下，视觉传感器通常与惯性传感器相结合提高导航的鲁棒性。外参对于将相机捕获的图像信息转换到全局坐标系中至关重要，以便与惯性导航数据进行融合。外参标定指求解从相机坐标系到惯性测量单元（inertial measurement unit, IMU）坐标系的变换矩阵（即旋转和平移），通常先进行旋转矩阵的求解，再进行位移矩阵的求解。对于 IMU 相机标定，首先要明确需要标定的状态，包括时变的（IMU 位姿、加速度计和陀螺仪的随机游走）和时不变的（重力方向、相机 IMU 外参、时间延迟），同时解析函数即为 B 样条插值后的 6 自由度位姿（3 旋转 3 平移）。

1）旋转矩阵求解

相机-IMU 之间的旋转对于视觉惯性导航系统的鲁棒性非常重要，过大的偏差会导致系统的初始化崩溃。单目相机可以跟踪系统的位姿，两帧图像之间的相对旋转 $R_{C_k, C_{k+1}}$ 可以通过经典的五点算法进行求解。IMU 可以通过对陀螺仪积分获得相对旋转 $R_{I_k, I_{k+1}}$。对于任意的第 k 帧图像，遵循以下等式：

$$R_{I_k,I_{k+1}} R_{IC} = R_{IC} R_{C_k,C_{k+1}} \tag{6.6}$$

R_{IC} 为从相机坐标系到 IMU 坐标系的旋转矩阵。将式(6.6)中的旋转矩阵用四元数表示：

$$q_{I_k, I_{k+1}} \otimes q_{IC} = q_{IC} \otimes q_{C_k, C_{k+1}} \Rightarrow [(q_{I_k, I_{k+1}})^{+} - (q_{C_k, C_{k+1}})^{\oplus}] q_{IC} = Q_{k,k+1} q_{IC} = 0 \tag{6.7}$$

对于给定的多对连续图像之间的旋转，可以构建一个超定方程：

$$\begin{bmatrix} w_{0,1} Q_{0,1} \\ w_{1,2} Q_{1,2} \\ \vdots \\ w_{N-1,N} Q_{N-1,N} \end{bmatrix} q_{IC} = Q_N q_{IC} = 0 \tag{6.8}$$

其中，N 表示旋转矩阵收敛时所使用帧的数量；$w_{k,k+1}$ 表示异常处理的权重，如果没有足够的特征估计相机旋转，则将 $w_{k,k+1}$ 设置为零。

以上超定方程的解可找到对应于 Q_N 的最小奇异值的右单位奇异向量，即可以解算出对应的旋转矩阵 R_{IC}。

2）相机-IMU 平移

获得旋转矩阵 R_{bc} 后，可以估计相机-IMU 的平移，使用紧耦合的滑动窗口初始化所需参数。初始化在 IMU 坐标系下完成，定义状态向量为

$$\begin{cases} \chi = [x_{n_{\text{slid}}}, x_{n_{\text{slid}}+1}, \cdots, x_{n_{\text{slid}}+N_{\text{slid}}}, p_{\text{IC}}, \lambda_{\text{depth}.m_{\text{slid}}}, \lambda_{\text{depth}.m_{\text{slid}}+1}, \cdots, \lambda_{\text{depth}.m_{\text{slid}}+M_{\text{slid}}}] \\ x_{\text{slid\_}k} = [p_{I_0, I_k}, v_{I_0, I_k}, g^{I_k}] \end{cases} \tag{6.9}$$

其中，$x_{\text{slid\_}k}$ 是滑窗内每帧的状态向量；g^{I_k} 是重力向量；N_{slid} 是滑动窗口中关键帧的数量；M_{slid} 是滑窗内所有关键帧中的路标点数量；n_{slid} 和 m_{slid} 是在滑动窗口中的起始索引；$\lambda_{\text{depth.}}$ 是空间路标点的逆深度；p_{I_0, I_k} 的初始值为 [0, 0, 0]。

通过最大似然估计完成初始化过程,即最小化滑动窗口内来自 IMU 和单目相机的所有测量误差的马氏范数之和:

$$\min_{\chi}\left\{ \| r_p - H_p \chi \|^2 + \sum_{k \in C_{\text{imu}}} \| \hat{z}_{I_k, I_{k+1}} - H_{I_k, I_{k+1}} \chi \|^2_{P_k, h_{k+1}} + \sum_{(i, j) \in C_n} \| \hat{z}_{C_{ji}} - C_{\text{cam}_{ji}} \chi \|^2_{P_{C_{ji}}} \right\} \tag{6.10}$$

其中，C_{imu} 表示所有的 IMU 测量数据；C_n 表示滑窗中关键帧间存在共视关系的所有特征点；$\{r_p, H_p\}$ 是线性估计器的解，$\{p_{I_k, I_{k+1}}, H_{I_k, I_{k+1}}\}$ 是线性 IMU 测量模型；$C_{\text{cam}_{ji}}$ 是相机参数模型。

由于增量和相对旋转是已知的,式(6.10)可以使用非迭代线性方式求解。其中 IMU 的测量可以表示为

$$\hat{z}^{I_k}_{I_{k+1}} = [\alpha^{I_k}_{I_{k+1}} \quad \beta^{I_k}_{I_{k+1}}]^{\text{T}} \tag{6.11}$$

$[\alpha^{I_k}_{I_{k+1}} \quad \beta^{I_k}_{I_{k+1}}]$ 是 IMU 位置和速度的预积分量。

为了便于参数的求解,将线性代价函数转换为以下形式:

$$(\Lambda_p + \Lambda_I + \Lambda_C)\chi = b_p + b_I + b_C \tag{6.12}$$

Λ_I、b_I、Λ_C、b_C 分别是 IMU 和视觉测量的信息矩阵和向量,由于已知的增量和对应的旋转,代价函数的状态是线性的,并且式(6.12)具有唯一解。通过对该方程线性求解,就能获得相机- IMU 之间的位移矩阵。

视觉惯性联合标定已被广泛研究,常用的方法包括瑞士苏黎世大学的离线标定方法 Kalibr[119]、香港理工大学的在线标定算法 VINS - Mono[120] 等。Kalibr 使用最小化反投影误差的优化算法,考虑相机和 IMU 的误差,利用多相机和 IMU 数据计算摄像机和 IMU 的外部姿态和内部参数,以及摄像机之间的相对姿态,这些参数对机器人准确感知环境并稳定运动至关重要。VINS - Mono 是由一个单目相机和一个低成本 IMU 组成的鲁棒通用的单目视觉惯性系统,通过融合预积分的 IMU 测量值和特征观测值获得高精度的视觉惯性里程计,在视觉惯性初始化过程中实现视觉惯性联合标定。Kalibr 主要用于多相机和 IMU 的标定,适用于多种计算机视觉和机器人技术场景;而 VINS - Mono 专注于单目视觉惯性系统的实现,适用于需要高精度定位和建图的场景。与此同时,武汉大学研究了一种基于全站仪与检校场的静态视觉惯性联合标定方法[121],适用于惯性导航体积较大、难以充分激励导致上述动态标定效果不稳定的情况。因此,针对不同的情况采取适合的标定方法具有重要意义。

6.1.2 卫星导航系统

全球卫星导航系统(global navigation satellite system, GNSS),也称为全球导航卫星系统,是一种在地球表面或近地空间的任何地点为用户提供全天候3维位置、速度和时间信息的空基无线电导航定位系统。

常见的系统有美国全球定位系统(global positioning system, GPS)、中国北斗卫星导航系统(Beidou navigation satellite system, BDS)、GLONASS和GALILEO四大卫星导航系统。卫星导航系统已经在航空、航海、通信、人员跟踪、消费娱乐、测绘、授时、车辆监控管理和汽车导航与信息服务等方面广泛使用,而且总的发展趋势是为实时应用提供高精度服务。

1. GNSS定位的基本原理

空间位置的测量可以通过该点与其他已知位置点的距离获得。一维情况下,即用户和卫星的位置在X轴,那么确定用户的位置需要两颗星与用户之间的距离信息;二维情况下,需要三颗卫星到用户的距离信息,因为和一个固定点等距离的点的轨迹是圆,两颗卫星和两个位置可以得到两个位置解,再通过第三颗卫星确定用户唯一的位置;以此类推,三维世界中要确定用户的空间位置则需要至少四颗卫星,因为该情况下和一个固定点等距离点的轨迹是一个球体,两个球体在空间中确定一个圆形,三个球体在空间中确定两个点,四个球体在空间中确定一个点。GNSS定位也是基于以上原理实现,所以获取用户的位置需要两个条件:四颗卫星的位置和用户到每颗卫星的距离。卫星位置可以从卫星播发的星历数据中获得,而测量卫星和用户之间的精确距离主要通过伪距和载波相位两种方式。

2. GNSS误差建模与补偿

在GNSS定位中,无论是伪距观测量还是载波相位观测量,其中都包含各种误差,GNSS测量误差按照其来源不同主要分为以下三个部分。

1)与GNSS卫星相关的误差

与GNSS卫星相关的误差包括星历误差、星钟误差,该类误差主要是由GNSS地面监控站不能对卫星的运行轨道以及卫星时钟的频漂做出准确测量和预测导致的。

(1)星历误差。

广播星历参数或其他轨道信息在进行星历参数解算时,受卫星运行过程中多种因素的影响,导致其提供的卫星位置与卫星实际位置之间的误差称为星历误差。

(2)星钟误差。

GNSS定位系统测得星钟对于GNSS标准时的偏差通常称为星钟钟差,它会对伪距和载波相位测量值产生影响,从而导致定位误差。星钟误差一般可以表示为

$$\delta t_{\text{gnss}}(t_{\text{gnss}}) = a_{\text{gnss0}} + a_{\text{gnss1}}(t_{\text{gnss}} - t_{\text{gnssoc}}) + a_{\text{gnss2}}(t_{\text{gnss}} - t_{\text{gnssoc}})^2 \tag{6.13}$$

其中,t_{gnssoc}为星钟修正参考历元;a_{gnss0}为星钟零偏;a_{gnss1}为星钟钟速误差;a_{gnss2}为星钟的钟速度率。

2）与 GNSS 信号传播相关的误差

与 GNSS 信号传播相关的误差包括电离层误差、对流层误差、多路径误差。

（1）电离层误差。

由于太阳辐射，电波在电离层中的传播速度小于真空，因此会产生信号延时等效路径 $\delta\rho_{gnss}$：

$$\delta\rho_{gnss} = 40.28\frac{N_{gnss\Sigma}}{f_{gnss}^{2}} \tag{6.14}$$

其中，$N_{gnss\Sigma}$ 为传播路径上的电子量总数；f_{gnss} 为电磁波频率。

电离层延时一般为几米，但是太阳黑子活动增强会使电离层延时达到几十米，该误差可借助一些数学模型进行估算和校正。

（2）对流层误差。

对流层中的大气除了包含各种气体元素外，还有水滴、冰晶等物质，会对电磁波的传播产生很大影响，其折射误差延时等效路径 $\delta\rho_{gnss}$ 较为粗略的模型为

$$\delta\rho_{gnss} = \frac{2.422\,4}{0.026+\sin E_{gnss}}\exp(-0.133\,45H_{gnss}) \tag{6.15}$$

其中，H_{gnss} 为用户海拔，单位为 km；E_{gnss} 为卫星仰角，单位为 rad。

（3）多路径误差。

卫星信号传输过程中，经路径中建筑物的多次反射导致实际接收信号是直射波和多个反射波的叠加，从而产生信号测量值误差以及对信号的跟踪造成困难。多路径误差受多种环境条件的影响，不同强度、延时与相位的反射波会引起不同的多路径误差，很难准确建立精确的误差模型，因此在实际测试环境中，需要选择环境较为开阔的地段进行测试，避开反射系数较大的平面。

3）与观测和接收机相关的误差

与观测和接收机相关的误差包括观测误差、接收机钟差、载波相位整周模糊度等。

（1）观测误差。

观测误差与 GNSS 接收机对卫星信号分辨率有关。通常，某种卫星信号观测值的分辨率误差大概为该信号波长值的百分之一。表 6.3 和表 6.4 是 GPS 和 BDS 不同信号的波长和观测误差表。

表 6.3　GPS 不同信号的波长和观测误差表

信　号	波　长	观测误差
P 码	29.3 m	0.3 m
C/A 码	293 m	2.9 m
载波 L_1	19.05 cm	2.0 mm
载波 L_2	24.45 cm	2.5 mm

表 6.4 BDS 不同信号的波长和观测误差表

信 号	波 长	观测误差
B1I 信号测距码	146 m	1.4 m
B1C	19.05 cm	2.0 mm
B2a	25.5 cm	2.5 mm

(2) 接收机钟差。

由于接收机内部时钟与卫星星钟之间时间不同步,接收机误差会对定位精度产生很大的影响。

(3) 载波相位整周模糊度。

GNSS 载波相位信息无法提供准确的整周相位信息,因此利用该观测值进行定位解算时,需要对整周模糊度进行实时求解,解算结果的精度会影响最终的定位精度。

4) 其他误差

除上述误差之外,GNSS 定位还受其他多种因素影响,包括地球自转、相对论效应、人为干扰等。

对于上述 GNSS 误差,可以采用多种方法进行消除和补偿,一般主要分为两类: ① 可以通过对系统建立误差模型,对其进行补偿和修正;② 可以借助不同卫星、不同接收机、不同历元对观测量进行单差、双差、三差运算,从而消除或削弱系统误差[122]。

在车载导航系统中,GNSS 可以提供连续、可靠、高精度的绝对定位信息,其导航结果对车辆的定位精度具有重要影响。

3. *GNSS/视觉空间同步*

GNSS/视觉空间同步即 GNSS 与相机之间的杆臂效应补偿,杆臂向量可以在数据采集平台上直接量取。GNSS 量测解算后一般在 ECEF 坐标系(地心固连坐标系)或者经纬高坐标系下,视觉量测解算后在相机坐标系下,两种解算方法有着各自的坐标系。在数据融合时,需要将两种观测数据统一到相同坐标系下,这个过程即杆臂效应补偿。GNSS/视觉空间同步需要求解天线与相机之间的外参,包括平移参数和旋转参数,一般而言单天线定位无须考虑姿态,则只需求解平移参数,该参数可以通过物理平台直接量取,表征 GNSS 天线相位中心和相机坐标系原点即光心之间的距离向量;若涉及多天线测姿系统,则旋转参数可以基于手眼标定原理进行在线解算。

6.1.3 轮式里程计导航系统

里程计是一种利用从移动传感器获得的数据估计物体位置随时间的变化而改变的方法,该方法被用在多种车辆系统中。在轮式自主导航系统中,里程计是一个重要组成部分,可以获取载体运动的距离和速度信息,其关系到载体定位和导航任务的实现[123]。

车辆可以基于码盘数据和底盘运动学模型进行航迹推演，从而得到车辆的轨迹[124]。以差分驱动车辆为例分析原理，如图 6.2 所示。

运动学方程很简单，如下：

$$\begin{cases}\dot{x}_r = v_{\text{all}}\cos\theta_r \\ \dot{y}_r = v_{\text{all}}\sin\theta_r \\ \dot{\theta}_r = \omega_r\end{cases} \tag{6.16}$$

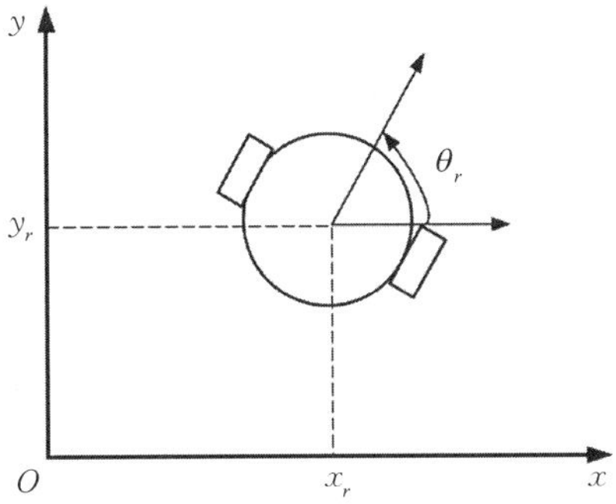

图 6.2　差分驱动车辆原理示意图

其中，x_r、y_r 为车辆的位置；θ_r 为车辆的姿态（偏航角）；v_{all} 为线速度；ω_r 为角速度。

1. 线速度推导

假设小车左右两轮各有一个转速测量单元（码盘），通过转速测量单元可以实时获取小车当前左右两轮的转速 a_{left}、a_{right}，单位为圈/s。假设轮子的周长为 S_{wheel}，则左右轮行进的速度为

$$\begin{cases}v_{\text{left}} = a_{\text{left}}S_{\text{wheel}} \\ v_{\text{right}} = a_{\text{right}}S_{\text{wheel}}\end{cases} \tag{6.17}$$

取左右两轮轴中心点的速度作为车体速度，可计算为

$$v_{\text{all}} = \frac{v_{\text{left}} + v_{\text{right}}}{2} \tag{6.18}$$

2. 角速度推导（行进方向）

假定车辆的初始位置已知，在一个行驶维度为一维的环境（如单行线公路、单行线导轨），车辆可以根据轮子的圈数实时估计自身在此一维行驶环境的何处。

在二维平面情况下，通过左右轮的转速测量单元可以推知左右轮的转圈数，显然，当左右轮的转圈数不同时，移动车辆会向左或者向右转。当左侧轮子转速低于右侧轮子时，左侧轮子转圈数少于右侧轮子，因此可推知此时车辆往左转。例如，差分驱动车辆移动示意图如图 6.3 所示。

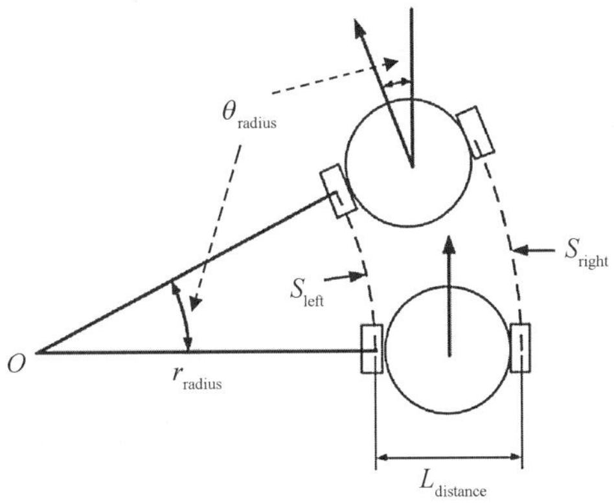

图 6.3　差分驱动车辆移动示意图

假设移动车辆此时行驶了一定距离，可知：

$$\begin{cases}S_{\text{left}} = \theta_{\text{radius}}r_{\text{radius}} \\ S_{\text{right}} = \theta_{\text{radius}}(r_{\text{radius}} + L_{\text{distance}})\end{cases} \tag{6.19}$$

其中，r_{radius} 为旋转半径，左轮走过的距离为

S_{left}，右轮走过的距离为 S_{right}，车轮间距为 L_{distance}。

等式两边对时间求导，进一步得

$$\begin{cases} v_{\text{left}} = \dot{\theta}_{\text{radius}} r_{\text{radius}} \\ v_{\text{right}} = \dot{\theta}_{\text{radius}} (r_{\text{radius}} + L_{\text{distance}}) \end{cases} \tag{6.20}$$

移动车辆角速度为

$$\frac{v_{\text{right}} - v_{\text{left}}}{L_{\text{distance}}} = \dot{\theta}_{\text{radius}} \tag{6.21}$$

轮式里程计利用观测的左右轮转速值得到速度与角速度，并将其代入移动车辆运动学模型中，推演出车辆当前的位置与航向角信息。由于测量误差、执行机构误差、模型误差以及可能发生侧滑等，轮式里程计信息会有一定的误差。由于轮式里程计是利用几何模型不断迭代计算，误差会一直累积，推算结果最终不可用。具有相同问题的还有 IMU，即惯性测量单元，同样采用几何模型推演得到移动车辆的里程计信息。单独的轮式里程计，由于没有定时校准，误差一直累积，最终无法满足应用要求，因此在实际应用中，将轮式里程计与 IMU、GNSS、视觉里程计或激光里程计等信息融合以得到较准确的定位信息。

6.2 卡尔曼滤波及组合导航方法

惯性导航系统属于推算式系统，随着时间的推移准确性降低，长时间推算会因累积误差不能及时修正等问题无法保证信息更新的可靠性和精度；卫星导航系统面对较为苛刻的复杂环境，如林木和高楼较为密集的高遮挡地区或者是电子信号干扰环境，可用卫星数目减少，卫星几何分布变差，且卫星信号易受干扰，导致定位结果精度丧失甚至无效，并且它的更新频率较低，不能够提供充足的实时位置更新信息；视觉导航系统易受当前环境中光线条件以及载体运动速度的影响。单一的导航系统都存在不可避免的缺点，因而在实际的应用场景中需要结合不同的传感器信息，发挥不同传感器的长处，从而提高导航系统精度。

将两种或者两种以上的导航系统通过适当的方式组合为一种导航系统称为组合导航系统。不同的独立导航系统都具备各自的优点和缺点，这就使得系统的精度和可靠性不能得到很好的保证，组合导航系统的产生正是为了达到提高系统精度和改善系统可靠性的目的。鉴于现代社会对导航性能的要求越来越高，各种导航系统在单独使用时，目前都难以满足导航性能的要求。组合导航技术作为一种提高系统整体性能的有效途径，其对同一导航信息进行测量并解算得到量测数据，由量测数据计算得到各子导航系统的误差并进行校正，从而得到组合导航系统的最优估计。组合导航系统已经被广泛应用于陆、海、空、天等领域，实现在如导航定位、大地测量、石油勘探、海洋测绘、农林旅游考古、气象学、形变检测等方面的应用。

卡尔曼滤波器有若干种推导方式，本书不做细致的推导，感兴趣的读者可自行参阅相关文献[125]。在线性高斯系统中，卡尔曼滤波器构成了该系统中的最大后验概率估计。而且，由于高斯分布经过线性变换后仍服从高斯分布，所以卡尔曼滤波器构成了线性系统的最优无偏估计。但在非线性系统中，必须取一定的近似，将一个非高斯的分布近似成一个高斯分布。因此，希望把卡尔曼滤波器的结果拓展到非线性系统中，由此诞生了扩展卡尔曼滤波器。下面进行详细介绍。

6.2.1 卡尔曼滤波理论及其应用

卡尔曼滤波(kalman filter, KF)：常规卡尔曼滤波是以最小均方误差为准则的最佳线性估计或滤波，它能够从一系列不完全包含噪声的测量中，估计动态系统的状态。算法具有递推性，使用状态空间方法在时域内设计滤波器，适用于多维随机过程进行估计，具有连续和离散两类算法，便于在计算机上实现，是一种高效率的递归滤波器。

卡尔曼滤波是解决以均方误差为准则的最优估计问题的一种滤波方法，它依据前一时刻的估计值和当前时刻的观测值估计状态量的当前值。它采用状态方程推算和递推的方式进行估计，结果以状态变量估计值的形式给出。

卡尔曼滤波器中的信号和噪声用状态方程和量测方程表示，因此设计卡尔曼滤波器要求已知系统的状态方程和量测方程，不需要获取全部的数据，采用递推的方法计算，系统方程和观测方程分别为

$$\begin{aligned} X_k &= \phi_{k|k-1}X_{k-1} + \Gamma_{k-1}Q_{k-1} \\ Z_k &= H_kX_k + R_k \end{aligned} \tag{6.22}$$

其中，$\phi_{k|k-1}$ 为系统状态转换矩阵；Γ_{k-1} 为系统噪声矩阵；Q_{k-1} 为系统噪声方差阵；H_k 为观测矩阵；R_k 为观测噪声方差阵。

基于系统方程和观测方程，可以获得卡尔曼滤波器五大递推公式：

$$\begin{aligned} \hat{X}_{k|k-1} &= \phi_{k,k-1}\hat{X}_{k-1|k-1} \\ \hat{X}_{k|k} &= \hat{X}_{k|k-1} + K_k(Z_k - H_k\hat{X}_{k|k-1}) \\ K_k &= P_{k|k-1}H_k^{\mathrm{T}}(H_kP_{k|k-1}H_k^{\mathrm{T}} + R_k) - 1 \\ P_{k|k} &= (I - K_kH_k)P_{k|k-1} \\ P_{k|k-1} &= \phi_{k|k-1}P_{k-1}\phi_{k|k-1}^{\mathrm{T}} + \Gamma_{k-1}Q_{k-1}\Gamma_{k-1}^{\mathrm{T}} \end{aligned} \tag{6.23}$$

其中，$\hat{X}_{k|k-1}$ 为校正前预测值，即先验估计；$\hat{X}_{k|k}$ 为校正后估计值，即后验估计；$P_{k|k-1}$ 为校正前的预测均方差；$P_{k|k}$ 为校正后的误差均方值，即后验方差；K_k 为卡尔曼增益矩阵。

1. 基于 SVD 的可观测度分析方法

可观测性的强弱可以用可观测度衡量，同可观测性相比，可观测度能够更精细地反映

传递对准模型的内在特征。目前,常用的可观测度分析方法主要包括:估计协方差矩阵的特征值法与可观测性矩阵的奇异值分解法。估计协方差矩阵的特征值法在计算过程中首先要获取被估计状态误差的协方差阵,随后才能进行可观测度判断,实际应用中存在局限性。奇异值分解则是利用可观测性矩阵的奇异值及奇异矢量对模型的可观测度进行定量描述,其最大优点是能够同时得到可观测性和可观测度的分析结果。

假设存在一组量测值为 $Z(0)$, $Z(1)$, …, $Z(k)$, 初始状态 $X(0)$ 可以表示成量测值的函数,即

$$\begin{cases} X(k+1) = F(k)X(k) \\ Z(k) = H(k)X(k) \end{cases} \tag{6.24}$$

以离散齐次线性系统为例进行讨论,系统方程与观测方程经离散化后可表示为

$$\begin{cases} Z(0) = HX(0) \\ Z(1) = HF(0)X(0) \\ Z(2) = HF(1)F(0)X(0) \\ \vdots \\ Z(k) = HF(k-1)F(k-2)\cdots F(1)F(0)X(0) \end{cases} \tag{6.25}$$

令

$$Q_{\text{obs}} = \begin{bmatrix} H \\ HF(0) \\ HF(1)F(0) \\ \vdots \\ HF(k-1)F(k-2)\cdots F(1)F(0) \end{bmatrix}, \quad Z = \begin{bmatrix} Z(0) \\ Z(1) \\ Z(2) \\ \vdots \\ Z(k) \end{bmatrix} \tag{6.26}$$

则:

$$Z = Q_{\text{obs}}X(0) \tag{6.27}$$

其中, Q_{obs} 是动态系统的可观测性矩阵。

初始状态 $X(0)$ 的估计取决于可观测矩阵的特性,对 Q_{obs} 进行奇异值分解,得到:

$$Q_{\text{obs}} = U_{\text{svd}}S_{\text{svd}}V_{\text{svd}}^{\text{T}} \tag{6.28}$$

其中, $U_{\text{svd}} = [u_1 \quad u_2 \quad \cdots \quad u_m]$; $V_{\text{svd}} = [v_1 \quad v_2 \quad \cdots \quad v_n]$ 均是正交矩阵; $S_{\text{svd}} = \text{diag}(\Lambda_{n_r \times n_r}, 0)$ 是一个 $m \times n_r$ 阶的矩阵,其中 $\Lambda_{n_r \times n_r} = \text{diag}(\sigma_1 \quad \sigma_2 \quad \cdots \quad \sigma_{n_r})$ 为对角阵, $\sigma_1 \geqslant \sigma_2 \geqslant \cdots \geqslant \sigma_{n_r} \geqslant 0$ 称为矩阵 Q_{obs} 的奇异值。

利用奇异值分解,对式(6.27)整理可得

$$Z = (U_{svd}S_{svd}V_{svd}^{T})X(0) = (\sum_{i=1}^{n_r}\sigma_i u_i v_i^{T})X(0) = \sum_{i=1}^{n_r}\sigma_i(v_i^{T}X(0))u_i \tag{6.29}$$

显然,初始状态 $X(0)$ 在 $[\sigma_1 v_1 \quad \sigma_2 v_2 \quad \cdots \quad \sigma_{n_r}v_{n_r}]$ 张成的子空间上的投影变换为观测量 Z。故唯一确定状态 $X(0)$ 至少需要 n_r 个量测值。如果 $\sigma_i > 0(i=1, 2, \cdots, n_r)$,显然利用 m 个量测值 Z 能够估计和确定初始状态,即可得到:

$$X(0) = (U_{svd}S_{svd}V_{svd}^{T})^{-1}Z = \sum_{i=1}^{n_r}\left(\frac{u_i^{T}Zv_i}{\sigma_i}\right) \tag{6.30}$$

如果 $\sigma_{i+1} = \sigma_{i+2} = \cdots = \sigma_{n_r} = 0$,则可以令 $V_{svd} = [V_{svd1} \quad V_{svd2}]$,其中 $V_{svd1} = [v_1 \quad v_2 \quad \cdots \quad v_{n_l}]$,$V_{svd2} = [v_{l+1} \quad v_{l+2} \quad \cdots \quad v_{n_r}]$,$V_{svd2}$ 代表矩阵 Q_{obs} 的零空间。在此情况下初始状态 $X(0)$ 可以表示为

$$X(0) = \sum_{i=1}^{n_r}\left(\frac{u_i^{T}Zv_i}{\sigma_i}\right) + \sum_{i=n_l+1}^{n_r}\alpha_i v_i \tag{6.31}$$

其中,$\alpha_i(i=n_l+1, \cdots, n_r)$ 是零空间中的任意系数,显然该系数有许多可能的解,即初始状态 $X(0)$ 的某些状态不能利用 m 次观测量估计。对小于某一固定值的奇异值,可能引起多个 $X(0)$ 奇异。在评估不同载体机动方式对初始状态 $X(0)$ 估计精度的影响时,要研究奇异值与初始状态之间的内在联系。当观测量 Z 具有常值范数时,初始状态 $X(0)$ 形成一个椭球,其方程为

$$\sum_{i=1}^{n_r}\left(\frac{v_i^{T}X(0)u_i}{\alpha_i}\right)^2 = |Z|^2 \tag{6.32}$$

其中,$\alpha_i = 1/\sigma_i$ 表示椭球的主轴长度。

显然,该椭球的体积由奇异值确定,当奇异值大时,体积小,$X(0)$ 也小,因此 $X(0)$ 的上界表示为

$$X(0) \leqslant \frac{|Z|}{\sigma_{n_r}} \tag{6.33}$$

如果 σ_{n_r} 值较大,$X(0)$ 就较小;当 σ_{n_r} 为 0 时,估计问题就变成一个奇异问题,估计是无界的,即 $X(0)$ 不能由量测值 Z 确定。某一状态量的可观测度定义为该状态量取得最大值时对应的奇异值与外观测量对应的奇异值之比,即

$$\eta_i = \frac{\sigma_i}{\sigma_0} \tag{6.34}$$

其中,η_i 为第 i 个系统状态的可观测度;σ_i 为 $u_i^{T}Zv_i/\sigma_i$ 第 i 个系统状态对应的奇异值;σ_0 为具有外观测量的系统状态对应的奇异值。

2. 基于渐消因子矩阵的自适应 Sage - Husa 卡尔曼滤波器

目前防止滤波发散的方法通常有两类：一是根据一定的估计准则建立自适应滤波算法，可以对系统噪声和量测噪声进行实时估计和修正；二是把系统模型或噪声参数不准确引起的误差等效为滤波估计误差，并通过引入渐消因子对状态估计的一步预测均方误差阵进行修正从而抑制滤波发散。

常规的渐消滤波是通过引入标量渐消因子调节预测协方差阵 $P_{k|k-1}$，方法简单，但是对各个通道的调节权重相同，降低了滤波估计的精度。而根据对各状态量可观测度的分析，可以使用渐消因子矩阵 λ_k 对各个通道分别进行权值调节，调整滤波增益矩阵 K_k，从而提高滤波精度。定义 k 时刻的渐消因子矩阵 λ_k 为

$$\lambda_k = \begin{bmatrix} \lambda_k^1 & 0 & \cdots & 0 \\ 0 & \lambda_k^2 & \cdots & 0 \\ \vdots & \vdots & & \vdots \\ 0 & 0 & \cdots & \lambda_k^n \end{bmatrix} \tag{6.35}$$

其中，n 为状态维数；$\lambda_k^i(i = 1, 2, \cdots, n)$ 分别对应 n 个状态通道的渐消因子。

渐消因子的求解方法如下。

（1）设置 λ_k^i 的初始值，$\lambda_0 = \mathrm{diag}(1, 1, \cdots, 1)$。

（2）计算可观测度 η_i 的几何平均数 γ_{mean}，该数是指 n 个观测值连乘的 n 次方根，用于计算比率或动态平均数。

（3）根据可观测度的几何平均数计算自适应渐消因子：

$$\lambda_{k+1}^i = \left(\sqrt{\eta_i/\gamma_{\mathrm{mean}}}\right)^{\frac{1}{n}}\lambda_k^i, \quad i = 1, 2, \cdots, n \tag{6.36}$$

联立式(6.28)和式(6.29)可以求解渐消因子，状态可观测度越大，对应的权值就越大。

为了利用渐消因子实时在线调整滤波增益矩阵 K_k，使其随着系统可观测度自适应调节，首先计算预测协方差阵：

$$P_{k|k-1} = \phi_{k|k-1}\lambda_k P_{k-1}\phi_{k|k-1}^{\mathrm{T}} + \Gamma_{k-1}Q_{k-1}\Gamma_{k-1}^{\mathrm{T}} \tag{6.37}$$

继而求解系统的增益矩阵：

$$K_k = P_{k|k-1}H_k^{\mathrm{T}}[H_k P_{k|k-1}H_k^{\mathrm{T}} + U_{e\_k}]^{-1} \tag{6.38}$$

在 Sage - Husa 卡尔曼滤波器中，量测噪声方差阵 U_e 可以由时变噪声估计器估计得到：

$$U_{e\_k} = [1 - f_\beta(k-1)]U_{e\_k-1} + f_\beta(k-1)(\tilde{Z}_k\tilde{Z}_k^{\mathrm{T}} - H_k P_{k|k-1}H_k^{\mathrm{T}}) \tag{6.39}$$

其中，$f_\beta(k) = (1-\beta_\lambda)/(1-\beta_\lambda^{k+1})$，$0 < \beta_\lambda < 1$，$\beta_\lambda$ 是遗忘因子，可以限制滤波器的记忆长

度，加强新近观测数据对当前时刻估计的作用，此处取 $\beta_\lambda = 0.1$。

根据式(6.30)、式(6.31)以及式(6.32)可以得到自适应 Sage - Husa 卡尔曼滤波器(adaptive Sage-Husa Kalman filter, ASHKF)的滤波过程如下。

(1) 时间更新：

$$\begin{cases} \hat{X}_{k|k-1} = \phi_{k|k-1} \hat{X}_{k-1} \\ P_{k|k-1} = \phi_{k|k-1}\lambda_k P_{k-1}\phi_{k|k-1}^{\mathrm{T}} + \Gamma_{k-1}Q_{k-1}\Gamma_{k-1}^{\mathrm{T}} \end{cases} \tag{6.40}$$

(2) 量测更新：

$$\begin{cases} \tilde{Z}_k = Z_k - H_k \hat{X}_{k|k-1} \\ X_k = X_{k|k-1} + K_k \tilde{Z}_k \\ K_k = P_{k|k-1}H_k^{\mathrm{T}}[H_k P_{k|k-1}H_k^{\mathrm{T}} + U_{e\_k}]^{-1} \\ P_k = [I - K_k H_k]P_{k|k-1}[I - K_k H_k]^{\mathrm{T}} + K_k U_{e\_k} K_k^{\mathrm{T}} \end{cases} \tag{6.41}$$

6.2.2 扩展卡尔曼滤波理论及其应用

1. EKF 的性质

EKF：EKF 是由 KF 考虑时间非线性的动态系统，常用于目标跟踪系统，是目前在应用上最广泛的一种非线性滤波算法。EKF 的基本思想是将非线性系统利用泰勒级数(Taylor series)线性化，然后进行卡尔曼滤波，因此 EKF 是一种次优滤波。二阶 EKF 方法考虑了泰勒级数展开的二次项，减少了由线性化引起的估计误差，虽然由此进一步提高了 EKF 对非线性系统的估计性能，但大大增加了运算量，使得在实际应用中，一阶 EKF 应用最为广泛。

2. 标准 EKF 递推过程

EKF 是一种适用于非线性系统的滤波算法，系统方程和观测方程分别为

$$\begin{aligned} X_k &= f_{\mathrm{nline}}(X_{k-1}, Q_{k-1}) \\ Z_k &= h_{\mathrm{nline}}(X_k, R_k) \end{aligned} \tag{6.42}$$

其中，f_{nline} 和 h_{nline} 都是非线性函数。

EKF 的递推过程与卡尔曼滤波类似，设置初值 $\hat{X}_{k-1|k-1}$ 和 $P_{k-1|k-1}$ 后，就进入预测过程：

$$\begin{aligned} \hat{X}_{k|k-1} &= f_{\mathrm{nline}}(\hat{X}_{k-1|k-1}, 0) \\ P_{k|k-1} &= F_k P_{k-1} F_k^{\mathrm{T}} + W_k Q_{k-1} W_k^{\mathrm{T}} \end{aligned} \tag{6.43}$$

其中，$P_{k|k-1}$ 为校正前的预测均方误差，即先验方差。

J_{fx} 为 k 时刻对 f_{nline} 中系统状态变量求偏导数的雅可比矩阵，J_{fq} 为 k 时刻对 f_{nline} 中系统噪声变量求偏导数的雅可比矩阵：

$$J_{fx} = \left.\frac{\partial f_{\text{nline}}}{\partial X}\right|_{X=\hat{X}_{k|k-1}}$$
$$J_{fq} = \left.\frac{\partial f_{\text{nline}}}{\partial Q}\right|_{Q=Q_{k-1}} \tag{6.44}$$

随后是观测过程：

$$\tilde{y}_k = Z_k - H_k$$
$$S_k = J_h P_{k|k-1} J_h^{\mathrm{T}} + V_k R_k V_k^{\mathrm{T}} \tag{6.45}$$

其中，$\tilde{y}_k$ 为新息。

J_{hx} 为 k 时刻对观测方程 h_{nline} 中系统状态变量求偏导数的雅可比矩阵，J_{hq} 为 k 时刻对观测方程 h_{nline} 系统噪声变量求偏导数的雅可比矩阵：

$$J_{hx} = \left.\frac{\partial h_{\text{nline}}}{\partial X}\right|_{X=\hat{X}_{k|k-1}}$$
$$J_{hq} = \left.\frac{\partial h_{\text{nline}}}{\partial Q}\right|_{Q=Q_{k-1}} \tag{6.46}$$

最后是更新过程：

$$K_k = P_{k|k-1} J_{hx}^{\mathrm{T}} S_k^{-1}$$
$$\hat{X}_{k|k} = \hat{X}_{k|k-1} + K_k \tilde{y}_k \tag{6.47}$$
$$P_{k|k} = (I - K_k J_{hx}) P_{k|k-1}$$

其中，K_k 为滤波增益矩阵；$\hat{X}_{k|k}$ 为最终估计值；$P_{k|k}$ 为校正后的误差均方值，即后验方差。

EKF 的预测和修正关系如图 6.4 所示。

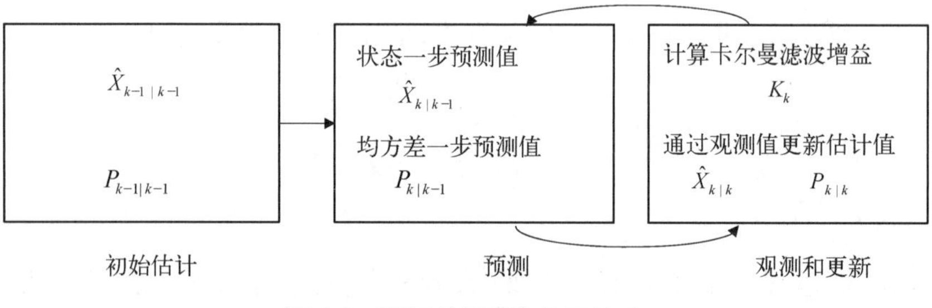

图 6.4　EKF 的预测和修正关系

EKF 算法同样用于组合导航系统，文献[126]中基于 EKF 模型对微机电（系统）-微惯性导航系统（micro-electro-mechanical system-inertial navigation system, MEMS - INS）、GNSS 和视觉里程计进行融合，将 EKF 和 Huber 结合克服观测噪声干扰，提升系统鲁棒性；或者采用自适应 EKF 算法融合 UWB 和航位推算（pedestrian dead reckoning, PDR）算法[127]，利用自适应校准因子动态调整 UWB 观测值权重校准位置误差，进而提升系统的定位精度。也有文献[128]利用 EKF 算法融合 GNSS 与捷联惯导数据，解决了 GNSS 信号失锁、数据更新频率低、不提供姿态信息等问题,提升了系统定位、测速和测姿的精度。

6.3 因子图及组合导航方法

多源信息具有多样性和复杂性,融合方法要保证其鲁棒性和并行处理能力,同时需兼顾运算速度和精度。融合方法有很多种,如加权融合法、基于贝叶斯估计的滤波融合算法等。经过进一步的发展,基于人工智能的模糊逻辑理论、神经网络等方法也逐渐发展起来。然而,传感器信息异步问题在实际情况中较为常见,作为当前主流融合方法的卡尔曼滤波,信息处理机制较为复杂,并且线性化误差较大。

因此,本研究引入了基于因子图的融合算法,它在多个领域有着广泛的应用,可以满足高效、快速融合多源信息的需求,扩展性和灵活性较强。本章以该方法为基础,建立了无人车的多传感器因子图模型构架,并对图优化算法进行研究和改进,以提高系统的计算效率和实时性。最后,搭建仿真平台对算法性能进行验证、对比及分析。

6.3.1 因子图算法简介

因子图是概率图模型的一种,它是基于贝叶斯网络(Bayesian network, BN)或马尔可夫随机场(Markov random fields)的概率图像模型。构建系统在某个时间区间内的图模型,使得当前得到的导航量测值同系统解算出的导航状态量建立联系,是基于后验估计理论的数据融合方式。设函数 $p(v_1, v_2, \cdots, v_n)$ 表示函数因式分解后的结果:

$$p(v_1, v_2, \cdots, v_n) = \prod_{j=1}^{m} f_j(v_j) \tag{6.48}$$

该函数对应的因子图 $G_k = (F_k, V_k, \varepsilon_k)$ 主要由三部分组成,变量节点 $v_j \in V_k$ 代表系统需要估计的变量,因子节点 $f_i \in F_k$ 代表当前的一个局部函数,当 v_j 是 f_i 的变量时,有一条边 $e_{ij} \in \varepsilon_k$ 连接变量节点和因子节点。设当前某个函数 $p(v_1, v_2, v_3, v_4, v_5)$ 与 5 个变量 v_1、v_2、v_3、v_4、v_5 有关系,假设有

$$p(v_1, v_2, v_3, v_4, v_5) = f_A(v_1) f_B(v_2) f_C(v_1, v_2, v_3) f_D(v_3, v_4) f_E(v_3, v_5) \tag{6.49}$$

那么有 $V_A = \{v_1\}$, $V_B = \{v_2\}$, $V_C = \{v_1, v_2, v_3\}$, $V_D = \{v_3, v_4\}$, $V_E = \{v_3, v_5\}$,并且其对应的因子图如图 6.5 所示,其中因子节点为实心点,变量节点为空心点,每个节点和不同的变量产生关系,从而构成一个局部函数,建立整个因子图所有局部函数的乘积以实现信息的融合。

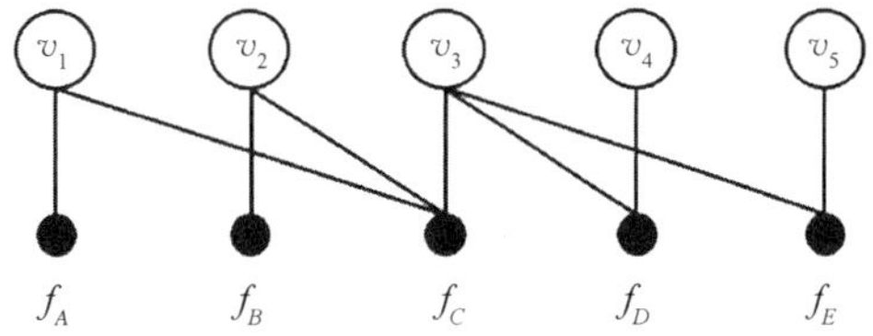

图 6.5 因子图模型示意图

基于因子图的多源信息融合算法给无人车导航定位解算带来了便利:当某时刻系统接收到某个传感器信息时,在因子图中添加适当

节点;而当传感器信息丢失或因故障不可用时,直接将其节点从图中剔除即可。

1. 基于因子图的多源信息融合算法

假设 x_{nav_i} 和 c_{errori_i} 分别代表 t_i 时刻的导航状态量和误差变量。定义截止到 t_k 时刻所有的导航状态量集合为 X_{nav_k},误差变量集合为 C_{error_k},它们可以表示为

$$X_{\mathrm{nav}\_k} \overset{\mathrm{def}}{=} \{x_{\mathrm{nav}\_i}\}_{i=1}^{k},\ C_{\mathrm{error}\_k} \overset{\mathrm{def}}{=} \{c_{\mathrm{error}\_i}\}_{i=1}^{k} \tag{6.50}$$

到 t_k 时刻为止所有的变量集合可以表示为

$$V_{\mathrm{set}\_k} \overset{\mathrm{def}}{=} \{X_{\mathrm{nav}\_k},\ C_{\mathrm{error}\_k},\ L_k\} \tag{6.51}$$

概率密度函数(probability distribution function, PDF)可以表示为

$$p(V_{\mathrm{set}\_k} \mid Z_{\mathrm{nav}\_k}) \tag{6.52}$$

其中,Z_{nav_k} 代表了到 t_k 时刻所有量测信息,它包括每个时刻 t_i 的量测信息 Z_{nav_i}。

因此,系统最大后验概率(maximum a posteriori, MAP)表达式如下:

$$V_{\mathrm{set}\_k}^{*} \overset{\mathrm{def}}{=} \arg\max_{V_k} p(V_{\mathrm{set}\_k} \mid Z_{\mathrm{nav}\_k}) \tag{6.53}$$

因子图中每一个因子节点都代表了最大后验概率 $p(V_{\mathrm{set}\_k} \mid Z_{\mathrm{nav}\_k})$ 中独立一项,因此可以表示为

$$p(V_{\mathrm{set}\_k}) \propto \prod_i f_i(V_{\mathrm{set}\_k}^{i}) \tag{6.54}$$

其中,$V_{\mathrm{set}\_k}^{i}$ 代表了 t_i 时刻的变量节点。

对于高斯系统,在因子图中的每一个因子节点 f_i 都代表了一个需求最小值的误差方程,记该误差方程为 $\mathrm{err}(V_{\mathrm{set}\_k}^{i},\ z_{\mathrm{nav}\_i})$,有

$$f_i(V_{\mathrm{set}\_k}^{i}) \overset{\mathrm{def}}{=} d(\mathrm{err}(V_{\mathrm{set}\_k}^{i},\ z_{\mathrm{nav}\_i})) = \exp\left(-\frac{1}{2}\|\mathrm{err}_i(V_{\mathrm{set}\_k}^{i},\ z_{\mathrm{nav}\_i})\|_{\Sigma_i}^{2}\right) \tag{6.55}$$

算子 $d(\cdot)$ 是代价函数的表达形式,$\|a\|_{\Sigma_i}^{2} \overset{\mathrm{def}}{=} a^{\mathrm{T}}\boldsymbol{\Sigma}^{-1}a$ 是马氏距离,$\boldsymbol{\Sigma}$ 是协方差矩阵。由此,对 MAP 的估计可以等效为求解非线性最小二乘方程 $\sum_i \|\mathrm{err}_i(V_{\mathrm{set}\_k}^{i},\ z_{\mathrm{nav}\_i})\|_{\Sigma_i}^{2}$ 的最小值。对于一个系统的量测模型,其因子表达式为

$$f_i(V_{\mathrm{set}\_k}^{i}) = \exp\left(-\frac{1}{2}\|h_i(V_{\mathrm{set}\_k}^{i}) - z_{\mathrm{nav}\_i}\|_{\Sigma_i}^{2}\right) \tag{6.56}$$

其中,$h_i(\cdot)$ 是表示传感器相对于系统状态量的量测模型;z_{nav_i} 是实际量测值。估计最大后验概率即对当前构建的图模型进行最优化。

2. 传感器在线标定的因子图模型构建

本研究涉及的车载导航传感器主要包括惯性传感器、GNSS、车辆里程计、双目立体视

觉以及 UWB 系统等。本节主要依据上述因子图理论将这些传感器信息抽象为量测因子，建立起完整的因子图。

1）先验信息因子节点

先验信息 $p(V_0)$ 在因子图中是一个独立的因子节点，任何一个完整的因子图都需要有一个先验信息节点 $f^{\text{Prior}}(v)$，它可以表示为

$$f^{\text{Prior}}(v) \overset{\text{def}}{=} d(v) = \exp\left(-\frac{1}{2}\| v - \mu_v \|_{\Sigma_v}^2\right) \tag{6.57}$$

对于高斯系统，μ_v 和 Σ_v 分别为信息的均值和方差。

2）IMU 因子节点

惯性导航系统作为当前导航系统的主要导航器件，其信息更新频率高、信息量较大，如果对每一个惯性导航信息建立因子节点，则计算量大且耗时长。因此，目前针对惯性导航系统因子图的建立，仅将量测需要输出的导航状态量设置为变量节点，重新定义相邻两个时刻的 IMU 因子节点，通过预积分的方法综合所有 IMU 数据，构建等效的 IMU 因子节点。预积分算法是将得到的载体运动状态信息在机体坐标系下进行积分，能够有效地提高算法实时性。

假设给定的 IMU 在 $t_k \sim t_{k+1}$ 更新周期内的量测输出为 $z_k^{\text{IMU}} \overset{\text{def}}{=} \{f^b, \omega^b\}$。在对该更新周期内的 IMU 数据在 t_k 时刻的机体坐标系下进行预积分，得到导航估计值作为导航信息推算部分：

$$\begin{aligned} \hat{x}_{k+1} &= h(x_k, c_{\text{error}\_k}, z_k^{\text{IMU}}) \\ \hat{c}_{\text{error}\_k+1} &= g(c_{\text{error}\_k}) \end{aligned} \tag{6.58}$$

当 t_{k+1} 因子图中加入了新的量测节点时，将估计值和量测值之间建立差值关系即为当前需要求最小值的代价函数，并建立因子节点，其表达形式为

$$\begin{aligned} f^{\text{IMU}}(x_{k+1}, x_k, c_{\text{error}\_k}) &\overset{\text{def}}{=} d(x_{k+1} - h(x_k, c_{\text{error}\_k}, z_k)) \\ f^{\text{bias}}(c_{\text{error}\_k+1}, c_{\text{error}\_k}) &\overset{\text{def}}{=} d(c_{\text{error}\_k+1} - g(c_{\text{error}\_k})) \end{aligned} \tag{6.59}$$

由式(6.59)可以看出，t_{k+1} 时刻更新的惯导信息因子节点 $f^{\text{IMU}}(x_{k+1}, x_k, c_{\text{error}\_k})$ 连接了 t_k 时刻的状态变量节点 x_k 和误差变量节点 c_{error_k} 以及 t_{k+1} 时刻的状态变量节点 x_{k+1}；误差变量节点 $f^{\text{bias}}(c_{\text{error}\_k+1}, c_{\text{error}\_k})$ 连接了 t_k 时刻和 t_{k+1} 时刻的误差变量节点 c_{error_k} 和 c_{error_k+1}。

3）GNSS 因子节点

GNSS 量测方程为

$$z_k^{\text{GNSS}} = h^{\text{GNSS}}(x_k) + n^{\text{GNSS}} \tag{6.60}$$

其中，n^{GNSS} 是量测噪声；h^{GNSS} 是建立起车辆位置与量测信息 z_k^{GNSS} 之间关系的方程。

利用此方程可以建立起一个因子节点：

$$f^{\mathrm{GNSS}}(x_k) \overset{\mathrm{def}}{=\!=} d(z_k^{\mathrm{GNSS}} - h^{\mathrm{GNSS}}(x_k)) \tag{6.61}$$

由式(6.61)可以看出,GNSS 量测信息只同当前时刻变量建立关系,并且在将节点加入因子图中时,同等效 IMU 节点 f^{IMU} 共同形成一个因子节点进行导航信息的估计。结合 IMU 和 GNSS 节点的因子图模型如图 6.6 所示。

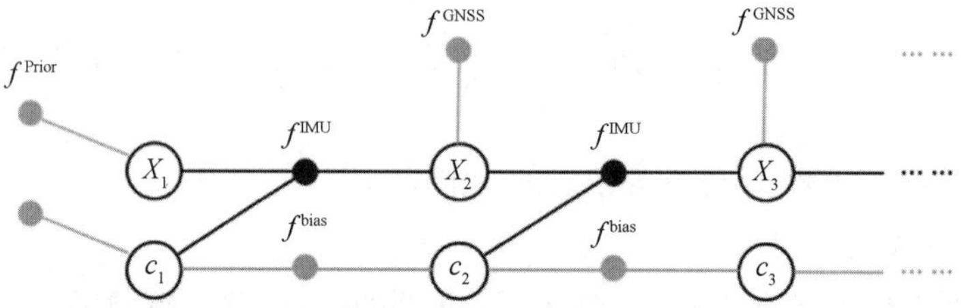

图 6.6　GNSS 因子图模型

4）双目立体视觉因子节点

双目立体视觉可以提供载体的相对位姿信息,其量测方程为

$$z_k^{\mathrm{VO}} = h^{\mathrm{VO}}(x_k,\ x_{k-i}) + n^{\mathrm{VO}} \tag{6.62}$$

其中,n^{VO} 是量测噪声;h^{VO} 是建立起车辆速度同量测信息 z_k^{VO} 之间关系的方程。

利用此方程可以建立起一个因子节点:

$$f^{\mathrm{VO}}(x_k,\ x_{k-i}) \overset{\mathrm{def}}{=\!=} d(z_k^{\mathrm{VO}} - h^{\mathrm{VO}}(x_k,\ x_{k-i})) \tag{6.63}$$

由于双目视觉系统得到的是两个时刻的相对位姿,因此量测信息 z_k^{VO} 同当前时刻 t_k 和之前某时刻 t_{k-i} 两个因子节点建立关系,其因子图模型如图 6.7 所示。

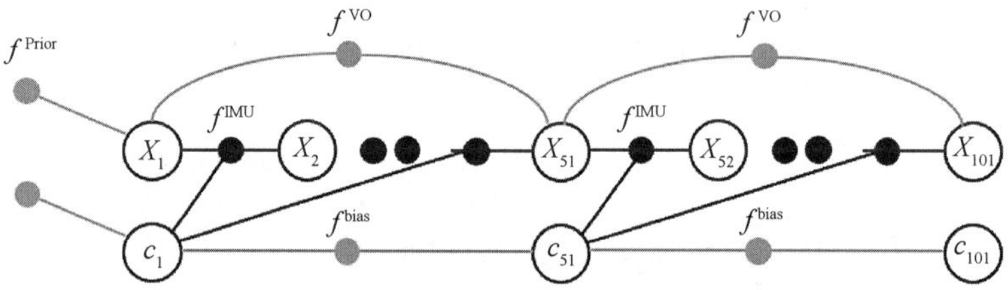

图 6.7　双目视觉系统因子图模型

5）里程计因子节点

里程计可以提供车辆运行速度信息,但是由于在车辆运行过程中,其标度因数误差会对导航结果的估计产生影响,并且初始时刻得到的标度因数值可能不准确。因此,本研究对里程计的标度因数误差进行在线标定,即建立标度因数误差的因子节点并加入图中进行实时估计,并对里程计每时刻的脉冲量进行补偿,继而得到高精度的车体速度信息。

里程计量测方程为

$$z_k^{\mathrm{ODO}} = h^{\mathrm{ODO}}(x_k,\ \delta K_k) + n^{\mathrm{ODO}} \tag{6.64}$$

其中，n^{ODO} 是量测噪声；h^{ODO} 是建立起同量测信息 z_k^{ODO} 之间关系的方程；x_k 是导航信息状态量；K_k 是标度因数误差。

因此，可建立起因子节点：

$$
\begin{aligned}
f^{\mathrm{ODO}}(x_k,\ \delta K_k) &\overset{\mathrm{def}}{=\!=} d(z_k^{\mathrm{ODO}} - h^{\mathrm{ODO}}(x_k,\ \delta K_k)) \\
f^{\mathrm{ODO\_bias}}(\delta K_k,\ \delta K_{k-1}) &\overset{\mathrm{def}}{=\!=} d(\delta K_k - g_k(\delta K_{k-1}))
\end{aligned}
\tag{6.65}
$$

其中，t_{k+1} 时刻里程计信息因子节点 $f^{\mathrm{ODO}}(x_k,\ \delta K_k)$ 连接了 t_k 时刻的状态变量节点 x_k 和误差变量节点 δK_k；误差变量节点 $f^{\mathrm{ODO\_bias}}(\delta K_k,\ \delta K_{k-1})$ 连接了 t_{k-1} 时刻和 t_k 时刻的误差变量节点 δK_{k-1} 和 δK_k。经推导，里程计的误差方程可以表示为

$$
z_k^{\mathrm{ODO}} - h^{\mathrm{ODO}}(x_k,\ \delta K_k) = C_b^n V_k^{\mathrm{ODO}} - (1 + \delta K_k - (\phi^n \times)) V_k^n \tag{6.66}
$$

其中，$\phi^n\times$ 为角增量反对称阵；V_k^n 为导航坐标系下的速度。结合 IMU 和里程计的因子图模型如图 6.8 所示。

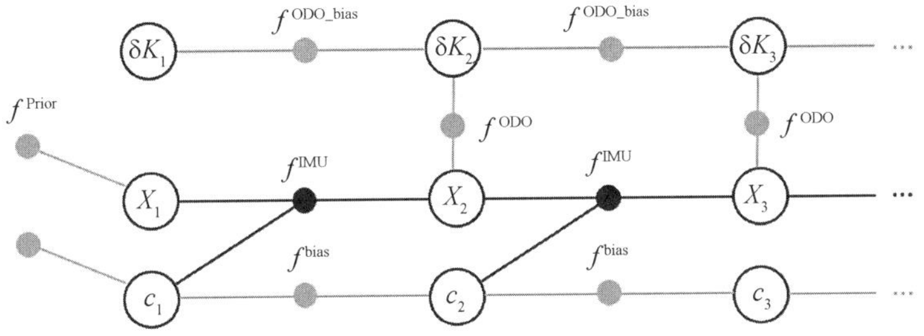

图 6.8 结合 IMU 和里程计因子图模型

6.3.2 用于多源融合导航的因子图推理方法

在因子图模型的基础上，需要对已构建的基于图模型的多源信息系统进行最大后验概率估计，从而对导航结果进行最优估计。如何对推理方法进行改进，进而提升优化过程的精度和速度是该问题的难点，也是本节研究的重点。

本节首先介绍传统的批量平滑算法，随后引入可以有效提高计算速度的增量平滑算法，并在此基础上对其线性化过程带来的误差进行方法的优化，以提高算法精度。

1. 基于批量平滑算法的因子图推理方法

对因子图系统的联合概率密度函数进行最大后验概率估计，等同于对所有节点误差方程的和求最小值：

$$
\begin{aligned}
V_k^* &= \arg\max_{V_k} p(V_k) = \arg\max_{V_k} \prod_i \exp\left(-\frac{1}{2}\|\mathrm{err}_i(V_k^i,\ z_i)\|_{\Sigma_i}^2\right) \\
&= \arg\min_{V_k} \sum_i \|\mathrm{err}_i(V_k^i,\ z_i)\|_{\Sigma_i}^2 = \arg\min_{V_k} \sum_i \|h_i(V_k^i) - z_i\|_{\Sigma_i}^2
\end{aligned}
\tag{6.67}
$$

因此,本节中的因子图优化问题可以抽象为一个最小二乘优化问题:在初始状态量处进行泰勒展开,并不断对非线性方程多次线性化之后,利用高斯-牛顿迭代法进行最优化。

$$V_k^* = \arg\min_{V_k} \| JV_k - U_e \|^2 \tag{6.68}$$

其中,向量 V_k 是导航状态量;矩阵 J 是当前系统方程的雅可比矩阵,同时也是一个稀疏矩阵; U_e 是量测误差矩阵。

对于式(6.68)的求解,一般采用 Cholesky 分解法和 QR 分解法,这里主要对 QR 分解法进行阐述。QR 分解是将某一矩阵方程转化为正规方程:

$$\begin{aligned} \| JV_k - U_e \|^2 &= \left\| Q_{qr} \begin{bmatrix} R_{qr} \\ 0 \end{bmatrix} V_k - U_e \right\|^2 = \left\| Q_{qr}^{T} Q_{qr} \begin{bmatrix} R_{qr} \\ 0 \end{bmatrix} V_k - Q_{qr}^{T} U_e \right\|^2 = \left\| \begin{bmatrix} R_{qr} \\ 0 \end{bmatrix} V_k - \begin{bmatrix} u_{qe1} \\ u_{qe2} \end{bmatrix} \right\|^2 \\ &= \| R_{qr} V_k - u_{qe1} \|^2 + \| u_{qe2} \|^2 \end{aligned} \tag{6.69}$$

其中, Q_{qr} 为正交矩阵; R_{qr} 为上三角矩阵。

之后对 $JV_k^* = u_{qe1}$ 求解即是求解当前全局最优估计值。但是这种算法虽然步骤简单,但在每一次更新因子图时,都需要对包含全部状态量的方程进行多次线性化,计算量较大。

2. 基于增量平滑算法的因子图推理方法

由上述分析可知,当系统接收到一个新的量测信息时,会在因子图中产生一个新的节点,也就是每一次的系统线性化之后的雅可比矩阵 J 都会比先前增加一行,经过长时间的因子图构建之后,该矩阵的规模将会变得很大,所以求解过程非常困难和耗时。因此,在解算时,一般引入增量平滑映射(incremental smoothing and mapping, iSAM),即对已存在的矩阵部分不做修改,只添加并改动需要增加的部分,这样可以大大减小优化过程的计算量。

在 QR 分解的基础上,如果系统当前收到新的量测时,iSAM 不需要重新计算 R_{qr} 阵,而是直接在原先的 R_{qr} 阵和量测误差阵 U_e 下添加新的行,如下所示:

$$\begin{bmatrix} Q_{qr}^{T} & \\ & 1 \end{bmatrix} \begin{bmatrix} J \\ w^{T} \end{bmatrix} = \begin{bmatrix} R_{qr} \\ w^{T} \end{bmatrix}, \quad \begin{bmatrix} Q_{qr}^{T} & \\ & 1 \end{bmatrix} \begin{bmatrix} U_e \\ \gamma_e \end{bmatrix} = \begin{bmatrix} u_{qe} \\ \gamma_e \end{bmatrix} \tag{6.70}$$

iSAM 采用 Givens 旋转变换的方式,将对角线以下的所有量转换到对角线上,将其转化为上三角矩阵 R_{qr}。 Givens 矩阵的表达形式为

$$\text{Givens}(i, k, \phi) = \begin{bmatrix} 1 & & & & & & & \\ & \ddots & & & & & & \\ & & \cos\phi & & & \sin\phi & & \\ & & & 1 & & & & \\ & & & & \ddots & & & \\ & & & & & 1 & & \\ & & -\sin\phi & & & \cos\phi & & \\ & & & & & & \ddots & \\ & & & & & & & 1 \end{bmatrix} \tag{6.71}$$

其中：

$$(\cos\phi,\ \sin\phi)=\begin{cases}(1,\ 0), & \phi=0\\ \left(\dfrac{-\alpha_\phi}{\beta_\phi\sqrt{1+\left(\dfrac{j_{kk}}{j_{ik}}\right)^2}},\ \dfrac{1}{\sqrt{1+\left(\dfrac{j_{kk}}{j_{ik}}\right)^2}}\right), & |\beta_\phi|>|\alpha_\phi|\\ \left(\dfrac{1}{\sqrt{1+\left(\dfrac{j_{ik}}{j_{kk}}\right)^2}},\ \dfrac{-\beta_\phi}{\alpha_\phi\sqrt{1+\left(\dfrac{j_{ik}}{j_{kk}}\right)^2}}\right), & \text{其他}\end{cases} \tag{6.72}$$

其中，j_{kk} 和 j_{ik} 都为雅可比矩阵 J 中的元素，经过 Givens 变换之后，R_{qr} 可以被转换为上三角矩阵，其对角线以下所有元素都被清零，同时需要对量测误差矩阵 U_e 进行同样的变换。其变换具体过程如图 6.9 所示。

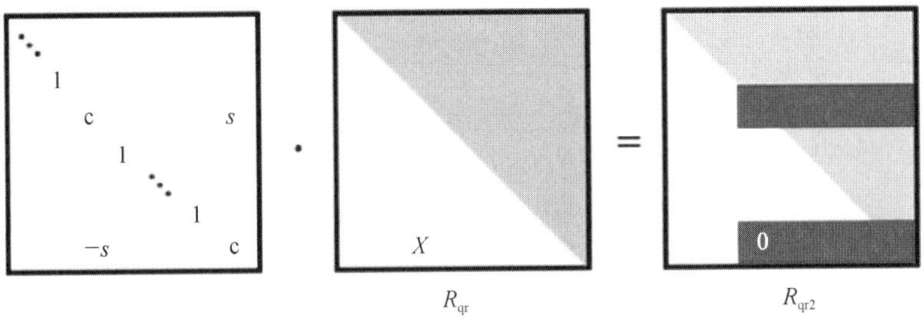

图 6.9　Givens 变换过程

因此，当有新的量测信息引入时，无须每次重新计算雅可比矩阵，而是只需要利用 Givens 矩阵对 R_{qr} 阵和 U_e 阵同时进行转换和更新即可得到一个新的系统：

$$\text{Givens}\cdot\begin{bmatrix}R_{qr}\\ w^{T}\end{bmatrix}=R_{qr2},\ \text{Givens}\cdot\begin{bmatrix}u_{qe}\\ \gamma_e\end{bmatrix}=u_{qe2} \tag{6.73}$$

其中，R_{qr2} 和 u_{qe2} 分别为更新后的系统参数矩阵，通过求解 $R_{qr2}V_k^*=u_{qe2}$ 即可估计出当前导航状态量。

由于 R 阵是稀疏矩阵，每次进行更新的计算量与当前新增变量的规模相关性更高，因此这种方法明显较为简便和高效。

3. 面向车载多源信息融合的改进因子图算法

因子图算法可以得到载体在整个运行过程中平滑的行驶轨迹图，所有时刻点的导航信息都经过了多次估计与优化，其结果精度较高，因此基于因子图的导航定位算法在视觉传感器及激光雷达的实时定位及构图方面得到了较为广泛的应用。

但是在车载多传感器导航中，系统仅希望得到当前时刻的高精度导航信息为用户作参考，因此之前时刻的导航状态的估计结果对于用户没有直接和必要的需求。而基于因子图算法的多源信息融合对当前时刻导航状态的优化结果并不理想，所以直接提取当前时刻的导航结果作为参考无法体现出该算法的优势。因此,本节主要针对如何提高算法对当前时刻的导航状态估计精度问题展开了讨论。

由上述分析内容,可以分析总结得出以下两个结论。

因子图算法每接收一个新的量测信息,不仅可以对当前时刻的导航信息进行估计,并且可以对从设定的初始时刻开始到当前时刻的行驶轨迹进行全局优化。其中,新的航迹点由于优化次数较少因此误差较大,相反时刻越靠前的航迹点估计结果较为平滑且准确,这也导致了每一时刻的图优化结果对当前时刻的估计精度并不高这一现象,如图 6.10 所示。

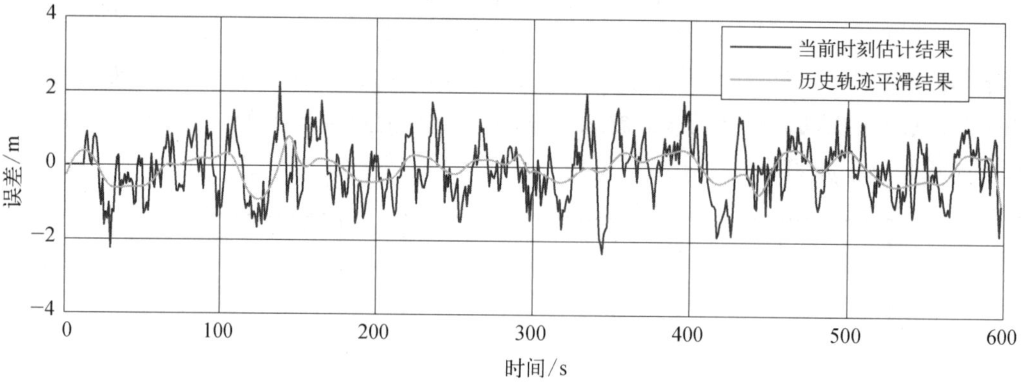

图 6.10　因子图算法下的不同时刻导航结果估计精度对比

在每次对图中所有节点的联合概率密度函数求最大后验概率时,由于每一时刻都要对整个图的雅可比矩阵进行求解,导致系统计算量很大。为此,需要引入 iSAM 算法对此过程进行简化,通过对 QR 分解及 Givens 旋转变换之后的方程 $R'V_k^* = d'$ 求解,可减小计算量。

由分析可知,轨迹中先前时刻的估计相较于当前时刻更准确,如果能通过使先前时刻准确的优化结果参与到当前时刻的估计中,可以有效提高当前时刻的导航结果精度。因此,本节介绍了一个面向车载多源信息融合的改进因子图算法:在当前时刻对于历史轨迹点的优化值的基础上,利用短时间内惯性导航系统进行较为准确的递推,得到当前更为准确的导航估计值。

假设对于当前时刻 t_k 的导航估计值为 X_k,对于历史时刻 t_{k-n} 中的导航估计值为 X_{k-n},利用 t_{k-n} 至 t_k 之间的惯性导航数据完成 X_{k-n} 的递推,得到当前较为准确的导航估计值 $\hat{X}_k$。选取的窗口宽度 n 可根据具体的传感器特性确定。主要流程如图 6.11 所示。

由于历史估计信息较于当前估计信息更准确,因此在惯性传感器精度范围内,在其基础上进行推算后的结果更加准确且平滑。改进因子图算法步骤如下:

(1) 在图中增加新的测量信息节点,构建当前时刻完整的图模型 M_1;

(2) 对构建的因子图 M_1 进行导航信息估计;

(3) 在当前对图 M_1 中历史时刻 t_{k-n} 的估计值 X_{k-n} 基础上进行惯性递推,得到较为准确的导航估计值 $\hat{X}_k$。

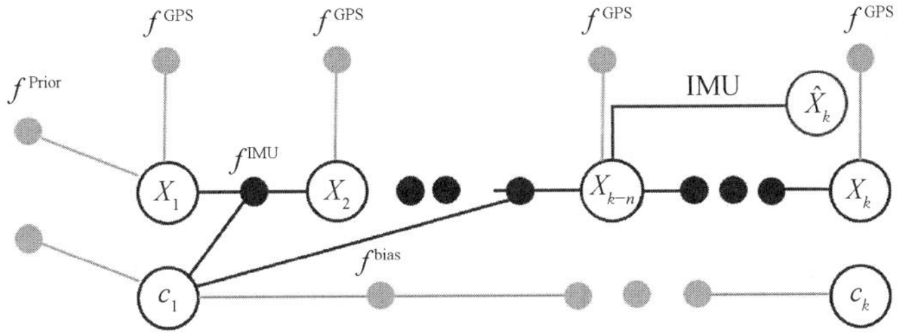

图 6.11　改进因子图算法结构图

对于上述改进的因子图算法，由于仅构建了因子图 M_1，因此其中关于雅可比矩阵 J 的更新以及导航值的估算不会给系统解算增加额外的计算量。

6.3.3　基于因子图的多源信息融合算法实例

当移动机器人进入未知环境时，一方面需要通过自身的传感器感知构建 3D 环境地图，另一方面需要同时确定自身在地图中的位置，这就是 SLAM 问题。与传统的基于激光传感器 SLAM 方法相比，基于视觉传感器 SLAM 方法能获得更多环境信息，得到了巨大的发展，其得到的载体自身位置信息以及周围环境信息均可以较好地应用于导航系统。

经典的视觉 SLAM 框架如图 6.12 所示，从中可以发现，整个视觉 SLAM 流程分为以下几步。

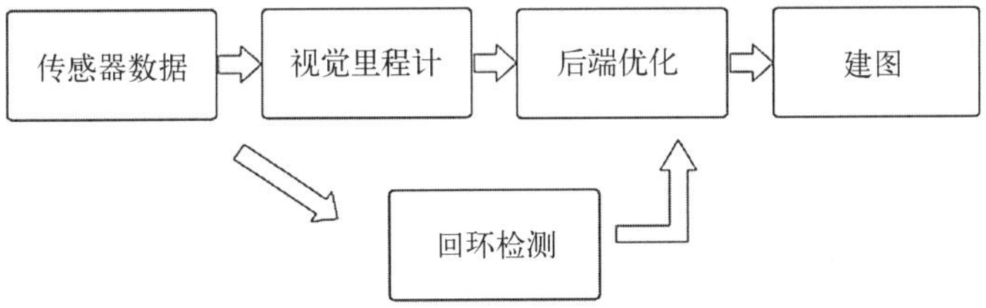

图 6.12　经典视觉 SLAM 框架

（1）视觉里程计。视觉里程计任务是估算相邻图像间相机的运动，以及构建局部地图，又称为前端。

（2）后端优化。后端接收不同时刻视觉里程计测量的相机位姿，以及回环检测的信息，对它们进行优化，得到全局一致的轨迹和地图，又称为后端。

（3）回环检测。回环检测判断机器人是否曾经到达过先前的位置。如果检测到回环，它会把信息提供给后端进行处理。

（4）建图。根据估计的轨迹，建立与任务要求对应的地图。

1. 视觉里程计

里程计是感知载体运动状态变化的一类传感器，如轮式传感器通过计算轮子所转圈数估计载体运动位姿。视觉里程计使用视觉传感器，如光学相机、深度相机等，通过相机运动过程中捕获的在时间上连续的图像流进行相机位姿递推估计。

使用连续图像序列估计视觉传感器的位姿变化的思想，最早在 1980 年由斯坦福大学 Hans Peter Moravec 提出，同时提出的还有由特征点提取、匹配、运动估计组成的视觉里程计框架，此框架一直被后来学者参考与使用。由于视觉里程计相较于轮式里程计不会出现因打滑、空转等情况而影响载体运动估计，这种利用视觉传感器估计载体位姿变换的方法被用于行星探测车估计自身运动，其代表为美国国家航空航天局（National Aeronautics and Space Administration，NASA）火星探测车上使用双目视觉系统搭建的视觉里程计。2004 年，视觉里程计一词首次被 Nister 等使用，他们提出一种基于双目或者单目视频流的视觉里程计，使用 3D 到 2D 信息的位姿估计方法，可以实现低延迟的输出运动估计结果，达到导航的目的，相比于在此之前的视觉里程计，其提出的视觉里程计更加稳定，可连续工作的时间更长，将视觉里程计推向了新的高度。此后，随着 SLAM 技术的快速发展，视觉里程计作为其核心技术之一，获得了更多的国内外研究学者的关注，其算法体系也逐步成熟[129]。

2. 后端优化

后端优化主要指处理 SLAM 过程中噪声的问题。现实中，再精确的传感器也带有一定的噪声。便宜的传感器测量误差较大，昂贵的则较小，有的传感器还会受磁场、温度的影响。所以，除了解决“如何从图像估计出相机运动”之外，SLAM 研究者还要关心这个估计带有多大的噪声，这些噪声是如何从上一时刻传递到下一时刻的，当前的估计有多大的可信性。后端优化要考虑的问题，就是如何从这些带有噪声的数据中，估计整个系统的状态，以及这个状态估计的不确定性有多大——这称为最大后验概率估计。这里的状态既包括机器人自身的轨迹，也包含地图。

视觉里程计部分有时被称为“前端”。在 SLAM 框架中，前端给后端提供待优化的数据，以及这些数据的初始值。而后端负责整体的优化过程，它往往面对的只有数据，不必关心这些数据到底来自什么传感器。在视觉 SLAM 中，前端和计算机视觉研究领域更为相关，如图像的特征提取与匹配等，后端则主要是滤波与非线性优化算法。从历史意义上说，现在称为后端优化的部分，很长一段时间直接被称为“SLAM 研究”。早期的 SLAM 问题是一个状态估计问题——正是后端优化要解决的东西。在最早介绍 SLAM 的一系列论文中，当时称它为“空间状态不确定性的估计”，即对运动主体自身和周围环境空间不确定性的估计。为了解决 SLAM，需要利用状态估计理论把定位和建图的不确定性表达出来，然后采用滤波器或非线性优化，去估计状态的均值和不确定性（方差）。

3. 回环检测

回环检测，又称闭环检测，主要解决位置估计随时间漂移的问题。假设在实际情况下，机器人经过一段时间运动后回到了原点，但是由于漂移，它的位置估计值没有回到原点。如果有某种手段，让机器人知道“回到了原点”这件事，或者把“原点”识别出来，再把位置估计值“拉”过去，就可以消除漂移了。这就是回环检测。

回环检测与“定位”和“建图”二者都有密切的关系。事实上，地图存在的主要意义，是为了让机器人知晓自己到达过的地方。为了实现回环检测，机器人需要具有识别曾到达过的场景的能力。它的实现手段有很多，可以在机器人下方设置一个标志物（如一张二维码图片）。只要它看到了这个标志，就知道自己回到了原点。但是，该标志物实质上是一种环境中的传感器，对应用环境进行限制。实际更希望机器人能使用携带的传感器——也就是图像本身，来完成这一任务。例如，可以判断图像间的相似性完成回环检测。这一点和人是相似的。当人看到两张相似图片时，容易辨认它们来自同一个地方。如果回环检测成功，可以显著地减小累积误差。所以视觉回环检测，实质上是一种计算图像数据相似性的算法。由于图像的信息非常丰富，正确检测回环的难度也降低了不少。

在检测到回环之后，回环信息会传递到后端优化算法。然后，后端根据这些新的信息，把轨迹和地图调整到符合回环检测结果的样子。这样，如果有充分而且正确的回环检测，就可以消除累积误差，得到全局一致的轨迹和地图。

4. 建图

建图是指构建地图的过程。地图是对环境的描述，但这个描述并不是固定的，需要视 SLAM 的应用而定。

家用扫地机器人主要在低矮平面里运动，因此只需要一个二维地图，标记哪里可以通过，哪里存在障碍物，即可在一定范围内导航。而相机的运动具有六个自由度，因而至少需要一个三维地图。有些情况，实际需要一个漂亮的重建结果，不仅是一组空间点，还需要带纹理的三角面片。另一些情况，只需要知道“A 点到 B 点可通过，而 B 到 C 不行”这样的事情。甚至，不需要地图，或者地图可以由其他人提供，例如，行驶的车辆往往可以得到已经绘制好的当地地图。

对于地图，不同的应用场景有不同的需求。因此，相比于前面提到的视觉里程计、回环检测和后端优化，建图并没有一个固定的形式和算法。一组空间点的集合也可以称为地图，一个漂亮的 3D 模型亦是地图，一个标记着城市、村庄、铁路、河道的图片亦是地图。地图的形式随 SLAM 的应用场合而定。大体上讲，它们可以分为度量地图与拓扑地图两种。

度量地图强调精确地表示地图中物体的位置关系，通常可以用稀疏与稠密进行分类。稀疏地图进行了一定程度的抽象，并不需要表达所有的物体。例如，选择一部分具有代表意义的东西，称为路标，那么一张稀疏地图就是由路标组成的地图，而不是路标的部分就可以忽略。而稠密地图着重于建模所有看到的东西。对于定位来说，稀疏路标地图就足够了。而用于导航时，往往需要稠密地图。稠密地图通常按照某种分辨率，由许多个小块组成。二维度量地图是许多个小格子，三维则是许多小方块。一般，一个小块含有占据、空闲、未知三种状态，以表达该格内是否有物体。当查询某个空间位置时，地图能够给出该位置是否可以通过的信息。这样的地图可以用于各种导航算法，如 A^* 算法等，为机器人研究者所重视。但是，这种地图需要存储每一个格点的状态，耗费大量的存储空间，而且多数情况下地图的许多细节部分是无用的。另外，大规模度量地图有时会出现一致性问题。很小的一点转向误差，可能会导致两间屋子的墙出现重叠，使得地图失效。

相比于度量地图的精确性，拓扑地图则更强调地图元素之间的关系。拓扑地图是一个图，由节点和边组成，只考虑节点间的连通性，例如 A、B 两点是连通的，而不考虑如何从 A 点到达 B 点的过程。它放松了地图对精确位置的需要，去掉地图的细节问题，是一种更为紧凑的表达方式。然而，拓扑地图不擅长表达具有复杂结构的地图。如何对地图进行分割形成节点与边，又如何使用拓扑地图进行导航与路径规划，仍是有待研究的问题。

5. 视觉 SLAM 方法代表成果

在视觉 SLAM 概念被提出后这几十年的发展中，视觉 SLAM 领域涌现了很多优秀的成果。下面将对一些标志性成果进行介绍。

Andrew Davison 于 2007 年介绍的 MonoSLAM，是第一个基于 EKF 方法的单目 SLAM，被认为是许多工作的先驱，能够在概率框架下在线创建稀疏地图[130]。通过 MonoSLAM 运行时的图片可以看到，单目相机在一张图像当中追踪了非常稀疏的特征点（且用到了主动追踪技术）。在 EKF 中，每个特征点的位置服从高斯分布，所以以一个椭球的形式表达它的均值和不确定性。在该图的右半部分，可以找到一些在空间分布的小球。它们在某个方向上显得越长，说明在该方向的位置就越不确定。如果一个特征点收敛，它应该从一个很长的椭球（相机 Z 方向上非常不确定）最后变成一个小点。从现代的角度看，MonoSLAM 存在如应用场景很窄、路标数量有限、稀疏特征点非常容易丢失的情况，但在当时已经是里程碑式的杰作了。

并行追踪与制图（parallel tracking and mapping, PTAM）是由 Georg Klein 在 2007 年提出的第 1 个用多线程处理 SLAM 的算法，将跟踪和建图分为两个单独的任务并在两个平行的线程进行处理，这是视觉 SLAM 中首次区分出前后端的概念，引领了后来许多视觉 SLAM 系统的设计。同时 PTAM 是第一个在后端使用非线性优化的方案，它引入了关键帧机制：不必精细地处理每一个图像，而是把几个关键图像串起来，然后优化其轨迹和地图。早期的 SLAM 大多数使用 EKF 或它的变种，以及粒子滤波器等；在 PTAM 之后，视觉 SLAM 研究逐渐转向了以非线性优化为主导的后端。

DTAM 是基于直接法的单目 SLAM 算法，该方法通过帧率对整幅图像对准获得相对于稠密地图的相机的 6 个自由度位姿，能够在 GPU 上达到实时的效果。Kinect Fusion 是第 1 个基于 Kinect 的能在 GPU 上实时构建稠密三维地图的算法，该方法仅使用 Kinect 相机获取的深度信息去计算传感器的位姿以及构建精确的环境 3D 地图模型。2014 年的 LSD - SLAM 是基于直接法的单目 SLAM 算法，即直接对图像的像素点进行处理，相比于之前的基于直接法的单目视觉里程计，单目 SLAM 算法不仅能计算出自身的位姿，还能构建出全局的半稠密且精确的环境地图。ORB-SLAM 是 2015 年提出的比较完整的基于关键帧的单目 SLAM 算法，将整个系统分为追踪、地图创建、闭环控制三个线程进行处理，并且特征的提取与匹配、稀疏地图的创建、位置识别都是基于 ORB 特征，其定位精确度很高，且可以实时运行。

6. 惯性信息预积分

在视觉/惯性组合导航中，由于 IMU 的输出频率很高，通过优化的方式进行信息融合会导致优化变量迅速增长，使得实时优化变得困难，而直接使用两帧图像对应时刻的 IMU 值进行标准 IMU 积分，初始状态是通过对第一帧对应时刻的状态估计得到的，然而在基于优化 SLAM 算法中，每次进行优化迭代，估计的状态都在变化，就需要不断进行标准的 IMU 积分，造成大量的计算成本。通过相对运动约束的再参量化可以解决该问题，再参量化的过程就被称为 IMU 的预积分。有研究在预积分中加入了 IMU 漂移误差进行校正，并将预积分的参考坐标系从世界坐标系变为初始时刻的机体坐标系，进一步降低了预积分的计算成本。时刻 k 到时刻 $k+1$ 的预积分可通过下列步骤计算。

假设 IMU 与机体坐标系中心重合，IMU 输出的陀螺和加速度计的估计值可以表示为

$$\begin{cases}\hat{a}_t = a_t + b_{a_t} + R_w^t g^w + n_a \\ \hat{\omega}_t = \omega_t + b_{\omega_t} + n_\omega\end{cases} \tag{6.74}$$

其中，R_w^t 是世界坐标系到 t 时刻机体坐标系的旋转矩阵；a_t 和 ω_t 分别是 t 时刻机体坐标系下的加速度和角速度且 $t \in [k, k+1]$；n_a 和 n_ω 分别是加速度计和陀螺的量测噪声（均值为 0、方差分别为 σ_a^2 和 σ_ω^2 的高斯白噪声）；b_{a_t} 和 b_{ω_t} 分别是加速度计和陀螺的漂移，定义为导数为高斯白噪声的随机游走：

$$\begin{cases}\dot{b}_{a_t} = n_{b_a} \\ \dot{b}_{\omega_t} = n_{b_\omega}\end{cases} \tag{6.75}$$

其中，n_{b_a} 和 n_{b_ω} 分别是均值为 0、方差为 $\sigma_{b_a}^2$ 和 $\sigma_{b_\omega}^2$ 的高斯白噪声。

此时，在世界坐标系下，$k+1$ 时刻的载体位置、速度和姿态可以表示为

$$\begin{cases}P_{k+1}^w = P_k^w + v_k^w \Delta t_k + \iint_{t\in[k,\,k+1]} [R_t^w(\hat{a}_k - b_{a_t} - n_a) - g^w]\,\mathrm{d}t^2 \\ v_{k+1}^w = v_k^w + \int_{t\in[k,\,k+1]} [R_t^w(\hat{a}_k - b_{a_t} - n_a) - g^w]\,\mathrm{d}t \\ q_{k+1}^w = q_k^w \otimes \int_{t\in[k,\,k+1]} \frac{1}{2}\Omega(\hat{\omega}_t - b_{\omega_t} - n_\omega) q_t^k\,\mathrm{d}t\end{cases} \tag{6.76}$$

$$\Omega(\omega) = \begin{bmatrix} -\lfloor \omega \rfloor_\times & \omega \\ -\omega^T & 0 \end{bmatrix},\ \lfloor \omega \rfloor_\times = \begin{bmatrix} 0 & -\omega_z & \omega_y \\ \omega_z & 0 & -\omega_x \\ -\omega_y & \omega_x & 0 \end{bmatrix} \tag{6.77}$$

其中，Δt_k 是 k 到 $k+1$ 时刻经过的时间。

若以 k 时刻的机体坐标系作为参考系，在式(6.72)中三个等式的两端左乘矩阵 R_w^k，$k+1$ 时刻的载体位置、速度和姿态可以表示为

$$\begin{cases}R_w^k P_{k+1}^w = R_w^k\left(P_k^w + v_k^w \Delta t_k - \dfrac{1}{2}g^w \Delta t_k^2\right) + \alpha_{k+1}^k \\ R_w^k v_{k+1}^w = R_w^k(v_k^w - g^w \Delta t_k) + \beta_{k+1}^k \\ q_w^k \otimes q_{k+1}^w = \gamma_{k+1}^k\end{cases} \tag{6.78}$$

$$\begin{cases}\alpha_{k+1}^k = \iint_{t\in[k,\ k+1]} R_t^k(\hat{a}_k - b_{a_t} - n_a)\mathrm{d}t^2 \\ \beta_{k+1}^k = \int_{t\in[k,\ k+1]} R_t^k(\hat{a}_k - b_{a_t} - n_a)\mathrm{d}t \\ \gamma_{k+1}^k = \int_{t\in[k,\ k+1]} \dfrac{1}{2}\Omega(\hat{\omega}_t - b_{\omega_t} - n_\omega)\gamma_t^k \mathrm{d}t\end{cases} \tag{6.79}$$

其中,只有 α_{k+1}^k、β_{k+1}^k 和 γ_{k+1}^k 是随着时间 t 变化的,而其他量都是在 k 时刻即可确定的常量。采用欧拉法对式(6.79)进行离散化处理,α、β 的初始值为 0, γ 的初始值为单位四元数,噪声 n_a、n_ω 的具体值未知,在离散递推过程中将其忽略,于是预积分的离散递推可表示为

$$\begin{cases}\hat{\alpha}_{t+\delta t}^k = \hat{\alpha}_t^k + \hat{\beta}_t^k \delta t + \dfrac{1}{2}R(\hat{\gamma}_t^k)(\hat{a}_t - b_{a_t})\delta t^2 \\ \hat{\beta}_{t+\delta t}^k = \hat{\beta}_t^k + R(\hat{\gamma}_t^k)(\hat{a}_t - b_{a_t})\delta t \\ \hat{\gamma}_{t+\delta t}^k = \hat{\gamma}_t^k \otimes \begin{bmatrix} 1 \\ \dfrac{1}{2}(\hat{\omega}_t - b_{\omega_t})\delta t \end{bmatrix}\end{cases} \tag{6.80}$$

其中,δt 是 k 到 $k+1$ 间的离散时刻间隔。通过式(6.80),可以在计算机中实现时刻 k 到 $k+1$ 的 IMU 预积分。

将 γ_t^k 的误差项用欧拉角误差小量 $\delta\theta_t^k$ 表示,则有

$$\gamma_t^k \approx \hat{\gamma}_t^k \otimes \begin{bmatrix} 1 \\ \dfrac{1}{2}\delta\theta_t^k \end{bmatrix} \tag{6.81}$$

于是,可以得到系统的状态方程:

$$\delta\dot{x}_t^k = F_t \delta x_t^k + G_t n_t \tag{6.82}$$

$$\delta x_t^k = [\delta\alpha_t^k \quad \delta\beta_t^k \quad \delta\theta_t^k \quad \delta b_{a_t} \quad \delta b_{\omega_t}]^{\mathrm{T}} \tag{6.83}$$

$$F_t = \begin{bmatrix} 0 & I & 0 & 0 & 0 \\ 0 & 0 & -R_t^k\lfloor \hat{a}_t - b_{a_t} \rfloor_\times & -R_t^k & 0 \\ 0 & 0 & -\lfloor \hat{\omega}_t - b_{\omega_t} \rfloor_\times & 0 & -I \\ 0 & 0 & 0 & 0 & 0 \\ 0 & 0 & 0 & 0 & 0 \end{bmatrix} \tag{6.84}$$

$$G_t = \begin{bmatrix} 0 & 0 & 0 & 0 \\ -R_t^k & 0 & 0 & 0 \\ 0 & -I & 0 & 0 \\ 0 & 0 & -I & 0 \\ 0 & 0 & 0 & -I \end{bmatrix} \tag{6.85}$$

$$n_t = \begin{bmatrix} n_a & n_\omega & n_{b_a} & n_{b_\omega} \end{bmatrix}^{\mathrm{T}} \tag{6.86}$$

然后通过一阶离散协方差更新对协方差矩阵 $P_{k|k+1}$ 进行递推：

$$P_{t|t+\delta t} = (I + F_t\delta t)P_t(I + F_t\delta t)^{\mathrm{T}} + (G_t\delta t)Q(G_t\delta t)^{\mathrm{T}},\ t \in [k,\ k+1] \tag{6.87}$$

其中，协方差矩阵初值取 $P_0 = 0$，Q 是系统噪声的协方差阵，对角线上的元素依次为（σ_a^2，σ_ω^2，$\sigma_{b_a}^2$，$\sigma_{b_\omega}^2$）。

另外，一阶雅可比矩阵 J_k 可通过式(6.88)进行递推：

$$J_{t+\delta t} = (I + F_t\delta t)J_t \tag{6.88}$$

其中，雅可比矩阵的初值取 $J_0 = I$。

然后，α_{k+1}^k、β_{k+1}^k 和 γ_{k+1}^k 与漂移误差相关的一阶近似可以写为

$$\begin{cases} \alpha_{k+1}^k \approx \hat{\alpha}_{k+1}^k + J_{b_a}^{\alpha}\delta b_{a_k} + J_{b_\omega}^{\alpha}\delta b_{\omega_k} \\ \beta_{k+1}^k \approx \hat{\beta}_{k+1}^k + J_{b_a}^{\beta}\delta b_{a_k} + J_{b_\omega}^{\beta}\delta b_{\omega_k} \\ \gamma_{k+1}^k \approx \hat{\gamma}_{k+1}^k \otimes \begin{bmatrix} 1 \\ \frac{1}{2}J_{b_\omega}^{\gamma}\delta b_{\omega_k} \end{bmatrix} \end{cases} \tag{6.89}$$

其中，$J_{b_a}^{\alpha}$ 是位于雅可比矩阵 J_k 中的子矩阵，对应于 $\delta\alpha_{k+1}^k/\delta b_{a_k}$，$J_{b_\omega}^{\alpha}$、$J_{b_a}^{\beta}$、$J_{b_\omega}^{\beta}$、$J_{b_\omega}^{\gamma}$ 定义与之类似。

7. 视觉/惯性组合导航系统初始化

由于基于单目视觉的位置估计无法确定尺度信息，需要通过惯性信息为其提供初始值，而视觉位姿解算是不会产生漂移的，因此可以利用视觉位姿解算校正 IMU 的漂移误差。进行视觉/惯性 SLAM 之前，需要对单目视觉的尺度、重力加速度方向、载体速度以及 IMU 漂移误差进行初始估计。

在 VINS－Mono 系统中，通过运动中恢复结构的方法求解相机位姿和特征点位置，然后与惯性信息进行松组合实现系统的初始化。

1）陀螺漂移噪声修正

通过求解连续两帧图像间的旋转角度，可以对陀螺的漂移噪声进行估计，假设 k 和 $k+1$ 时刻的两帧图像对应的相机姿态分别是 $q_{c,k}^w$ 和 $q_{c,k+1}^w$，通过 IMU 预积分得到 k 到 $k+$

1 时刻的姿态变化为 γ_{k+1}^{k}，可由式(6.89)计算得到。当移动固连在一起的相机和 IMU 时，拍摄了 n 帧图像，则构造如下代价函数：

$$\min_{\delta b_\omega}\sum_{k=1}^{n-1}\left\|\left(q_{c,\,k+1}^{w}\right)^{-1}\otimes q_{c,\,k}^{w}\otimes\gamma_{k+1}^{k}\right\|^{2} \tag{6.90}$$

$$\gamma_{k+1}^{k}\approx\hat{\gamma}_{k+1}^{k}\otimes\begin{bmatrix}1\\ \dfrac{1}{2}J_{b_\omega}^{\gamma}\delta b_{\omega_k}\end{bmatrix} \tag{6.91}$$

通过高斯-牛顿迭代法求解使式(6.90)最小的 δb_ω，即可实现对陀螺漂移噪声的修正，之后再进行预积分时，就可以使用修正后的 δb_ω 进行计算。

2）速度、重力和尺度初始化

建立状态向量：

$$x_I=\begin{bmatrix}v_1^b & v_2^b & \cdots & v_n^b & g^{c0} & s\end{bmatrix} \tag{6.92}$$

其中，$v_k^b(k\in[1,\,n])$ 是载体拍摄第 k 幅图像时在机体坐标系下的速度；g^{c0} 是初始时刻重力加速度在相机坐标系下的分量。

以初始时刻的相机坐标系为参考系，可得

$$\begin{cases}\alpha_{k+1}^{k}=R_{c_0}^{k}\left(\lambda_{\text{slam}}(\hat{P}_{k}^{c_0}-\hat{P}_{k+1}^{c_0})-R_{k}^{c_0}v_k^b\Delta t_k+\dfrac{1}{2}g^{c0}\Delta t_k^2\right)\\ \beta_{k+1}^{k}=R_{c_0}^{k}(R_{k+1}^{c_0}v_{k+1}^{b}-R_{k}^{c_0}v_k^b+g^{c0}\Delta t_k)\end{cases} \tag{6.93}$$

其中，λ_{slam} 是进行 ORB－SLAM 解算时的尺度因子。

于是可以得到 k 时刻到 $k+1$ 时刻的量测方程：

$$z_{k+1|k}=\begin{bmatrix}\hat{\alpha}_{k+1}^{k}-P_c^b+R_{c_0}^{k}R_{k+1}^{c_0}P_c^b\\ \hat{\beta}_{k+1}^{k}\end{bmatrix}=H_{k+1|k}x_I+n_{k+1}^{k} \tag{6.94}$$

$$H_{k+1|k}=\begin{bmatrix}-I\Delta t_k & 0 & 0.5R_{c_0}^{k}\Delta t_k^2 & R_{c_0}^{k}(\hat{P}_{k}^{c_0}-\hat{P}_{k+1}^{c_0})\\ -I & R_{c_0}^{k}R_{k+1}^{c_0} & R_{c_0}^{k}\Delta t_k & 0\end{bmatrix} \tag{6.95}$$

其中，$R_{c_0}^{k}=R_c^bR_{c_0}^{c_k}$ 和 $\hat{P}_{c_0}^{k}=\hat{P}_{c_0}^{c_k}+R_{c_0}^{k}P_b^c$，$R_{c_0}^{c_k}$ 和 $\hat{P}_{c_0}^{c_k}$ 是由 ORB－SLAM 求解得到的相机从初始位姿到 k 时刻的姿态和位置，R_c^b 和 P_b^c 是通过标定得到相机坐标系和机体坐标系间的参数。$R_{c_0}^{k+1}$ 和 $\hat{P}_{c_0}^{k+1}$ 的定义与 $R_{c_0}^{k}$ 和 $\hat{P}_{c_0}^{k}$ 类似。

然后求解：

$$\min_{x_I}\sum_{k=1}^{n-1}\left\|\hat{z}_{k+1|k}-H_{k+1|k}x_I\right\|^2 \tag{6.96}$$

即可得到状态向量中采集每一帧对应时刻的速度、重力加速度在初始时刻相机坐标系下的分量以及尺度因子。

3）重力方向优化

建立一个三维正交直角坐标系，三轴单位向量分别为 e_x、e_y、e_z，其中 e_z 方向与 g^{c0} 相同，则重力表示为

$$g^{c0} = w_x e_x + w_y e_y + g e_z \tag{6.97}$$

其中，g 是当地重力加速度的模；w_x 和 w_y 是估计的重力加速度在 e_x、e_y 上的分量，是待估计值。迭代求解 g^{c0}，并将其归一化使其模为重力加速度的值，直到 g^{c0} 收敛，就实现了重力方向的优化，同时状态量 x_I 中的其他参数也在一定程度上得到了优化。

8. 基于优化的视觉/惯性紧耦合算法

在初始化后，系统即可开始进行视觉/惯性组合的 SLAM，通过对惯性量测残差和视觉量测残差的优化，实现视觉/惯性紧耦合的 ORB－SLAM 算法。

1）惯性量测残差

将 IMU 估计值和 IMU 的预积分得到的值之间的差定义为惯性量测残差：

$$E_I = \begin{bmatrix} R_w^k\left(P_{k+1}^w - P_k^w - v_k^w \Delta t_k + \dfrac{1}{2} g^w \Delta t_k^2\right) - \hat{\alpha}_{k+1}^k \\ R_w^k(v_{k+1}^w - v_k^w + g^w \Delta t_k) - \hat{\beta}_{k+1}^k \\ [(q_k^w)^{-1} \otimes q_{k+1}^w (\hat{\gamma}_{k+1}^k)^{-1}]_\theta \\ b_{a_{k+1}} - b_{a_k} \\ b_{\omega_{k+1}} - b_{\omega_k} \end{bmatrix} \tag{6.98}$$

其中，$[\cdot]_\theta$ 是四元数用三轴旋转角的表示；$\hat{\alpha}_{k+1}^k$、$\hat{\beta}_{k+1}^k$ 和 $\hat{\gamma}_{k+1}^k$ 是 $k+1$ 时刻的载体在 k 时刻机体坐标系下的状态，通过仅考虑测量白噪声的预积分得到；b_{a_k} 和 b_{ω_k} 是陀螺和加速度计在 k 时刻的漂移；$b_{a_{k+1}}$ 和 $b_{\omega_{k+1}}$ 定义类似。

2）基于光束平差法的位姿及特征点坐标求解

相机在 k 和 $k+1$ 时刻拍摄了两幅图像，使用 ORB 算法进行匹配，得到 N 对匹配点，将特征点的像素坐标作为观测量，令 $z^k = \{z_1^k, z_2^k, \cdots, z_N^k\}$ 和 $z^{k+1} = \{z_1^{k+1}, z_2^{k+1}, \cdots, z_N^{k+1}\}$，其中 $z_i^j = [u_i^j, v_i^j]^{\mathrm{T}}(i \in [1, N], j = k, k+1)$ 表示第 j 幅图像中的第 i 个特征点。相机在两个时刻的关系可以用旋转矩阵 R_k^{k+1} 和位移矩阵 T_k^{k+1} 表示，于是有

$$\begin{cases} z_i^k = K_{\mathrm{cam}} x_i \\ z_i^{k+1} = K_{\mathrm{cam}}(R_k^{k+1} x_i + T_k^{k+1}) \end{cases} \tag{6.99}$$

其中，K_{cam} 是相机内参矩阵；x_i 是第 i 个特征点在 k 时刻相机坐标系下的坐标。

理论上，只要获得 8 对以上的匹配点，就可以通过基础矩阵求解 R_k^{k+1} 和 T_k^{k+1}，但是在 ORB－SLAM 中，则是构建了一个拓扑图，将每个时刻相机的位姿表示为相机位姿节点，特

征点在空间的位置表示为特征点节点,空间点到像素坐标的投影关系,通过图优化的形式求解。由于噪声的存在,考虑将所有特征点进行重投影,然后计算重投影的误差,即将第 k 帧图像中的特征点投影到世界坐标系,然后再投影到第 $k+1$ 帧图像上,与第 $k+1$ 帧直接观测到的点对比像素误差。考虑到特征点从三维空间投影到图像平面时忽略了深度信息,因此将图像中的点投影到世界坐标系时仅能确定一条射线,需要加上该点的深度信息才能确定该点在世界坐标系下的三维坐标,因此该特征点的重投影误差 e_i 可以表示为

$$e_i = \lambda_{\mathrm{depth}.i}^{k} K_{\mathrm{cam}} \left(R_k^{k+1} K_{\mathrm{cam}}^{-1} \begin{bmatrix} z_i^k \\ 1 \end{bmatrix} + T_k^{k+1} \right) - \begin{bmatrix} z_i^{k+1} \\ 1 \end{bmatrix} \tag{6.100}$$

其中,$\lambda_{\mathrm{depth}.i}^{k}$ 表示在 k 时刻拍摄图像中的第 i 个特征点的深度信息。

为了对机体坐标系在世界坐标系下的位置、姿态进行估计,可得

$$e_i = \lambda_{\mathrm{depth}.i}^{k} K (R_c^b)^{-1} \left((R_{k+1}^w)^{-1} \left(R_k^w \left(R_c^b K^{-1} \begin{bmatrix} z_i^k \\ 1 \end{bmatrix} + P_c^b \right) + P_k^w \right) - P_{k+1}^w \right) - P_b^c - \begin{bmatrix} z_i^{k+1} \\ 1 \end{bmatrix} \tag{6.101}$$

其中,e_i 是 k 时刻图像中第 i 个特征点的重投影误差,记 $\sum_{i=1}^{m} \| E_C(k,\, i) \|^2 = \sum_{i=1}^{m} \| e_i \|^2$ 为 k 时刻的视觉量测残差。

3）视觉/惯性紧耦合优化算法

本节介绍的视觉/惯性紧耦合优化算法,通过求解使得惯性、视觉量测残差最小的状态向量实现载体状态信息的估计。首先定义关键帧,在视觉 SLAM 中,为了降低计算消耗及存储空间占用,并不会将每帧图像的位姿以及对应的特征点都保留,而是仅保留关键帧对应的数据,ORB－SLAM 为了提高特征跟踪的鲁棒性,设定了较为宽松的关键帧选取阈值,导航系统中存储了大量的关键帧,在重定位过程中,实时图需要与大量的关键帧进行匹配,导致系统计算负担较大。由于采用了惯性信息辅助的快速全局仿射不变图像匹配方法进行图像匹配,即使两帧图像间的视角差异较大也能稳定跟踪特征。因此将关键帧的选取条件如下:

（1）距离上次全局重定位后经过了至少 30 帧;

（2）距离上次插入关键帧后经过了至少 30 帧;

（3）当前帧至少能跟踪到 50 个特征点;

（4）当前帧跟踪到的特征点小于上个关键帧中特征点的 60%。

满足上述条件时,当前帧将取代上个关键帧成为新的关键帧。这样将有效减少导航过程中产生的关键帧,降低系统的计算负担。

下面对视觉/惯性紧耦合框架进行优化,步骤如下。

假设系统在 $k-1$ 时刻获得一帧关键帧,$k-1$ 与 k 时刻拍摄的图像匹配得到了 m 对匹配点,$k-1$ 与 k 时刻的系统状态分别为 x_{k-1} 和 x_k,且完成了对 x_{k-1} 的最优估计。然后

可以利用惯性量测残差 $E_I(k-1, k)$ 和视觉量测残差 $\sum_{i=1}^{m} E_C(k, i)$ 的约束对 x_k 以及 $\lambda_i(i \in [1, m])$ 进行估计,利用 $\lambda_i(i \in [1, m])$ 将得到的匹配点投影到三维空间构建局部地图,同时将此刻关联的约束转换为估计值和 Hessian 矩阵 $\{r_k, H_k\}$,作为下一次优化的先验信息,如图 6.13 所示。

假设 $k+1$ 时刻拍摄的图像不满足关键帧的定义,则在惯性量测残差与视觉量测残差的基础上加入先验信息残差 $\| r_k - H_k X \|^2$ 对 x_{k+1} 以及 λ_i 进行估计。

假设 $k+2$ 时刻拍摄的图像满足关键帧的定义,则先对 x_{k+2} 进行估计,然后再与下一帧图像匹配得到 1 对匹配点,更新地图点,继续循环。

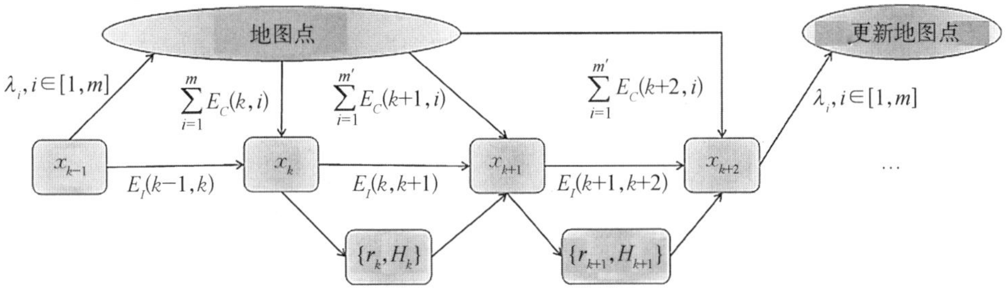

图 6.13　视觉/惯性紧耦合优化算法示意图

根据上述步骤中需要估计的参数定义状态向量:

$$\begin{cases} X = [x_k, x_{k+1}, x_c^b, \lambda_{\text{depth}.1}, \lambda_{\text{depth}.2}, \cdots, \lambda_{\text{depth}.m}] \\ x_j = [p_j^w, v_j^w, q_j^w, b_{a_j}, b_{\omega_j}], j = k, k+1 \\ x_c^b = [p_c^b, q_c^b] \end{cases} \tag{6.102}$$

其中,x_k 是系统在 k 时刻的状态,包括系统在世界坐标系下的位置、速度、姿态以及在机体坐标系下的陀螺和加速度计的漂移;m 是 k 与 $k+1$ 时刻的图像匹配得到的特征点数;$\lambda_{\text{depth}.i}$ 是第 i 个特征点第一次被观测到时的深度信息;x_c^b 是相机坐标系和机体坐标系间的转换关系。

当系统在 $k+1$ 时刻进行了地图更新,则利用视觉量测残差、惯性量测残差对 k 时刻的状态 x_k 以及 λ_i 进行估计:

$$\min_X \left\{ \rho(\| E_I(k, k+1) \|^2) + \rho\left(\sum_{i=1}^{m} \| E_C(k+1, i) \|^2 \right) \right\} \tag{6.103}$$

其中,$\rho(\cdot)$ 是 Huber 范数,其定义为

$$\rho(s) = \begin{cases} 1, & s \geqslant 1 \\ 2\sqrt{s} - 1, & s < 1 \end{cases} \tag{6.104}$$

使用 Huber 范数可以很方便地利用高斯-牛顿法进行优化求解,得到 $\{r_k, H_k\}$。

假设下一时刻没有插入关键帧,即没有更新地图,则通过惯性量测残差、视觉残差和

先验信息对 $k+1$ 时刻的状态 x_{k+1} 进行估计，并再次优化 λ_i：

$$\min_X \left\{ \rho(\| r_k - H_k X \|^2) + \rho(\| E_I(k, k+1) \|^2) + \rho\left(\sum_{i=1}^{m} \| E_C(k+1, i) \|^2 \right) \right\} \tag{6.105}$$

当载体做匀速运动、悬停等退化运动时，若无历史信息的约束则无法求解，所以需要将与历史信息相关的约束作为先验信息放到优化问题中。

9. 因子图算法下的多源信息融合算法性能分析

由基于因子图的多源信息融合算法可知，虽然解算原理与传统的卡尔曼滤波不同，但它同样也可以对多种传感器信息进行融合从而估计出当前导航状态量，通过将量测信息抽象为节点的形式加入因子图中，并对整个图中的导航信息进行全局最优估计。对于这种多源信息融合方法，从原理的角度分析主要有以下几个方面的优势。

1）利用过去所有的信息，得到全局最优解

传统的卡尔曼滤波仅利用当前量测信息进行解算，得到的结果仅是当前时刻的最优解；而因子图中建立的因子节点包括系统整个时间段或者某个滑动窗口时间段内的所有信息，得到的是这整段时间内的全局最优解，即过去的量测信息可以辅助当前时刻导航结果的解算，因此估计会更精确。

2）针对非线性系统，具有更小的线性化误差

针对非线性系统，EKF 算法对其只进行一次线性化处理，线性化误差较大，并随着推算过程会产生误差的累积；但是图优化中的高斯-牛顿迭代过程，在估计导航解时进行了多次线性化，可以有效地减小线性化误差，并且可以给后续的优化过程提供更准确的初始值。

3）针对信号迟滞系统，解算方法更高效

当前使用在导航领域的很多传感器得到的原始数据需要经过复杂的运算才能转换为位姿类导航信息，如视觉传感器、激光雷达等。它们自身导航信息解算过程复杂并耗时，因此得到的用于融合的信息存在明显的滞后现象。针对这个问题，为了能得到较为精确的融合结果，传统的卡尔曼滤波算法需要对该滞后信息在其原始信息采集时刻进行融合，之后再推算到当前时刻，处理过程较为复杂；而在因子图算法中，只需要将该滞后信息在原始信息采集时刻扩充一个新的节点加入图中，之后对整个图进行全局优化即可，无需进行多余的操作。

10. 多源信息融合构架设计与验证分析

对于多源信息融合构架的设计，要结合实际车辆环境情况和运动特性，使其较好地还原出各种动态特性，利用图优化算法进行多源信息融合的实现。无人车在城市环境中基本的运行方式较为简单，主要包括直线运动、转弯等。因此，在设计车辆航迹时，可以对这些动态运行模式进行仿真，利用不同方法进行信息组合，并进行对比分析。

在仿真验证中，车辆的初始位置坐标为东经 110°，北纬 20°，高度 10 m；初始姿态角为

横滚角 0°，俯仰角 0°，航向角 45°；初始速度为 0 m/s；仿真总时长共 600 s。设计的仿真航迹曲线包括车辆的加减速、直行、转弯等相关运动，其平面轨迹图如图 6.14 所示。

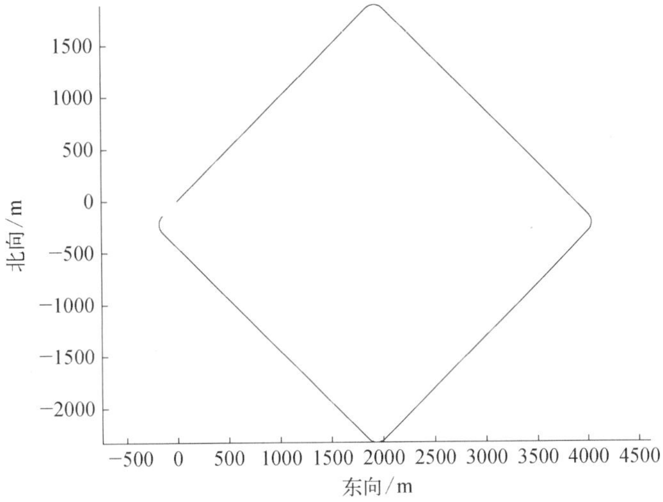

图 6.14　仿真实验平面轨迹图

在仿真实验中，对车载平台搭载的多源传感器进行模拟，不同传感器信息更新频率及提供信息类型如表 6.5 所示。

表 6.5　车载平台搭载的多源传感器特性及仿真信息

传感器类型	更新频率/Hz	提供信息	信息类型
IMU	100	位置/速度/姿态	相对
GNSS	1	位置	绝对
车辆里程计	2	速度	相对
双目立体视觉	10	位置/姿态	相对
UWB	1	位置	绝对

按照车载导航系统中导航系统的一般精度水平，对仿真实验中各类传感器的性能参数设置如下：

（1）陀螺随机常数设置为 50(°)/h，白噪声为 0.01(°)/h、一阶马尔可夫随机过程为 50(°)/h，加速度计一阶马尔可夫随机过程为 0.01g，惯性导航系统解算周期为 0.01 s；

（2）GNSS 经纬度误差设置为 3 m，高度误差设置为 5 m；

（3）里程计速度误差设置为 0.3 m/s；

（4）双目立体视觉系统速度误差设置为 0.5 m/s，姿态变化率误差设置为 1(°)/s；

（5）UWB 经纬度误差设置为 1 m，高度误差设置为 2 m。

基于以上的设置，通过 EKF 算法以及基于 GTSAM 函数库的因子图算法分别进行验证，得到的仿真结果如图 6.15 所示。

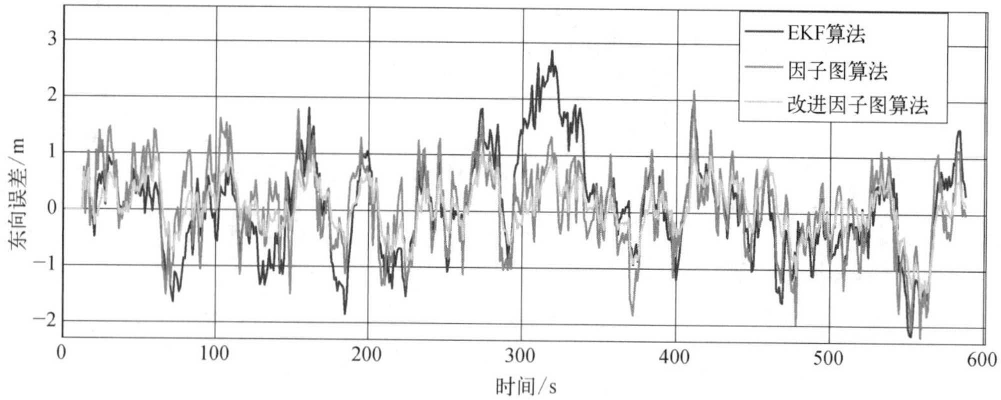

(a) 东向位置误差

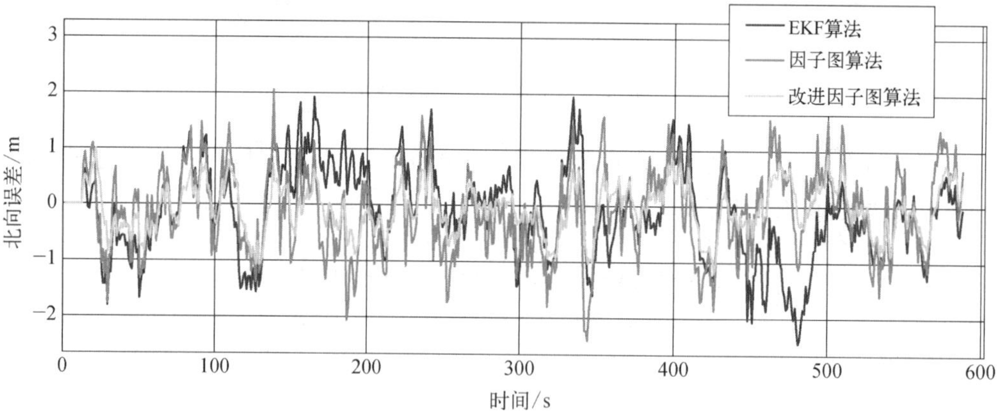

(b) 北向位置误差

图 6.15　多源信息融合算法性能对比图

图 6.15 是同一组多源传感器数据采用不同算法的导航结果性能对比图。从图中可以看出，由于对当前结果优化次数较少，因子图算法下的融合精度同传统 EKF 算法处于同一量级；而采用本章介绍的改进因子图算法，可以有效合理地利用高精度历史导航结果，因此当前的导航结果在平滑度提升基础上提高了估计精度。各类融合算法定位精度定量分析结果如表 6.6 所示。

表 6.6　多源信息融合算法定位精度对比（单位：m）

误　　差	EKF 算法	因子图算法	改进因子图算法
东向位置	0.83	0.82	0.55
北向位置	0.80	0.80	0.53

由表 6.6 可以看出,传统的 EKF 算法和因子图算法在定位精度上相当,而改进因子图算法在一定程度上得到了提高,但是改进因子图算法由于依赖惯性器件的递推,其精度受限于惯性器件的性能。

在实际场景中的使用性能要依靠跑车实验进行测试。本节基于自主搭建的车载实验平台,在实际道路中进行了跑车实验。通过建立 IMU/GNSS/里程计/双目视觉/UWB 多传感器平台,对车辆当前导航状态量进行估计,验证了多源信息融合算法能够在实际应用场景中导航定位的性能。

11. 车载多源信息融合实验方案设计及结果分析

实验场地覆盖道路区域包括了简单开阔环境、建筑及行道树遮挡环境、道路行人或车辆运动环境等多种环境,可以较好地模拟出多种城市道路环境特征。车载实验总时长约为 10 min,运行轨迹图如图 6.16 所示。通过硬件系统采集多源传感器数据,通过对数据进行离线分析与融合,验证文中介绍的多源信息融合算法性能,并给出定量分析结果。

图 6.16　车载实验运行轨迹

其中,由于本实验采用的 GNSS 接收机可以提供高精度的伪距信息,因此本实验利用该伪距信息进行定位解算,从而提供较高精度的定位基准。

针对实验测试得到的多传感器数据,分别针对传统 EKF 算法、因子图算法以及改进因子图算法三类融合方法进行性能验证。由于车辆是在平面上运动,并且实验测试中车辆运动特性较小,因此这里主要对车辆位置解算结果进行低频 1 Hz 的输出与分析。

因子图算法可以通过对一段时间内所有的导航信息进行估计,在车载传感器提供信息的基础上解算出精度较高、较为平滑的轨迹优化曲线。

图 6.17 是不同算法融合结果的东向和北向位置误差曲线对比图。由图中可以看出,

传统的 EKF 算法的多源信息融合结果精度受不同环境下数据质量的影响,鲁棒性较差。而因子图算法可以通过对一段时间内所有的导航信息进行全局最优估计,得到精度较高、较为平滑的轨迹优化曲线。在整个实验过程中如表 6.7 记录,它的水平位置误差基本能保证在 0.5 m 之内。

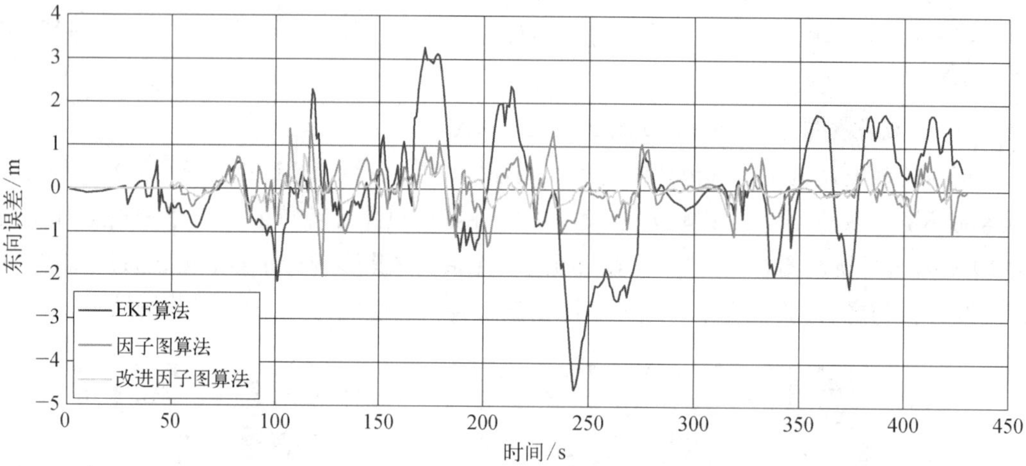

(a) 东向位置误差

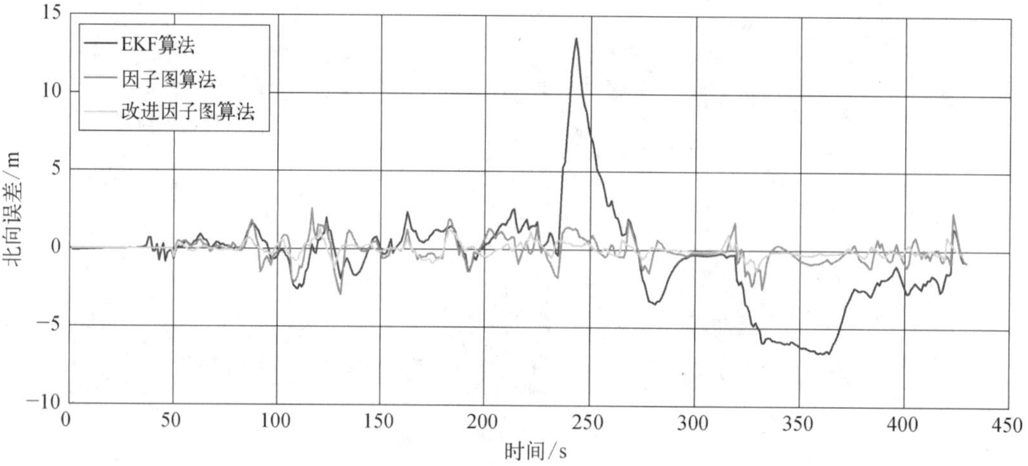

(b) 北向位置误差

图 6.17　不同融合算法水平定位误差对比图

表 6.7　不同多源信息融合算法定位精度对比(单位: m)

误　差	EKF 算法	因子图算法	改进因子图算法
东向位置	0.82	0.49	0.32
北向位置	1.19	0.64	0.43

6.4 其他融合方法

除卡尔曼滤波和因子图主流融合方法外,还有多种多源信息融合方法,主要可以分为随机类和人工智能类两种[131]。

随机类方法较为成熟,主要有贝叶斯估计法、Dempster - Shafer 证据(D - S 证据)推理法、H_∞ 滤波法等,卡尔曼滤波法也属于随机类方法。研究人员研究了基于 Unscented 变换的无迹卡尔曼滤波方法,该方法不考虑系统模型的限制条件,也不需要计算雅可比矩阵,且理论精度要优于 EKF。后续也有学者介绍了粒子滤波、容积卡尔曼滤波、联邦滤波等优化算法,各自具有独特的优势。国内采用捷联惯性导航系统、多普勒计程仪与长基线定位设备组合的导航系统[132],结合变分贝叶斯滤波与 IGGⅢ权函数,通过改进变分贝叶斯滤波提升滤波精度。或者在组合导航算法中引入 D-S 证据理论,通过证据理论公式对捷联惯性导航系统与 GNSS 组合导航数据的可信度进行计算,从而判定是否进行信息融合,从而提升组合导航精度[133]。也有采用 H_∞ 滤波器对惯性器件误差及安装误差进行估计,实现严重干扰下的最优滤波[134]。

根据视觉相机和惯性导航组合的程度,可将视觉相机和惯性导航的组合方式分为松组合和紧组合。松组合是以视觉相机和惯性导航输出的测量信息的差值作为观测量,以惯性导航的线性化误差作为代价函数,对惯性导航的位置、姿态、速度、角速度和零偏漂移进行最优估计,根据估计结果对惯性导航的输出进行校正。松组合结构简单,在硬件和算法上容易实现,但视觉相机和惯性导航仍是独立工作的,组合的作用仅是利用视觉相机计算出的位置和姿态信息对惯性导航进行校正,因丢失了大量原始信息,且无法对视觉相机或惯性导航中间处理过程带来益处,在改善系统整体性能上作用有限。紧组合是利用惯性导航输出的位置和姿态信息,先计算视觉特征在图像中的位置,然后以计算与视觉相机实际测量到的特征的差值作为代价函数,对惯性导航的位置、姿态、速度、角速度和零偏漂移进行最优估计,根据估计结果对惯性导航的输出进行校正。由于紧组合结构在图像特征级别上的耦合,其性能、精度和鲁棒性均高于松组合,但其结构复杂,计算量较大,不利于工程实现。

近年,多传感器信息融合方法与 AI 方法相结合,涌现了神经网络法、模糊集合理论法、小波分析理论法等算法[135]。例如:采用埃尔曼(Elman)神经网络辅助的捷联惯导与 GNSS 组合系统联邦滤波算法[136],抑制了卫星信号失锁时惯性导航误差累积的问题。则通过反向传播(back propagation, BP)神经网络辅助捷联惯性导航和 GNSS 组合导航系统的姿态估计[137],利用神经网络的数据对组合导航的姿态进行补偿,提升了组合导航系统的精度。采用基于模糊推理的自适应扩展卡尔曼滤波 GNSS/SINS 组合导航系统[138],利用模糊推理系统对量测噪声协方差进行在线调整,提升了组合导航系统的定位精度。

习题

（1）请结合自己的理解简要总结出卡尔曼滤波和因子图滤波的优缺点。

（2）讨论在视觉惯性组合导航中，如何设置导航系统的误差方程及滤波方程，其优势何在？

（3）试着讨论，是否可以用其他传感器去修正视觉信息？

（4）请尝试设计基于不同视觉原理的导航/定位滤波程序，并测试其效果。

第 7 章 视觉导航的应用

视觉导航由于其自主性、廉价性和可靠性在各个领域具有相对优势，本章对视觉导航在各个导航领域的应用情况进行介绍，包括行人导航、自动驾驶、无人飞行器等[139]，这些应用也逐步推广到深空探测器和水下机器人的应用中。视觉导航可以增强行人的感知能力，也能为无人机/车的监视、搜救等功能提供可靠的导航方案，并延伸应用到空中加油、无人机巡检、月球车/火星车自主导航及“低空经济”等更广泛的应用中。

本章从行人、陆地、航空、航天上的部分应用例子说明视觉导航的相关应用情况。

7.1 视觉导航在行人导航中的应用

随着移动互联网、大数据及人工智能等新兴技术的不断发展，行人位置服务（location based services，LBS）的信息交互能力不断提升。行人视觉导航依靠外界环境可以实现自主式定位，无须在环境中增加高成本的基础设施，因此得到了广泛关注。由于基于图像处理和人工智能的增强现实系统和计算机视觉算法取得了快速进展，行人导航可以应用视觉导航的相关技术高精度地估计行人在 3D 空间中的运动，其在紧急救援、视觉障碍者的自由移动、虚拟现实/增强现实等方面具有广泛的应用，见图 7.1 和图 7.2。

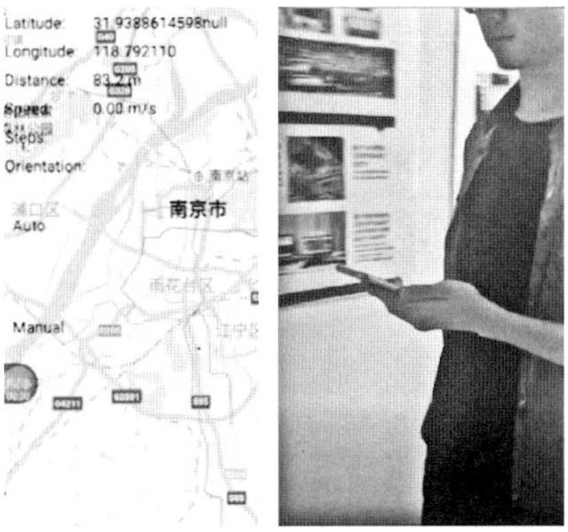

图 7.1 智能手机导航定位示意图

目前行人的视觉导航研究可以分为已知环境中的视觉导航和未知环境中的视觉导航两个部分。已知环境中的视觉导航基于环境中的合作目标进行导航定位。合作目标包括室内环境中的二维码[140]、可见光[141]、门窗[142]、地砖[143]等。这些合作目标能够利用室内丰富的环境特征，提升室内环境中的定位精度。此外，还可借助灯发出的光照信号强度或者可见光调制信号[144]，采用智能手机或可穿戴式装备上的摄像头接收灯光信号进行解码提取标签信息，通过三角定位测距算法或者匹配光强指纹数据库确定用户的位置。

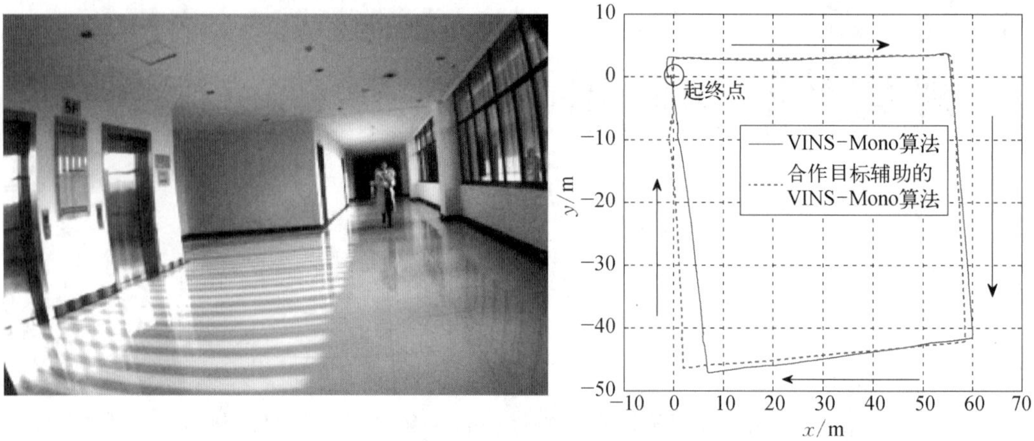

图 7.2　手持行人导航实验场景及结果示意图

未知环境中的视觉导航通常采用 SLAM 技术,通过分析行人导航摄像头拍摄的图像序列估计行人的位置和方向。现有的 SLAM 方法主要有两类：特征点法 SLAM[145] 和直接法 SLAM[146]。特征点法通过对图像提取特征并跟踪解算位姿信息,直接法根据图像像素信息计算相机运动。整个 SLAM 的流程包括传感器信息读取、视觉里程计、后端优化、回环检测及建图。其中,传感器信息提取是对相机图像信息进行读取和预处理;视觉里程计用于估算相邻图像间相机的运动;后端接收不同时刻前端测量的相机位姿与回环检测的信息,对它们进行优化;回环检测判断是否到达过先前的位置;建图模块根据估计的轨迹建立相对应的地图。

在特定情况下,视觉导航定位具有较高的精度,可以达到亚米级,但其易受光照和运动物体的干扰,虽然可以通过添加视觉标签数量或者其他定位技术辅助提高鲁棒性,但高性能行人视觉导航技术对平台算力的要求较高,需要实现定位精度和计算效率的平衡。

举例：基于室内结构化环境中天花板的视觉解算方法[147]。

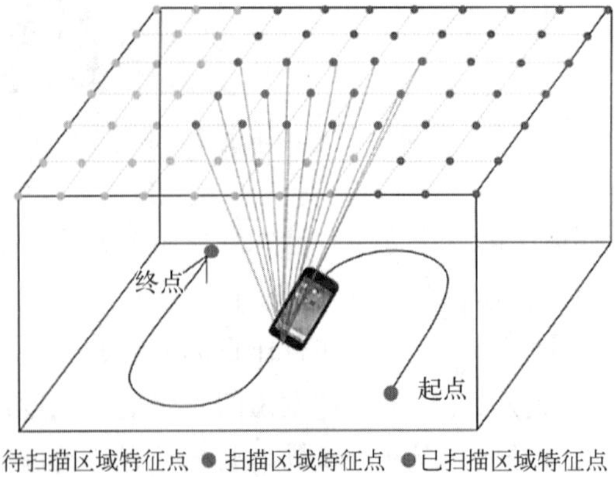

图 7.3　天花板先验地图检索示意图

将室内结构化环境中的天花板作为视觉的合作目标,进行视觉导航研究。根据提取的特征构建室内的先验地图信息进行单目视觉解算。如图 7.3 中紫色点代表智能手机相机已经扫描区域的特征点,红色点为相机当前正在扫描区域的特征点,绿色点为相机待扫描区域的特征点。

定义全局坐标系,根据输入的第一帧图像定义特征坐标从而获取全局坐标系，全局坐标的继承和传递过程如图 7.4 所示，将当前时刻图片的特征和前一时刻图片的特征进行匹配，使得当前时刻图片的特征可以继承前一时刻图片特征的全局坐标。

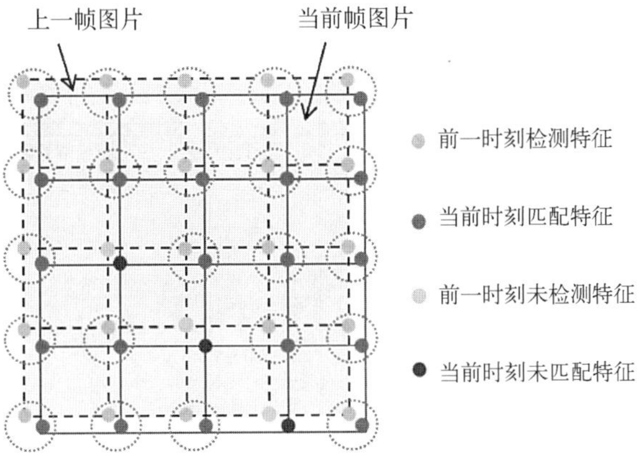

图 7.4　全局坐标的继承与传递过程示意图

图 7.4 中，绿色点为前一时刻图片中检测到的特征，红色点为当前时刻已经匹配的特征，蓝色点为前一时刻图片中未检测到的特征，灰色点为当前时刻未匹配的特征。由于当前时刻中未匹配的特征无法获取全局坐标，可以通过当前时刻已经匹配的特征获取未匹配特征的全局坐标。判断该未匹配特征的邻域中是否存在相邻和对角的已匹配特征，根

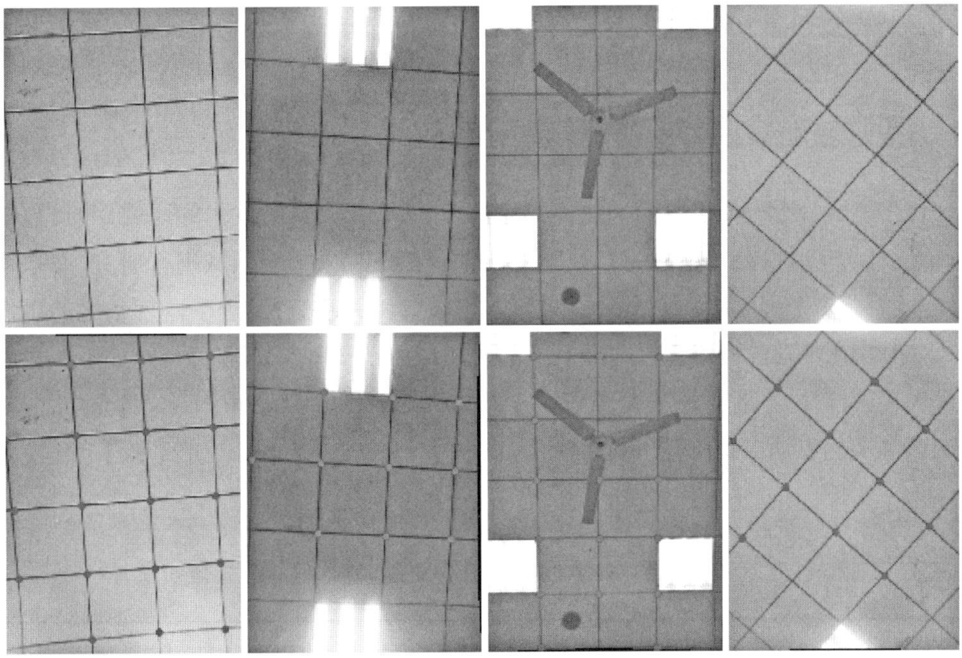

(a) 无遮挡环境　(b) 强光照环境　(c) 风扇遮挡环境　(d) 旋转环境

图 7.5　不同情况下的特征提取对比图

据相邻和对角匹配特征的全局坐标求解出未匹配特征的全局坐标。

由图 7.5 可知，基于视觉特征点提取的导航方法在四种场景下均能较好地检测到特征，并且检测到的特征较为稳定，均匀分布在天花板的边缘。实验采用智能手机前置相机在室内 3.3 m×2.2 m 的矩形框线中行走 3 圈，通过相机采集的天花板图片获取智能手机的定位结果，实验最终解算的位置结果如图 7.6 所示。

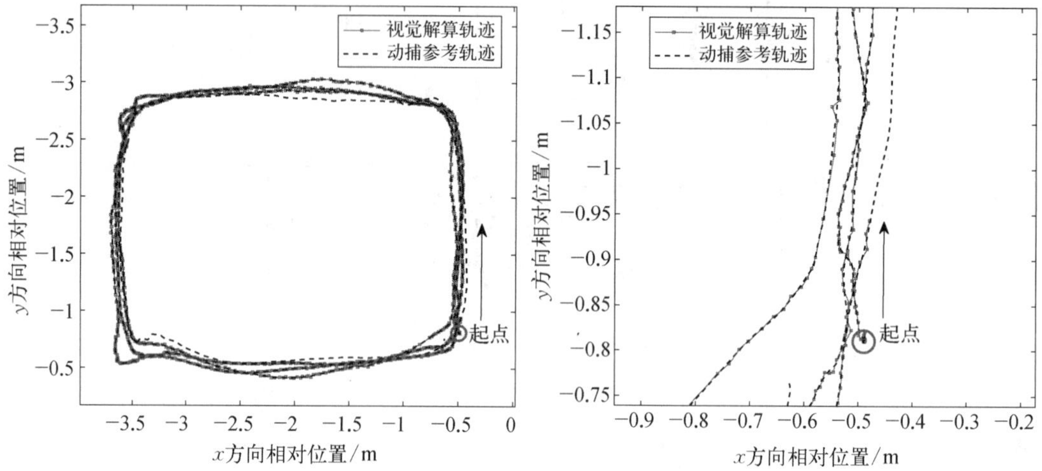

(a) 视觉解算结果示意图　　(b) 视觉解算结果局部放大图

图 7.6　基于先验地图的视觉解算结果示意图

图 7.6 中以圆圈为起点，由起始点误差分析可知，算法误差为 0.13 m。

7.2　视觉导航在自动驾驶车辆中的应用

美国、中国、日本、德国、英国等国家都先后开展了无人驾驶技术的研究，并且包括优秀车企公司与互联网公司在内的多家国内外企业都在无人驾驶领域进行研究，并取得了较好的效果。多个国家的政府出台了对无人驾驶的相关政策，推进了监管条例的缓慢制定和实施，并在基础设施布置上进行了大量投资，为无人车的应用和普及释放了积极的信号[148]。美国国家公路交通安全管理局(National Highway Traffic Safety Administration, NHTSA)和美国机动工程协会(Society of Automotive Engineers, SAE)对汽车自动化发布了分级标准[149,150]，具体见表 7.1。

表 7.1　NHTSA 和 SAE 自动驾驶分级标准

分级							
	NHTSA	L0	L1	L2	L3	L4	
	SAE	L0	L1	L2	L3	L4	L5

续 表

<table>
<tr><td colspan="2">称呼(SAE)</td><td>无自动化</td><td>驾驶支持</td><td>部分自动化</td><td>有条件自动化</td><td>高度自动化</td><td>完全自动化</td></tr>
<tr><td colspan="2">功能</td><td>夜视
行人检测
盲点检测
并线辅助
车道偏离警告</td><td>自适应巡航驾驶
自动紧急制动
停车辅助
前向碰撞预警</td><td>车道保持辅助</td><td>拥挤辅助驾驶</td><td>停车场自动泊车</td><td></td></tr>
<tr><td colspan="2">特征</td><td>传感器探测和决策警报</td><td>单一功能
(以上之一)</td><td>组合功能
(L1/L2组合)</td><td>特定条件
部分任务</td><td>特定条件
全部任务</td><td>全部条件
全部任务</td></tr>
<tr><td rowspan="4">主体</td><td>驾驶操作</td><td>人类驾驶员</td><td>人类驾驶员/系统</td><td colspan="4">系统</td></tr>
<tr><td>周边监控</td><td colspan="3">人类驾驶员</td><td colspan="3">系统</td></tr>
<tr><td>支援</td><td colspan="4">人类驾驶员</td><td colspan="2">系统</td></tr>
<tr><td>系统作用域</td><td>无</td><td colspan="4">部分</td><td>全域</td></tr>
</table>

当前,随着车辆传感器、信息处理芯片相关设备的完善和成熟,更加先进的技术被应用到无人车中,具体配置可能不尽相同,但一般都是通过装载视觉传感器、激光雷达等各种传感器采集道路环境信息,并利用惯性测量单元、全球定位系统等导航传感器完成车辆的位姿推算,最后通过车载中央处理器将各个传感器信息进行汇总,并结合车辆自身运行状态做出相应动作。无人车高精度的自主定位与环境感知,可以有效地降低交通事故发生率,提高无人车的交通通行能力和行车安全性。

众多车企在智能汽车、自动驾驶等领域频频出手,加速自动驾驶研发,在传感器技术、信息处理、人工智能等技术领域都取得了显著的成果。

举例:惯性信息辅助的视觉导航技术[151,152]。

为了测试视觉导航系统性能,添加了人为扰动进行测试。考虑到实际城市场景中动态点并不会覆盖到视野的全部范围,故控制包括手臂和棋盘格晃动部分干扰区域占全视野范围的60%左右。

由图7.7可知,惯性信息辅助的视觉导航算法能够在更具挑战的复杂环境下完整运行,在车停时刻对如动态点干扰、视觉信息屏蔽等影响均能维持系统稳定。算法在每次检测出错误节点并完成恢复后均会损失部分定位精度,在不考虑使用回环检测的情况下,整体定位精度能保持十米级水平。

(a) 轨迹中人为加入的视觉扰动

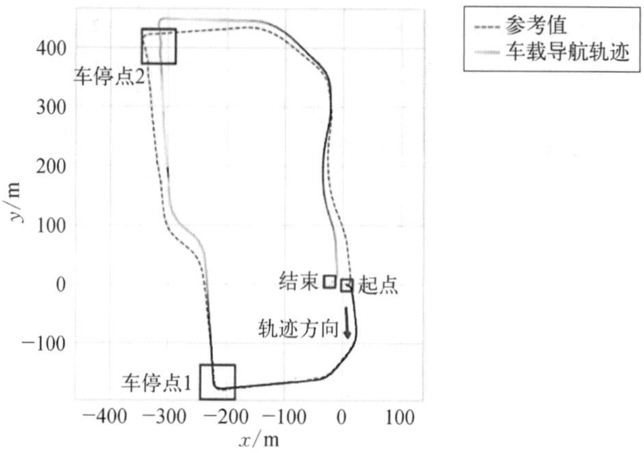

(b) 轨迹导航运行结果图

图 7.7　车载导航轨迹扰动及导航运行结果图

7.3　视觉导航在航空飞行器中的应用

无人机应用领域越来越广。在军用方面，无人机具有预警时间短、隐蔽性好、侦察能力强、巡航时间长、成本低、作战损失小等特点，可以广泛用于侦察、攻击、电子对抗等军事任务，也可用于靶机实验；在民用方面，可用于通信中继、气象探测、灾害监测、农药喷洒、地质勘测、地图测绘、交通管制、边境控制等诸多领域。

图像处理技术以及相机硬件的发展使得计算机视觉技术可以引入到无人机的导航问题中来。首先，依靠视觉所提供的实时信息可以与惯性导航和 GNSS 信息进行融合，弥补后两者的缺陷，提高导航精度。其次，相机更善于捕捉运动信息，从应用的角度看，视觉信号的抗干扰性能很好。最后，相机属于被动传感器，利用的是可见光或者红外线这种自然信息，这在军事隐蔽侦察中尤为重要。

然而在应用视觉技术时，相机获得的初始信息以图像的形式存在，伴随大量的冗余信息，需要采用图像处理技术提取有效信息，这就带来了算法实时性问题。视觉导航依靠参照物，只能获得相对运动状态信息，所以无人机在飞行过程中往往需要观察动态的特征目标，以提升载体的可靠性。

随着智能机械的不断发展，利用无人飞行器代替人工进行巡检得到越来越广泛的应用，其能够极大地拓宽机器巡检范围，适用于多种巡检场景。目前很多消费级的无人机能够在地图上设定航迹点，实现无人机按照给定的航迹点自动飞行，较好地方便了用户的操作流程。利用同一个视觉传感器既能提供导航定位又能进行目标检测，避免加入额外传感器影响无人机载荷，提升了无人机的续航时间。因而基于视觉导航的巡检无人机具有很高的研究价值，并在电力巡检、油气管道巡检、防波堤巡检、无人机路桥巡检、道路交通巡检、仓储货物巡检、空中加油等应用中获得广泛使用[153]。

无人机自主空中加油技术的关键点和难点就在于无人机自主加油过程中的对接导航，而对接导航的难点在于要实时精准地测定加油机和受油机的相对位置。当它们距离较远时，可使用 GNSS 等卫星导航工具为其进行导航，而当它们进入对接阶段后距离太近，GNSS 的精度无法满足其对接时所需的精度要求，这时就需要新的导航技术为它们进行对接导航，而在众多新的导航技术中，基于机器视觉的导航技术尤为突出。

下面给出某飞行器视觉导航技术[154]测试情况。结合飞行器飞行过程中拍摄到的建筑物楼顶、地面环境等场景，如图 7.8 所示，通过视觉修正惯性导航的姿态测量误差。

传感器安装如图 7.9 所示。无人机进行的机动包括前进飞行、后向飞行、侧向飞行以及 180°转向等，飞行轨迹如图 7.10 所示，图中星形标记点为无人机起飞位置，图中 1 号点

图 7.8　飞行实验场景图

图 7.9　传感器安装实验图

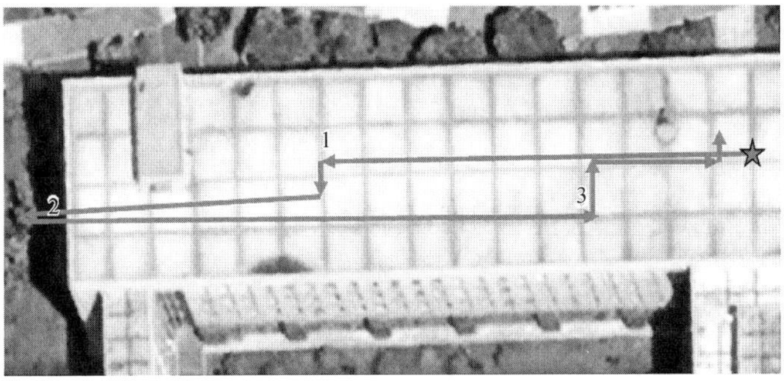

图 7.10　预设飞行轨迹图

处为无人机左侧向飞行位置,2 号点处为无人机 180°转向位置,3 号点处为无人机左侧向飞行位置。

从图 7.11 和图 7.12 中可以看出,视觉惯性组合导航算法的视觉部分对于惯性器件而言,能够起到校正误差的作用。

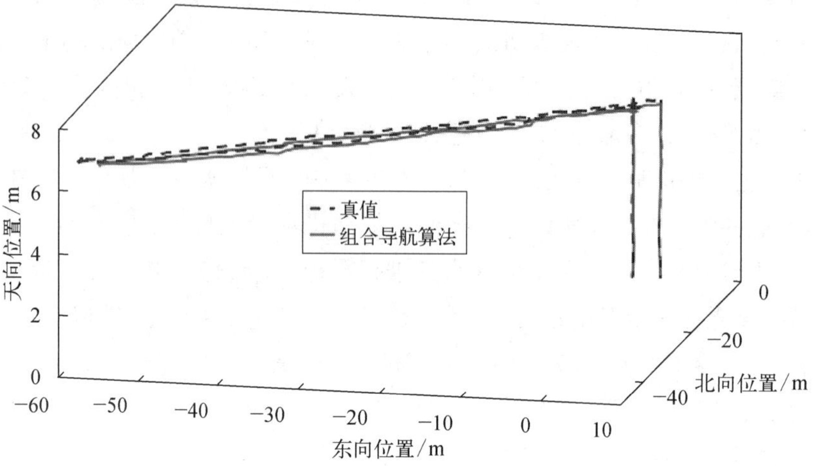

图 7.11　解算三维轨迹对比图

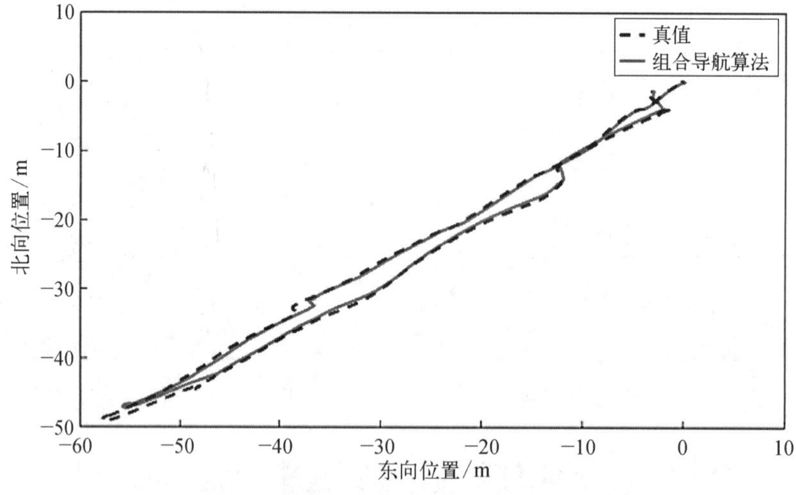

图 7.12　解算轨迹东向-北向平面对比图

7.4　视觉导航在航天载体中的应用

近年来,我国在载人航天、空间探测等诸多重大工程中取得了突破性成果,中国航天事业发展已然处于创新发展“快车道”,而在这其中的许多领域,视觉导航都发挥着重要的作用。

2019 年 1 月 3 日 22 时 22 分，嫦娥四号任务月球车玉兔二号完成与着陆器的分离，驶抵月球背面，首次实现月球背面着陆。玉兔二号月球车上安装了全景相机、测月雷达、红外成像光谱仪等光学设备，这些仪器将在月球背面通过就位和巡视探测，开展低频射电天文观测与研究，巡视区形貌、矿物组分及月表浅层结构研究。我国的玉兔号月球车采用大间距移动模式，在探测目标点和月球车之间设置多个导航站点，相邻导航点组成一个导航单元，在每个站点进行感知成像，利用相邻站点成像的重叠对应关系估计前后站点的相对位置[155]。基于视觉和里程计的组合定位技术，通过相邻摄站点间的连续立体像对进行特征点追踪，估计玉兔二号相对位置与姿态角，并采用 BA(bundle adjustment)优化方法使得玉兔二号最终的定位精度达到移动距离的 3%[156]。

2021 年 5 月 22 日 10 时 40 分，天问一号任务火星车祝融号安全驶离着陆平台，到达火星表面，开始巡视探测。如图 7.13 所示，祝融号火星车立体视觉系统由 3 对立体相机和惯性导航系统、里程计等组成。3 对立体相机分别为地形导航全景相机、前避障相机。利用遥测数据包含的火星车位姿信息、桅杆转动角度，通过坐标系转换框架的坐标逆变换，可获得导航相机在着陆北东地系下的位姿信息，视为相机外方位元素初值。采用 SURF 匹配算法，对相邻摄站立体图像进行稀疏匹配，获得连接点。结合导航相机内方位元素(主距、像主点坐标和畸变系数)和相对位姿参数(基线 T 和旋转矩阵 R)，构建光束法平差模型，通过最小二乘平差计算优化后的当前摄站相机绝对位姿参数，再通过坐标系转换框架的坐标顺变换，计算火星车在着陆北东地下的坐标，完成火星车视觉定位。火星车在短距离移动过程中，其视觉定位精度优于 2%。在长距离(一次移动 20 ~ 30 m)移动过程中，其视觉定位结果累计误差为 5.1%[157]。视觉多信息组合导航技术极大助力了火星车着陆区地形分析和地形三维重建、视觉系统高精度在轨几何标定、巡视探测阶段的火星车精确定位与地形恢复、火星车位姿估计和路径规划等关键任务。

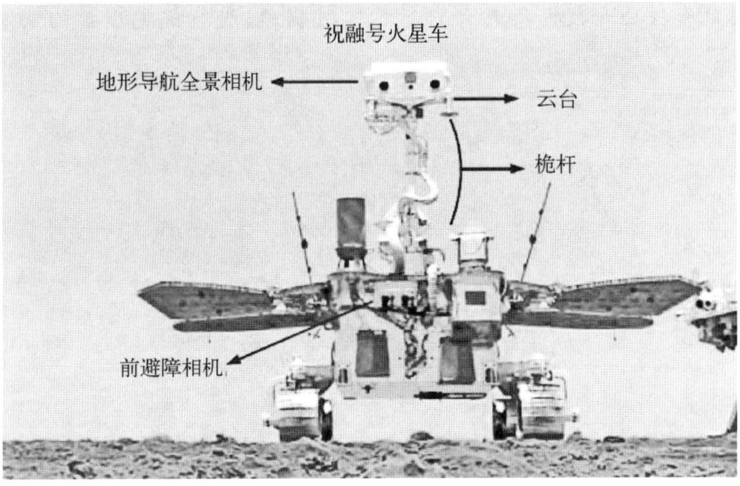

图 7.13　祝融号火星车示意图

2024年6月2日06时23分,嫦娥六号在月球背面预选着陆区艾特肯盆地成功着陆,开展采集月壤样品和岩石的任务,嫦娥六号着陆点的高精度定位对于工程的实施极其重要。着陆点的精确位置是上升器从月球表面着陆器起飞的基本参数,对上升器的发射方向、轨道注入参数以及上升器与轨道器-返回舱组合体进行交会对接的实施具有重要作用。着陆点位置也是月球表面采样和现场勘测的基本参数。同时,嫦娥六号在艾特肯盆地着陆点的精确位置也具有重要的科学意义,通过结合着陆器位置、高分辨率遥感影像和其他数据,可分析岩石和土壤样本的来源,并精化月球表面定年函数,这将对月球科学多领域研究应用做出重要贡献。嫦娥六号主要利用基于轨道器高分辨率影像、数字高程模型产品和嫦娥六号着陆器降落相机序列影像等[158],利用图像仿真和影像特征匹配等方法实现着陆点自动、快速定位,最终确定着陆点在嫦娥二号数字正射影像图(digital orthophoto map, DOM)上的精确位置为(153.978 0°W,41.625 2°S)。

总之,视觉导航技术已经在航天中发挥了重要应用,也必将在未来航天应用中发挥更重要的推动作用[159]。视觉导航可以帮助航天器在陌生的星球上安全导航,提供精确的位置服务信息,为航天探索提供更高效、更可靠、更自主的支持,助力开启太空探索的新篇章。

习题

(1) 结合本章内容以及所学知识,对比视觉导航与其他导航之间的异同点与优劣点。

(2) 结合本章所列举的视觉导航在具体场景的应用,思考视觉导航可能在哪些其他领域中得到应用。

(3) 现在正值我国空间探测快速发展时代,“嫦娥奔月”、“祝融探火”等空间探测设备都离不开视觉导航系统,请读者思考视觉导航在空间探测方面未来的应用场景与挑战。

(4) 请尝试查找公开数据集或者自行构建数据库,进行视觉惯性的实时SLAM导航验证。

参考文献

[1] 陈宗海,裴浩渊,王纪凯,等.基于单目相机的视觉重定位方法综述[J].机器人,2021,43(3):373-384.

[2] 桑洋,纪新春,魏东岩,等.基于测速测距激光雷达的飞行器地形匹配导航方法[J].中国惯性技术学报,2024,32(1):8-15.

[3] 王云舒,刘建业,曾庆化,等.结构光辅助的惯性/视觉室内导航三维环境重构方法[J].中国惯性技术学报,2016,24(1):51-58.

[4] 王融,曾庆化,赖际舟,等.导航系统理论与应用[M].北京:航空工业出版社,2022.

[5] 卢丹,高鹏桦.联合神经网络和对角加载的 GNSS 中断定位算法[J].全球定位系统,2024,49(1):82-88.

[6] 李子月,曾庆化,张庶,等.一种基于多传感器融合辅助的 Alex Net 模型图像识别算法[J].中国惯性技术学报,2020,28(2):219-225.

[7] 于新善,孟祥印,金腾飞,等.基于改进 Canny 算法的物体边缘检测算法[J].激光与光电子学进展,2023,60(22):221-230.

[8] 江燕华,熊光明,姜岩,等.智能车辆视觉里程计算法研究进展[J].兵工学报,2012,33(2):214-220.

[9] Horn B K P, Schunck B G. Determining optical flow[J]. Artificial Intelligence, 1981, 17(1-3):185-203.

[10] Srinivasan M V. An image-interpolation technique for the computation of optic flow and egomotion[J]. Biological Cybernetics, 1994, 71(5):401-415.

[11] 叶继华,时淑霞,李汉曦,等.一种结合深度学习和随机森林的地平线检测方法[J].系统仿真学报,2018,30(7):2507-2514.

[12] 高静,任明武.基于光流和自注意力的视觉里程计方法[J].计算机与数字工程,2023,51(11):2666-2670.

[13] 洪国,张春雷,覃琴.基于 SFM 的三维重建在点胶加工中的应用[J].组合机床与自动化加工技术,2024(5):55-59.

[14] 李洋,吴晓群.面向 RGB-D 图像的多层特征提取算法综述[J].中国图象图形学报,2024,29(5):1346-1363.

[15] 曾庆化,陈艳,王云舒,等.一种基于 ORB 的快速大视角图像匹配算法[J].控制与决策,2017,32(12):2233-2239.

[16] 曾庆化,罗怡雪,孙克诚,等.视觉及其融合惯性的 SLAM 技术发展综述[J].南京航空航天大学学报,2022,54(6):1007-1020.

[17] 施立瑞,王帅帅,肖昊.面向航空目标检测的神经网络加速器设计[J].航空科学技术,2022,33(5):89-96.

[18] 尹宏鹏,陈波,柴毅,等.基于视觉的目标检测与跟踪综述[J].自动化学报,2016,42(10):1466-1489.

[19] 李传彪.基于双目视觉的立体匹配算法及应用研究[D].烟台:烟台大学,2024.

[20] 王先敏.景象匹配辅助导航中图像多尺度局部特征匹配算法研究[D].南京:南京航空航天大学,2011.

[21] 黄留波.不同畸变模型在航摄相机校准中的适用性研究[J].广西水利水电,2016(4):24-27.

[22] 杨宇,赵成星,张晓玲.鱼眼相机的视觉标定及畸变校正[J].激光杂志,2020,41(9):20-23.

[23] Kannala J, Brandt S S. A generic camera model and calibration method for conventional, wide-angle, and fish-eye lenses[J]. IEEE Transactions on Pattern Analysis and Machine Intelligence, 2006, 28(8):1335-1340.

[24] 杨敏,沈春林.基于对极几何约束的景象匹配研究[J].南京航空航天大学学报,2004,36(2):235-239.

[25] 颜坤,刘恩海,赵汝进,等.快速鲁棒的基础矩阵估计[J].光学精密工程,2018,26(2):461-470.

[26] 葛义攀,王晓红.基于本质矩阵的无人机影像精确匹配[J].测绘通报,2020(8):55-58,75.

[27] 蒋晓悦,赵荣椿.几种块匹配运动估计算法的比较[J].计算机应用研究,2004(7):1-3.

[28] 罗军,宋新,沈振康.基于菱形搜索的局部求精比特平面匹配图像稳定算法[J].红外技术,2007(1):51-54,58.

[29] 成祥,陈迟晓,翟鹏,等.面向光束平差法的视觉 SLAM 并行计算架构与实现[J].小型微型计算机系统,2022,43(9):1931-1938.

[30] 邱松强,谢海燕.最速下降法的一次迭代收敛性的一点注记[J].大学数学,2023,39(6):53-56.

[31] 刘兰冬,刘铭.一类二次矩阵方程的牛顿迭代法及其收敛性[J].工程数学学报,2024,41(3):587-594.

[32] 戴天虹,李志成.基于优化列文伯格-马夸尔特法的 SLAM 图优化[J].哈尔滨理工大

学学报,2021,26(2): 68－74.
[33] 黄秀珍,王佳斌,高发钦,等.机器双目视觉里程计定位算法[J].无线电通信技术,2019,45(6): 676－681.
[34] 赵祚喜,冯荣,朱裕昌,等.空间点的多视图 DLT 三维定位[J].光学精密工程,2020,28(1): 212－222.
[35] 何帅民,陈皓,王振宇.基于 PnP 算法的单目视觉位移测量方法[J].新技术新工艺,2023(6): 46－52.
[36] 邢广鑫,许钢,荣桂兰,等.动态环境下改进 ICP 算法的 RGB－D SLAM 研究[J].重庆工商大学学报(自然科学版),2020,37(3): 81－87.
[37] 陈世伟,张胜修,杨小冈,等.基于椭圆对称方向矩的可见光与红外图像配准算法[J].工程科学学报,2017,39(7): 1107－1113.
[38] 陈天华.基于特征提取和描述的图像匹配算法研究[D].广州: 广东工业大学,2016.
[39] 刘铭.基于 ORB 算法的双目视觉测量与跟踪研究[D].哈尔滨: 哈尔滨工业大学,2014.
[40] 赖叶静.基于几何特征的室内视觉 SLAM 算法研究[D].上海: 华东师范大学,2022.
[41] Sobel I E. Camera models and machine perception[M]. Stanford: Stanford University, 1970.
[42] 张玲艳.基于 Canny 理论的自适应边缘检测方法研究[D].西安: 西北大学,2009.
[43] Marr D, Hildreth E. Theory of edge detection[J]. Proceedings of the Royal Society of London Series B, Biological Sciences, 1980, 207(1167): 187－217.
[44] Canny J. A computational approach to edge detection[J]. IEEE Transactions on Pattern Analysis and Machine Intelligence, 1986,8(6): 679－698.
[45] Matas J, Chum O, Urban M, et al. Robust wide-baseline stereo from maximally stable extremal regions[J]. Image and Vision Computing, 2004, 22(10): 761－767.
[46] Mikolajczyk K, Schmid C. Scale & affine invariant interest point detectors [J]. International Journal of Computer Vision, 2004, 60(1): 63－86.
[47] Mikolajczyk K, Tuytelaars T, Schmid C, et al. A comparison of affine region detectors [J]. International Journal of Computer Vision, 2005, 65(1－2): 43－72.
[48] Yang H C, Zhang S B, Wang Y B. Robust and precise registration of oblique images based on scale-invariant feature transformation algorithm[J]. IEEE Geoscience & Remote Sensing Letters, 2012, 9(4): 783－787.
[49] 李一能,曾庆化,靳子琪,等.面向视觉导航的图像特征点分布均匀性研究[C].惯性技术发展动态发展方向研讨会,哈尔滨,2023: 1－10.
[50] Morel J M, Yu G S. ASIFT: A new framework for fully affine invariant image comparison [J]. SIAM Journal on Imaging Sciences, 2009, 2(2): 438－469.

[51] 郑欣悦,赖际舟,吕品,等.基于红外视觉/激光雷达融合的目标识别与定位方法[J].导航定位与授时,2021,8(3):34-41.

[52] 王力.基于直线特征的异源景象匹配技术研究[D].长春:中国科学院研究生院(长春光学精密机械与物理研究所),2015.

[53] 朱小红,蔺素珍,张商珉,等.多波段红外图像的差异纹理特征选择[J].光电工程,2016,43(4):66-72.

[54] 范晋祥.红外成像技术与系统的新进展[C].红外、遥感技术与应用研讨会暨交叉学科论坛,南京,2015:304-309.

[55] 陈钱.红外图像处理技术现状及发展趋势[J].红外技术,2013,35(6):311-318.

[56] Zuo C, Chen Q, Liu N, et al. Display and detail enhancement for high-dynamic-range infrared images[J]. Optical Engineering, 2011, 50(12): 895-900.

[57] 余春超,杨智雄,夏宗泽,等.采用GPU并行架构的基于互信息和粒子群算法的异源图像配准[J].红外技术,2016,38(11):938-946.

[58] 罗世彬,刘海桥,胡茂青,等.无人飞行器异源图像匹配辅助惯性导航定位技术综述[J].国防科技大学学报,2020,42(6):1-10.

[59] 郝帅,吴瑛琦,马旭,等.基于CycleGAN-SIFT的可见光和红外图像匹配[J].光学精密工程,2022,30(5):602-614.

[60] Liu R, Leng X F, Liu Y. A fast image matching algorithm based on yolov3[J]. Transactions of Nanjing University of Aeronautics and Astronautics, 2021, 38(5): 807-815.

[61] Zhang H, Ni W P, Yan W D, et al. Registration of multimodal remote sensing image based on deep fully convolutional neural network[J]. IEEE Journal of Selected Topics in Applied Earth Observations and Remote Sensing, 2019, 12(8): 3028-3042.

[62] Shen X L, Wang C, Li X, et al. RF-net: An end-to-end image matching network based on receptive field[C]. Proceedings of the IEEE/CVF Conference on Computer Vision and Pattern Recognition, Long Beach, 2019: 8132-8140.

[63] 张逸舟,许睿,曾庆化,等.非充分光照下的单目合作目标提取算法[J].导航与控制,2022,21(1):25-31,65.

[64] 吴玲,孙永荣,赵科东.一种自主空中加油视觉导航图像处理方法[J].科学技术与工程,2021,21(20):8552-8557.

[65] 郭庆梅,刘宁波,王中训,等.基于深度学习的目标检测算法综述[J].探测与控制学报,2023,45(6):10-20,26.

[66] 周飞燕,金林鹏,董军.卷积神经网络研究综述[J].计算机学报,2017,40(6):1229-1251.

[67] 周晓彦,王珂,李凌燕.基于深度学习的目标检测算法综述[J].电子测量技术,2017,

40(11): 89-93.

[68] Girshick R, Donahue J, Darrell T, et al. Region-based convolutional networks for accurate object detection and segmentation[J]. IEEE Transactions on Pattern Analysis and Machine Intelligence, 2016, 38(1): 142-158.

[69] Ren S Q, He K M, Girshick R, et al. Faster R-CNN: Towards real-time object detection with region proposal networks.[J]. IEEE Transactions on Pattern Analysis & Machine Intelligence, 2017, 39(6): 1137-1149.

[70] Redmon J, Divvala S, Girshick R, et al. You only look once: Unified, real-time object detection[C]. IEEE Conference on Computer Vision and Pattern Recognition, Las Vegas, 2016: 779-788.

[71] Redmon J, Farhadi A. YOLO9000: Better, faster, stronger[C]. IEEE Conference on Computer Vision and Pattern Recognition, Honolulu, 2017: 6517-6525.

[72] Liu W, Anguelov D, Erhan D, et al. SSD: Single shot multibox detector[C]. European Conference on Computer Vision, Amsterdam, 2016: 21-37.

[73] Dai J F, Li Y, He K M, et al. R-FCN: Object detection via region-based fully convolutional networks [C]. Advancesin Neural Information Processing Systems, Barcelona, 2016: 379-387.

[74] He K M, Gkioxari G, Dollár P, et al. Mask R-CNN [C]. IEEE International Conference on Computer Vision, Venice, 2017: 2961-2969.

[75] Pang J M, Chen K, Shi J P, et al. Libra R-CNN: Towards balanced learning for object detection[C]. Proceedings of the 2019 IEEE/CVF Conference on Computer Vision and Pattern Recognition, Long Beach, 2019: 821-830.

[76] Lu X, Li B Y, Yue Y X, et al. Grid R-CNN [C]. Proceedings of the IEEE/CVF Conference on Computer Vision and Pattern Recognition, Long Beach, 2019: 7363-7372.

[77] 徐彦威,李军,董元方,等.YOLO 系列目标检测算法综述[J].计算机科学与探索,2024(9): 1-19.

[78] 龚静,曹立,亓琳,等.基于 YOLOv2 算法的运动车辆目标检测方法研究[J].电子科技,2018,31(6): 5-8,12.

[79] Appalanaidu M V, Kumaravelan G. Rice plant nutrient deficiency classification using modified MOBILENET convolutional neural network [J]. International Journal of Modeling, Simulation, and Scientific Computing, 2023, 14(1): 1-8.

[80] Zhang X Y, Zhou X Y, Lin M X, et al. ShuffleNet: An extremely efficient convolutional neural network for mobile devices [EB/OL]. https://arxiv.org/abs/1707.01083v2 [2024-07-08].

[81] Henriques J F, Caseiro R, Martins P, et al. High-speed tracking with kernelized correlation filters[J]. IEEE Transactions on Pattern Analysis and Machine Intelligence, 2015, 37(3): 583-596.

[82] Chen Z, Hong Z B, Tao D C. An experimental survey on correlation filter-based tracking [J]. Computer Science, 2015, 53(6025): 68-83.

[83] Comaniciu D, Ramesh V, Meer P. Real-time tracking of non-rigid objects using mean shift[C]. Proceedings IEEE Conference on Computer Vision and Pattern Recognition, Hilton Head, 2000: 142-149.

[84] Vojir T, Noskova J, Matas J. Robust scale-adaptive mean-shift for tracking[J]. Pattern Recognition Letters, 2014, 49: 250-258.

[85] Nam H, Han B. Learning multi-domain convolutional neural networks for visual tracking [C]. Proceedings of the IEEE Conference on Computer Vision and Pattern Recognition, Las Vegas, 2016: 4293-4302.

[86] Hoerl A E, Kennard R W. Ridge regression: Biased estimation for nonorthogonal problems[J]. Technometrics, 1970, 12(1): 55-68.

[87] Hoerl A E, Kennard R W. Ridge regression: Applications to nonorthogonal problems[J]. Technometrics, 1970, 12(1): 69-72.

[88] Tao R, Gavves E, Smeulders A W M. Siamese instance search for tracking[C]. Proceedings of the IEEE Conference on Computer Vision and Pattern Recognition, Las Vegas, 2016: 1420-1429.

[89] Bertinetto L, Valmadre J, Henriques J F, et al. Fully-convolutional siamese networks for object tracking[C]. Proceedings of the European Conference on Computer Vision, Amsterdam, 2016: 850-865.

[90] Li B, Yan J J, Wu W, et al. High performance visual tracking with siamese region proposal network[C]. Proceedings of the IEEE Conference on Computer Vision and Pattern Recognition, Salt Lake City, 2018: 8971-8980.

[91] Wang Q, Zhang L, Bertinetto L, et al. Fast online object tracking and segmentation: A unifying approach[C]. Proceedings of the IEEE Conference on Computer Vision and Pattern Recognition, Long Beach, 2019: 1328-1338.

[92] Song Y B, Ma C, Wu X H, et al. VITAL: Visual tracking via adversarial learning[C]. Proceedings of the IEEE Conference on Computer Vision and Pattern Recognition, Salt Lake City, 2018: 8990-8999.

[93] Wang N, Zhou W G, Wang J, et al. Transformer meets tracker: Exploiting temporal context for robust visual tracking[C]. Proceedings of the IEEE Conference on Computer Vision and Pattern Recognition, Nashville, 2021: 1571-1580.

[94] Chen X, Yan B, Zhu J W, et al. Transformer tracking[C]. Proceedings of the IEEE Conference on Computer Vision and Pattern Recognition, Nashville, 2021: 8122 – 8131.
[95] Yan B, Peng H W, Fu J L, et al. Learning spatio-temporal transformer for visual tracking[C]. Proceedings of the IEEE International Conference on Computer Vision, Montreal, 2021: 10428 – 10437.
[96] Wu Y, Lim J, Yang M H. Object tracking benchmark[J]. IEEE Transactions on Pattern Analysis and Machine Intelligence, 2015, 37(9): 1834 – 1848.
[97] Kristan M, Pflugfelder R, Leonardis A, et al. The visual object tracking VOT2013 challenge results[C]. IEEE International Conference on Computer Vision Workshops, Sydney, 2014: 98 – 111.
[98] Mueller M, Smith N, Ghanem B. A benchmark and simulator for UAV tracking[C]. Proceedings of the European Conference on Computer Vision, Amsterdam, 2016: 445 – 461.
[99] Fan H, Lin L T, Yang F, et al. LaSOT: A high-quality benchmark for large-scale single object tracking[C]. Proceedings of the IEEE Conference on Computer Vision and Pattern Recognition, Long Beach, 2019: 5374 – 5383.
[100] 孙子文,钱立志,杨传栋,等.基于 Transformer 的视觉目标跟踪方法综述[J].计算机应用,2024,44(5): 1644 – 1654.
[101] 季顺平,秦梓杰.多镜头组合式相机的全景 SLAM[J].测绘学报,2019,48(10): 1254 – 1265.
[102] 田光兆,顾宝兴,Irshad Ali Mari,等.基于三目视觉的自主导航拖拉机行驶轨迹预测方法及试验[J].农业工程学报,2018,34(19): 40 – 45.
[103] 张逸舟,曾庆化,许睿,等.基于视惯融合的无人飞行器导航数据仿真方法[J].飞控与探测,2022,5(4): 44 – 49.
[104] Qiu W Q, Zeng Q H, Liu J Y, et al. A new monocular vision simultaneous localization and mapping process for high-precision positioning in structured indoor environments [J]. Measurement Science and Technology, 2022, 33(9): 1 – 12.
[105] 郑国庆,吕品,赖际舟,等.无人车基于激光雷达/视觉的目标体积自动测量方法[J].导航定位与授时,2023,10(2): 65 – 73.
[106] Yuan C, Lai J Z, Lyu P, et al. Visual heading aided pedestrian navigation method based on factor graph in indoor environment[J]. IEEE Transactions on Industrial Electronics, 2024, 71(1): 1006 – 1016.
[107] 赖际舟,袁诚,吕品,等.不依赖于卫星的无人系统视觉/激光雷达感知与自主导航技术[J].导航定位与授时,2021,8(3): 1 – 14.
[108] Lv C D, Zeng Q X, Liu D H, et al. VO and GPS integrated navigation algorithm based

on plane constraint[C]. MATEC Web of Conferences, Shenzhen, 2020: 1－9.

[109] Zhao Y, Xiong Z, Duan S Q, et al. Improved ORB based image registration acceleration algorithm in visual-inertial navigation system[C]. 2020 Chinese Automation Congress, Shanghai, 2020: 5714－5718.

[110] 王雅婷,刘建业,熊智,等.基于双目视觉的类脑三维认知地图构建方法[J].导航定位与授时,2021,8(5):9－17.

[111] 杨景豪,刘巍,刘阳,等.双目立体视觉测量系统的标定[J].光学精密工程,2016,24(2):300－308.

[112] Theckedath D, Sedamkar R R. Detecting affect states using VGG16, ResNet50 and SE-ResNet50 networks[J]. SN Computer Science, 2020, 1(2): 1－7.

[113] Al-Qizwini M, Barjasteh I, Al-Qassab H, et al. Deep learning algorithm for autonomous driving using GoogLeNet[C]. 2017 IEEE Intelligent Vehicles Symposium, Los Angeles, 2017: 89－96.

[114] Huang Y, Zeng Q H, Lei Q Y, et al. Smartphone heading correction method based on LSTM neural network[C]. China Satellite Navigation Conference, Singapore, 2022: 415－425.

[115] Wu W N, Lai J Z. Multi camera localization handover based on YOLO object detection algorithm in complex environments[J]. IEEE Access, 2024, 12: 15236－15250.

[116] 范婉舒,赖际舟,吕品,等.基于改进 DeepSORT 的视觉/激光雷达目标跟踪与定位方法[J].导航定位与授时,2022,9(4):77－84.

[117] 赵耀,熊智,田世伟,等.基于 SAR 图像匹配结果可信度评价的 INS/SAR 自适应 Kalman 滤波算法[J].航空学报,2019,40(8):216－227.

[118] Siddique N, Paheding S, Elkin C P, et al. U-net and its variants for medical image segmentation: A review of theory and applications[J]. IEEE Access, 2021, 9: 82031－82057.

[119] Furgale P, Rehder J, Siegwart R. Unified temporal and spatial calibration for multi-sensor systems[C]. IEEE/RSJ International Conference on Intelligent Robots and Systems, Tokyo, 2013: 1280－1286.

[120] Qin T, Shen S. Online temporal calibration for monocular visual-inertial systems[C]. IEEE/RSJ International Conference on Intelligent Robots and Systems, Madrid, 2018: 3662－3669.

[121] 贾俊,朱锋,张小红.一种利用全站仪和检校场的相机/惯导空间标定方法[J].导航定位学报,2020,8(6):6－13.

[122] 吴富梅.GNSS/INS 组合导航误差补偿与自适应滤波理论的拓展[D].郑州:解放军信息工程大学,2010.

[123] 李传立,尚俊娜,李芳.里程计技术发展综述[J].软件导刊,2019,18(12):6-10.
[124] CHH3213.[移动机器人]轮式里程计原理[EB/OL].https://blog.csdn.net/weixin_42301220/article/details/125085015[2024-08-07].
[125] 严恭敏,翁浚.捷联惯导算法与组合导航原理[M].西安:西北工业大学出版社,2019.
[126] 李文华,汪立新,沈强,等.基于鲁棒EKF的MEMS-INS/GNSS/VO组合导航方法[J].系统工程与电子技术,2022,44(6):1994-2000.
[127] 刘宇,谢宇,彭慧,等.基于UWB/PDR的航向发散自适应修正算法研究[J].电子测量技术,2022,45(3):98-103.
[128] 杨晓明,王胜利,王海霞,等.基于EKF的GNSS/SINS组合导航系统应用[J].山东科技大学学报(自然科学版),2019,38(6):114-122.
[129] Agrawal M, Konolige K. Real-time localization in outdoor environments using stereo vision and inexpensive GPS[C]. International Conference on Pattern Recognition, Hong Kong, 2006: 1063-1068.
[130] Lowe D G. Distinctive image features from scale-invariant keypoints[J]. International Journal of Computer Vision, 2004, 60(2): 91-110.
[131] 王耀南,李树涛.多传感器信息融合及其应用综述[J].控制与决策,2001,16(5):518-522.
[132] 赵俊波,葛锡云,成月,等.基于改进变分贝叶斯滤波的SINS/DVL/LBL组合导航技术[J].水下无人系统学报,2021,29(1):54-59,64.
[133] 张恒浩,刘藻珍,孟秀云,等.D-S证据理论在组合导航中的决策判断[J].河北科技大学学报,2011,32(6):571-574.
[134] 姜雪梅,车转转.惯性导航系统标定滤波方法研究[J].航空科学技术,2018,29(1):46-52.
[135] 方文轩,丛佃伟.卫星/惯性/视觉组合导航多源融合技术现状及发展[J].无线电工程,2022,52(10):1813-1820.
[136] 白相文,杨建华,杨志强.神经网络辅助的组合导航算法研究[J].导航定位学报,2020,8(1):93-98.
[137] 王超,周军,黄浩乾,等.BP神经网络辅助的SINS/GPS组合导航姿态误差补偿方法研究[J].电子器件,2021,44(4):987-993.
[138] 戴卿,叶城睿,马云峰.一种基于模糊推理的导航自适应滤波算法[J].西安航空学院学报,2018,36(3):16-19.
[139] 崔岩,熊智,邢丽,等.基于视觉辅助优化的惯性可通行地图构建与行人定位方法[J].中国惯性技术学报,2023,31(4):335-342.
[140] Nowicki M, Rostkowska M, Skrzypczyński P. Indoor navigation using QR codes and

WiFi signals with an implementation on mobile platform[C]. Signal Processing: Algorithms, Architectures, Arrangements, and Applications, Poznan, 2016: 156 - 161.
[141] 钱梦龙.基于智能手机传感器的室内定位方法的设计与实现[D].南京：东南大学,2020.
[142] Xiao A R, Chen R I, Li D R, et al. An indoor positioning system based on static objects in large indoor scenes by using smartphone cameras[J]. Sensors, 2018, 18(7): 2229.
[143] Oh J, Han J. Pedestrian travel distance estimation using optical flow and smartphone sensors[J]. IEEE Transactions on Instrumentation and Measurement, 2021, 70: 1 - 8.
[144] 泮万盛.基于智能手机的可见光室内定位系统关键技术研究[D].上海：上海交通大学,2018.
[145] Mur-Artal R, Montiel J M M, Tardós J D. ORB-SLAM: A versatile and accurate monocular SLAM system[J]. IEEE Transactions on Robotics, 2015, 31(5): 1147 - 1163.
[146] Newcombe R A, Lovegrove S J, Davison A J. DTAM: Dense tracking and mapping in real-time[C]. IEEE International Conference on Computer Vision, Barcelona, 2011: 2320 - 2327.
[147] 黄艳.基于智能手机惯性/视觉传感器融合的室内定位方法[D].南京：南京航空航天大学,2023.
[148] 潘福全,亓荣杰,张璇,等.无人驾驶汽车研究综述与发展展望[J].科技创新与应用,2017(2): 33 - 34.
[149] National Highway Traffic Safety Administration. Preliminary statement of policy concerning automated vehicles[DB/OL]. https://www.nhtsa.gov[2024 - 08 - 09].
[150] SAE International. SAE taxonomy and definitions for terms related to driving automation systems for on-road motor vehicles[S/OL]. http://standards.sae.org/j3016_201609[2024 - 08 - 09].
[151] 罗怡雪.融合异源信息的视觉 SLAM 技术研究[D].南京：南京航空航天大学,2023.
[152] 张逸舟.惯性信息辅助的视觉里程计关键技术研究[D].南京：南京航空航天大学,2022.
[153] 丁善超.RFID 与无人机结合在仓储管理信息化的应用[J].中国新通信,2016,18(18): 45 - 46.
[154] 靳子琪.可控翼伞精确姿态测量技术研究[D].南京：南京航空航天大学,2024.
[155] 刘传凯,王泰杰,董卫华,等.玉兔 2 号月球车大间距导航成像的空间分辨率建模分析[J].中国科学：技术科学,2019,49(11): 1275 - 1285.
[156] Ma Y Q, Liu S C, Bing S M, et al. A precise visual localisation method for the Chinese

Chang'e-4 Yutu-2 rover[J]. The Photogrammetric Record, 2020, 35(169): 10－39.
[157] 马友青,彭松,张建利,等.祝融号火星车在轨高精度视觉定位与地形重建[J].科学通报,2022,67(23): 2790－2801.
[158] 刘召芹,彭嫚,邸凯昌,等.嫦娥六号着陆点高精度视觉定位[J].遥感学报,2024,28(6): 1648－1655.
[159] Xiu W B, Long J T, Zhu S Y, et al. Landmark robust selection for asteroid landing visual navigation[J]. Acta Astronautica, 2024, 214(1): 665－676.